Prozessmanagement als solides Handwerk

von Prof. Dr. Fredmund Malik

Nach den Modewellen des Neuen Marktes, des Shareholder-Value und der uneingelösten Visionen kommen viele Organisationen heute wieder auf den Kern solider Unternehmensführung zurück: Es geht um den Kunden, um die Marktleistungen, um Produktivität, vor allem aber um Professionalität im Management. Im Zentrum steht nicht das kurzfristige Optimieren finanzwirtschaftlicher Größen, sondern die langfristige Lebensfähigkeit einer Organisation. Diese Lebensfähigkeit entsteht nicht in der Bilanz, sondern am Markt, durch das Geschäft und die Art und Weise, wie eine Organisation nach innen und nach außen strukturiert ist. Die richtige Strategie ist das eine, das andere die Professionalität bei der Umsetzung. Damit sind wir bei den Prozessen.

Es sind vor allem vier Herausforderungen, bei denen Prozesse einen entscheidenden Beitrag leisten. Zum ersten geht es um die Stärkung bzw. den Ausbau der Marktstellung. Marktanteile und Kundennutzen sind Orientierungsgrößen, die höchste Aufmerksamkeit des Managements benötigen. Prozesse stellen sicher, dass der Kundenfokus bei allen Aktivitäten gewährleistet wird – sowohl bei internen wie auch bei externen Kunden. Das gilt für die Leistungserstellung genauso wie für die Personalentwicklung, für den Vertrieb genauso wie für die Datenverarbeitung. Zweitens ist die Innovationsfähigkeit heute wichtiger denn je. Erst und nur dann, wenn ein Kunde bereit ist, für etwas Neues eine Rechnung zu bezahlen, sprechen wir von Innovation. Die Entwicklungs- und Innovationsprozesse sind hier von besonderer Bedeutung. Sie müssen dafür sorgen, dass der Marktfokus möglichst frühzeitig ins Unternehmen kommt und die Umsetzungskraft für Neues vorhanden ist. Drittens sind die Produktivitäten zu nennen – und zwar diejenigen des Geldes, der Arbeit, des Wissens und der Zeit. Auch wenn es marktseitig keine Quantensprünge geben sollte, bezüglich der Produktivitäten sind fast immer Potenziale zu heben. Gut geführte Prozesse sind praktisch die einzige Möglichkeit, für eine permanente Überprüfung und Verbesserung der Produktivitäten zu sorgen. Viertens muss eine Organisation attraktiv für gute Leute sein. Der Beitrag der Prozesse hierfür liegt darin, dass Aufgaben, Kompetenzen und Verantwortlichkeiten klar sind, dass über Resultate für Kunden und nicht über Hierarchien geredet wird. Konsequentes Prozessmanagement sorgt dafür, dass Leistung im Zentrum steht. Eine bessere Voraussetzung gibt es nicht, um gute Mitarbeiter und gute Führungskräfte zu binden.

Nur bei wenigen Managementthemen kann in so kurzer Zeit so viel erreicht werden wie bei den Prozessen. Immer wieder werde ich von Führungskräften auf revolutionäre Ideen, den »großen Wurf« und die überragende Strategie angesprochen. Es gibt so etwas, aber es ist selten, und darauf zu warten, ist gefährlich. Genau umgekehrt verhält es sich bei den Prozessen. Die Risiken sind in der Regel gering, die Erfolgswahrscheinlichkeiten dagegen durchweg hoch. Der Hebel über Prozessmanagement ist außerordentlich wirksam – etwa durch Verbesserung der Abläufe, prozessgetriebene Organisationsgestaltung oder Produktivitätssteigerung. Daran erkennt man die Professionalität des Managements und nicht am Herumreden über Synergien, Visionen oder Kultur.

In diesem Buch geht es um das Handwerk für solide Prozessarbeit. Es wendet sich an alle Führungskräfte und Mitarbeiter, die für Prozesse verantwortlich sind und ihre Organisation weiterbringen wollen. Erfassung, Gestaltung und Umsetzung von Prozessen sind die zentralen inhaltlichen Themen. Das Buch ist klar strukturiert und verwendet in jedem Abschnitt Anleitungen zur Umsetzung und viele Praxisbeispiele aus den unterschiedlichsten Branchen. Damit geht das Buch konsequent den Schritt vom Wissen zum Nutzen. Der Fokus liegt dabei beim Thema Management. Wirksame Prozesse sind richtig und gut geführte Prozesse.

Prozessmanagement ist weder Wissenschaft noch Kunst. Es braucht in den meisten Fällen keine schweren DV-Geschütze, hochakademische Diskussionszirkel oder esoterische Inspiration zur Gestaltung und Umsetzung von Prozessen. Geschäftserfahrung, Bereitschaft zur kritischen Auseinandersetzung und eine klare Vorgehensmethodik stellen wirksames Prozessmanagement sicher. Die Anleitung findet sich in diesem Buch.

Wie schon in seinen Büchern »Wirksames Projektmanagement«, Strategieentwicklung für die Praxis« und »Innovationsmanagement« ist es dem Autor einmal mehr gelungen, das wirklich Wesentliche eines Kernthemas richtigen Managements zu erfassen und zu formulieren. Das Buch ist nicht nur sachlich exzellent, sondern es ist auch ein Lesegenuss – klar, präzise und direkt.

Vorwort zur dritten Auflage

von Dr. Roman Stöger

Während und nach der Krise der letzten Jahre hat die Verunsicherung über den weiteren Verlauf der Konjunktur und der politischen Rahmenbedinungen zugenommen. Zahlreiche Unternehmen haben ihre strategische Ausrichtung verändert und ihre Sensoren auf Wachsamkeit gestellt. Dies ist notwendig und ein Zeichen von Verantwortung. Der hohe Grad an Unsicherheit und Gefahrenpotenzial steht im krassen Gegensatz zu einem Dauerthema der Unternehmensführung, in dem in kurzer Zeit und praktisch ohne Risiko Resultate erzielt werden können: Prozesse. Sie sind der Hebel für Qualität, Produktivität und Konkurrenzfähigkeit.

»Prozessmanagement« erscheint innerhalb kurzer Zeit in der bereits dritten Auflage. Das bestätigt einmal mehr die Bedeutung des Themas und die Nachfrage nach praxisorientierter Führungsliteratur. Diese Auflage ist komplett durchgesehen und teilweise ergänzt worden, ohne aber die Grundlogik der ersten beiden Auflagen zu verlassen. Einige bestehende Abschnitte wurden weiterentwickelt, einzelne Teile komplett neu geschrieben. Im Buch findet sich jetzt auch ein Wörterbuch des Prozessmanagements, in dem die zentralen Ansätze und Begriffe nachgeschlagen werden können und das so der raschen Navigation dient.

Kompetentes Prozessmanagement ist der Transformationsriemen, damit Strategien umgesetzt und Menschen wirksam werden können. Weder nutzen tiefschürfende strategische Konzepte noch intensive Personalentwicklung, wenn der gemeinsame, prozessorientierte Rahmen unklar ist. Eine Organisation kann nur dann existieren, wenn ihr »Betriebssystem« funktioniert – und das sind eingespielte Prozesse. Jede Führungskraft muss dieses Handwerk beherrschen, unabhängig von Branche, Unternehmensgröße oder Fachkompetenz. Dies ist der Zweck von Management und der Zweck dieses Buches.

Vorwort zur ersten Auflage

von Dr. Roman Stöger

Praktisch jede Organisation ist heute angehalten, ihre Prozesse zu strukturieren und zu steuern. Der Bogen an Themen ist weit gespannt und betrifft unter anderem: Business-Process-Reengineering, Funktionalstrategien, Kaizen, Kontinuierliche Verbesserung, Kernkompetenzen, Supply-Chain-Management, Qualitätsmanagement, ISO, Produktivitätsprogramme, Kostensenkung und andere mehr. Viele dieser Ansätze kommen in Modewellen und manches führt in der Praxis leider zur »Verschlimmbesserung« anstatt zu echtem Fortschritt. Gerade hier sind Führungskräfte aufgefordert, ein pragmatisches Verständnis für die Sache zu entwickeln und Prozessmanagement als das zu sehen, was es ist: ein Handwerk, das mit Qualität, Produktivität und Wettbewerbsvorteilen zu tun hat. Prozesse tragen dazu bei, dass eine Strategie umsetzungsfähig wird, dass die Aufbauorganisation am Geschäft andockt und dass Resultate erzielt werden. All das gilt sowohl für For-Profit- als auch für Non-Profit-Organisationen.

Richtige und gute Prozessarbeit setzt eine solide Managementgrundlage und eine entsprechende Praxis voraus. Beim Thema »Management« baue ich hauptsächlich auf Peter Drucker, Hans Ulrich und Fredmund Malik auf. Die Anwendungspraxis kommt durch die Beratungsmandate aus Industrie, Handel, Finance und Non-Profit-Organisationen.

Ziel des Buches ist es, das inhaltliche und methodische Rüstzeug für resultatorientiertes Prozessmanagement zu vermitteln. Im ersten Abschnitt geht es um die Definition und um das richtige Grundverständnis von Prozessen. Ausgehend von den Zielfeldern wird aufgezeigt, wie die einzelnen Prozessphasen geplant werden. Der zweite Abschnitt verbindet Prozesse konkret mit der Organisations- und Marktdynamik. Dabei besteht eine große Herausforderung darin, die Prozesse mit der Strategie eines Unternehmens zu verknüpfen. Dies wird anhand konkreter Beispiele methodisch aufgezeigt. Abschnitt drei richtet die Prozesse am Geschäft aus: von außen nach innen über die Qualität aus Kundensicht und von innen nach außen über die Wertschöpfungskette. Ergänzt wird dieser Teil um die Themen Schnittstellen und Funktionenanalyse. Im vierten Abschnitt stehen die Prozessmodellierung, das Messen und die zusammenfassende Beurteilung der Ausgangslage im Zentrum. Im fünften Abschnitt wird dargelegt, wie Prozesse anhand Prozessneugestaltung, Prozessverbesserung und Kostengestaltung weiterentwickelt werden. Analyse und Gestaltung von Prozessen bleiben unwirksam, wenn sie nicht konsequent umgesetzt werden. Daher werden im Abschnitt sechs die Themen Prozessorganisation, Funktionendiagramm, Stellenbeschreibung und Gremiengestaltung, Prozessauftrag und Funktionalstrategie behandelt. Produktivitätsverbesserung und Prozesskostenrechnung vervollständigen diese Themen. Umsetzung bedeutet Führung. Im siebten Abschnitt geht es daher um Führungsmethodik, um das Steuern von Prozessen und um Veränderung. Den Abschluss bildet eine Zusammenfassung aus der Sicht des Systemansatzes – der am besten einsetzbaren Grundlage für Prozessmanagement.

In jedem Kapitel wird ein inhaltlicher Input und seine Anwendung mit je einem Praxisbeispiel beschrieben. Die Kapitel bauen chronologisch im Sinn der Vorgehensmethodik aufeinander auf. Für den schnellen Gebrauch können die Inhalte aber unabhängig voneinander studiert und angewendet werden. Auch müssen die vorgestellten Werkzeuge nicht sequenziell oder vollständig eingesetzt werden. Die im Buch vorgestellten Beispiele sind neutralisiert und stammen aus unterschiedlichen Branchen und Funktionen. Sämtliche Arbeitsformulare und Checklisten sind am Beginn des Buches in zwei Verzeichnissen zusammengefasst und können als pdf-File direkt beim Verlag abgerufen werden. Die Web-Adresse lautet: www.sp-dozenten.de (Rubrik Lehrmaterialien, Anmeldung erforderlich).

Literaturhinweise und Anmerkungen ergänzen die einzelnen inhaltlichen Ausführungen. Am Ende des Buches findet sich ein Stichwortverzeichnis zum Nachschlagen der wichtigsten Themen. Fremdworte und Anglizismen verwende ich nur dort, wo sie Teil des allgemeinen Sprachschatzes geworden sind und zur Verständlichkeit beitragen. Ansonsten besteht kein Ehrgeiz für sprachliche Dehnungsübungen oder zum Erfinden neuer Worte für etwas, das es schon längst gibt.

Das vorliegende Buch will all diejenigen Führungskräfte unterstützen, die ihre Organisation mit Prozessen vorwärts bringen wollen. Es geht um die Anwendung der Inhalte und um den Grundsatz, dass sich Prozessmanagement an Resultaten ausrichtet. Dafür ist das Buch geschrieben.

Inhaltsverzeichnis

Verzeichnis der Abkürzungen

AGB	Allgemeine Geschäftsbedingungen
AKV	Aufgaben, Kompetenzen, Verantwortlichkeiten
AR	Aufsichtsrat
ASU	Arbeitsgemeinschaft selbstständiger Unternehmer
AVOR	Arbeitsvorbereitung
BDI	Bundesverband der deutschen Industrie
BIP	Bruttoinlandsprodukt
BPO	Business-Process-Ooutsourcing
BPR	Business-Process-Reengineering
BR	Betriebsrat
BSC	Balanced-Scorecard
BSP	Bruttosozialprodukt
BVW	Betriebliches Vorschlagswesen
bzgl.	bezüglich
bzw.	beziehungsweise
CAD	Computer-Aided-Design
CAx	Abkürzung für CA-Techniken bzw. CA-Methoden
CBV	Capability-based-View
CF	Cashflow
CG	Corporate-Governance
c.p.	ceteris paribus
CPM	Critical-Path-Method
CRM	Customer-Relationship-Management
DB	Deckungsbeitrag
DIN	Deutsche Industrienorm
DLZ	Durchlaufzeit
DV	Datenverarbeitung
EBA	Entscheidungsbaum-Analyse
EBIT	Earnings before interest and Taxes
ECR	Efficient-Customer(Consumer)-Response
ERP	Enterprise-Resource-Planning
et al.	et alii
EVA	Economic-Value-Added
EVE	Ergebnisverantwortliche Einheit
FdZ/FmZ	Führen durch Ziele/Führen mit Zielen
f.	folgende
ff.	fortfolgende
FPY	First-Pass-Yield
FMEA	Fehler-Möglichkeiten- und -Einfluss-Analyse
four P`s	vier P`s des Marketing (Marketing-Mix): Product, Price, Promotion, Place
F&E	Forschung & Entwicklung
GF	Geschäftsführung
ggf.	gegebenenfalls
GL	Geschäftsleitung
Hrsg.	Herausgeber

HRM	Human-Resource-Management
Ifo	Institut für Wirschaftsforschung
IHK	Industrie- und Handelskammer
inkl.	inklusive
ISO	Industrial-Standard-Organization
IT	Informationstechnologie
JIT	just in time
KBV	Knowledge-based-View
KMU	Klein- bzw. mittelständisches Unternehmen
KVP	Kontinuierlicher Verbesserungsprozess
lmi	Leistungsmengen-induziert
lmn	Leistungsmengen-neutral
ltd.	limited
M&A	Mergers and Acquisitions
MbO	Management by Objectives
MBV	Market-based-View
Mio	Millionen
MIS	Management Informationssystem
Mrd	Milliarden
NPO	Non-Profit-Organisation
OEM	Only-Equipment-Manufacturer
p. a.	per annum
PDM	Product-Data-Management
PIMS	Profit-Impact-of-Market-Strategies
PL	Projektleiter
POS	Point-of-Sale
PR	Public Relations
QFD	Quality-Function-Deployment
QM	Qualitätsmanagement
R&D	Research-and-Development
RBV	Resource-Based-View
ROCE	Return on Capital Employed
ROI	Return-on-Investment
ROS	Return-on-Sales
SCM	Supply-Chain-Management
SE	Simultaneous Engineering
SGF	Strategisches Geschäftsfeld
SIV	Soll-Ist-Vergleich
SMART	spezifisch, messbar, ableitbar (aktiv beeinflussbar), realistisch, terminiert
SWOT	Strenghts, Weaknesses, Opportunities, Threats
TQC	Total-Quality-Control
TQM	Total-Quality-Management
USP	Unique-Selling-Proposition
va.	vor allem
VBM	Value-Based-Management
vgl.	vergleiche
VR	Verwaltungsrat
www	world-wide-web
z. B.	zum Beispiel
ZDF	Zahlen, Daten, Fakten

Verzeichnis der Werkzeuge – Downloadangebot

Das Downloadangebot enthält die Werkzeuge aus dem Buch in den Formaten Word und PDF. Sie können die Werkzeuge sowohl bearbeiten als auch drucken und mit Gewinn im Unternehmen oder bei Weiterbildungsveranstaltungen nutzen. Ihren persönlichen Webcode finden Sie auf der ersten Seite.

Verzeichnis der Beispiele

Angaben zum Autor

Dr. Roman Stöger ist Associate Partner und Leiter der Expert Group Strategie am Malik Management Zentrum St. Gallen. An der Universität St. Gallen ist er als Dozent und in einem Unternehmen als Beirat tätig. Zu seinen Beratungsmandaten gehören Unternehmen aus Industrie, Banken, Handel und NPO aller Unternehmensgrößen. Er hat in den letzten Jahren zahlreiche Artikel und Studien zu den Themen Strategie, Prozesse, Organisation und Führung verfasst (Harvard Business Manager, Zeitschrift für Führung und Organisation, absatzwirtschaft, OrganisationsEntwicklung, gdi-Impuls...). Im Schäffer-Poeschel-Verlag erschienen bisher mehrfach ausgezeichnete und aufgelegte Bücher zu den Themen: Strategie, Innovation, Projektmanagement und Non-Profit-Organisationen. Roman Stöger ist verheiratet und hat zwei Kinder.

für Elisabeth, Maria und Johannes

1 Prozesse grundlegen und planen

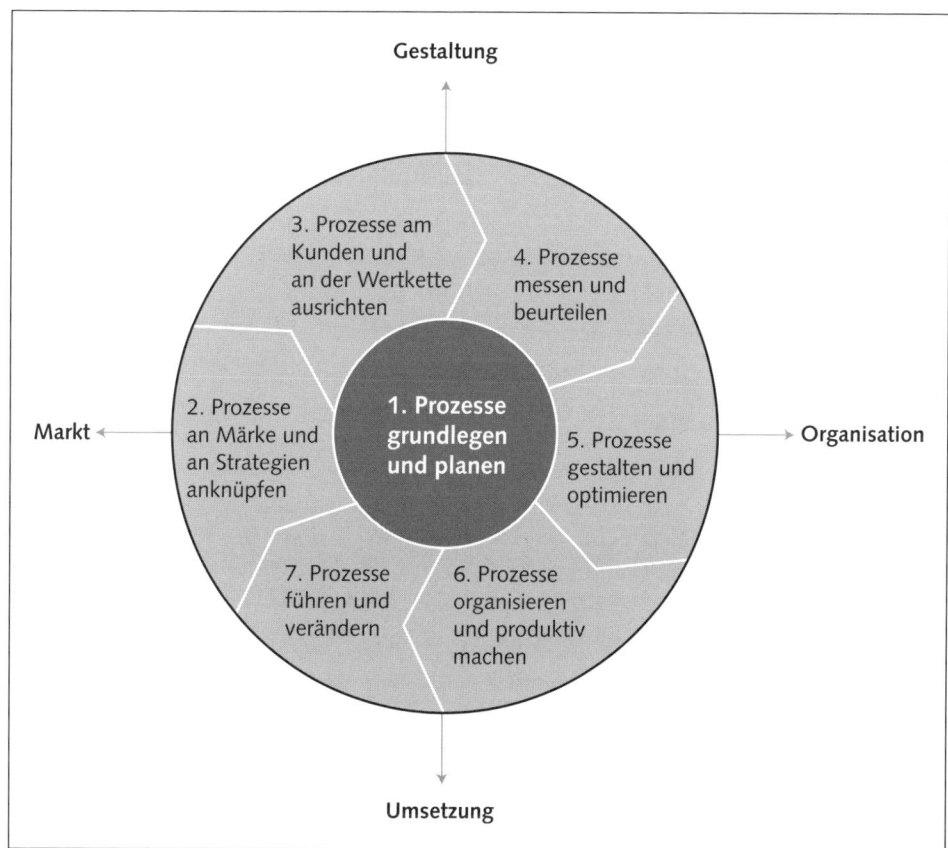

1.1 Bedeutung und Definition von Prozessmanagement

Prozesse sind ein zentrales Managementthema. Dies gilt für jede Branche, für jede Unternehmensgröße und – beinahe – für jede Führungsfrage[1]. Unmittelbar deutlich wird dies anhand der zahlreichen **Anknüpfungspunkte von Prozessen** (vgl. Abb. 1): Funktional-Strategie, Prozess-Auftrag und Prozess-Organisation sind in vielen Organisationen Grundlage von Strategie und Struktur geworden. Die innere Logik und das Zusammenwirken der Prozesse bilden die Basis für das Geschäftsmodell (Business Model). Wird in diesem Geschäftsmodell Kundennutzen gestiftet, entsteht eine Wertkette (Value Chain) von Anbieterseite hin zur Nachfrage. Die Prozesse vom Kunden hin zum Bereitsteller der Leistung werden wiederum als Nachfragekette (Demand Chain) bezeichnet. Den Fokus auf die direkt wertschöpfenden Prozesse und Leistungsstufen bildet die Angebotskette (Supply Chain). In Form des so genannten Supply-Chain-Managements hat dies insbesondere in den letzten beiden Jahrzehnten große Bedeutung erlangt. Eng damit verbunden sind das Business Process Redesign (BPR) und der Schwerpunkt auf Kosten bzw. Produktivität. »Lean Management« ist hier zu einem Synonym und zu einer Modewelle geworden. Prozesse sind nicht nur hinsichtlich Strategie und Kosten eine zentrale Bezugsgröße, sondern auch in Hinblick auf Qualitätsmanagement, wie etwa ISO. Als kontinuierlicher Verbesserungsprozess (KVP) bzw. Kaizen hat dies nachhaltig insbesondere Industrie und Handel beeinflusst.

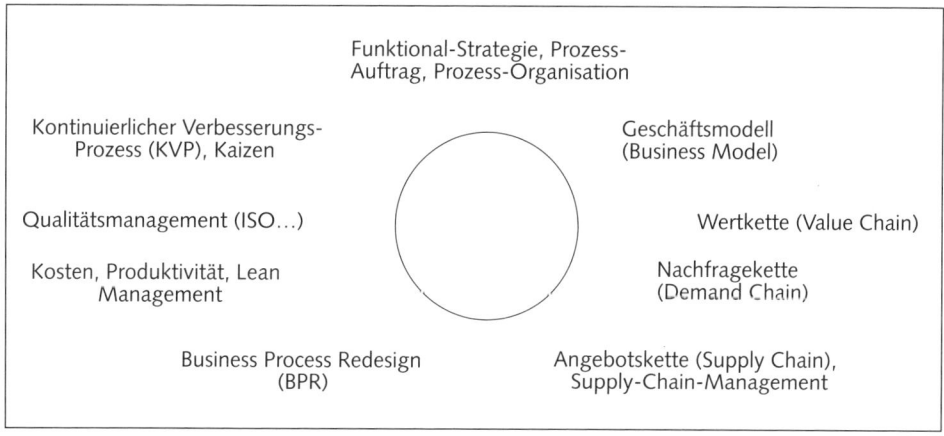

Abb. 1: Anknüpfungspunkte von Prozessen

Die angesprochenen Themen sind in sich eine Zusammenfassung der Anknüpfungspunkte und lassen sich erweitern und beliebig detaillieren. Entscheidend ist, dass nur mit kompetentem Prozessmanagement eine Grundlage geschaffen werden kann, die vielen Potenziale zu heben und umsetzungsfähig zu machen. Auch zeigen empirische Studien, dass das Thema Prozessmanagement weit oben hinsichtlich Bedeutung, Einsatz und Wirksamkeit rangiert[2].

Auch eine kleine wirtschaftshistorische Betrachtung belegt die Bedeutung der Prozesse für betriebs- und volkswirtschaftliche Fragestellungen. Einige Meilensteine sollen genannt werden: Im 18. Jahrhundert begann die **Industrialisierung**. Die Herausforderung bestand darin, viele Menschen in industriellen Prozessen arbeitsteilig zu verbinden. Adam Smith hat in seinem berühmten Buch »Wealth of Nations« die Prozessorientierung vorweggenommen, indem er anhand der Produktion von Stecknadelköpfen die Bedeutung der Abläufe dargestellt hat[3]. Im neunzehnten Jahrhundert erfasste die industrielle Denkweise – letztlich eine prozessbezogene Sicht – die gesamte Volkswirtschaft. Bevölkerungswachstum, Städtebau, Mobilität, Anwendung wissenschaftlicher Erkenntnisse usw. waren zugleich Ursache und Folge. Die Perfektionierung der Prozesse war eine Konsequenz, die seit Beginn des zwanzigsten Jahrhunderts mit einem Namen verbunden ist – Taylor[4]. Im Zentrum des Managements stand die Optimierung der Prozesse als Basis für Produktivität, Qualität und Steuerung von Menschen. Die Produktion des Ford T-Modells und die Kritik in Charlie Chaplins Film »Modern Times« illustrieren auf unterschiedliche Weise das, was seither als **Taylorismus** bekannt geworden ist. In der zweiten Hälfte des zwanzigsten Jahrhunderts wird Prozessmanagement wieder aktuell und universell. Qualitätsmanagement, BPR, KVP, Supply-Chain-Management, Geschäftsmodell usw. sind nur einige der Schlagwörter.

Nur wenige Begriffe sind in der heutigen Managementlehre und in der Betriebswirtschaft so in Mode gekommen wie »Prozesse« oder »Prozessmanagement«. Praktisch alle Organisationen haben zumindest in Teilbereichen den Versuch gestartet, Prozessmanagement einzuführen. Die **Erfolgsquote** ist in der Theorie natürlich hundertprozentig, in der Praxis allerdings bescheiden. Eine sinnvolle und wirksame Anwendung setzt voraus, dass die Grundlagen klar sind. Was ist ein Prozess? Was kommt hinzu, wenn von Prozessmanagement gesprochen wird? Wodurch unterscheidet sich ein Prozess, also die Ablauforganisation, von der Aufbauorganisation? Es sind sieben Faktoren, die Prozessmanagement definieren:
1. Resultatorientierung
2. Kundenorientierung
3. Beitrag ans Ganze
4. Kontrollierbarkeit, Messbarkeit, Beurteilbarkeit
5. Wiederholbarkeit und Routine
6. Verantwortlichkeit
7. Führbarkeit

1. Resultatorientierung
Jeder Prozess besteht aus einer Summe von Aktivitäten, die zielgerichtet auf ein Ergebnis hinlaufen[5]. Ohne die Vorwegnahme eines Resultates, d.h. eines erreichten Zieles, ist die Steuerung eines Prozesses unmöglich. Es geht explizit nicht um die Themen Hierarchie, Verhalten, Motivation und dergleichen. Dies mögen alles Inputfaktoren sein. Prozessmanagement ist rein auf das Ergebnis, den Output, gerichtet.
     Ein Prozess »Fakturierung erledigen« hat den klaren Auftrag, für geschriebene

und versendete Rechnungen zu sorgen und den Zahlungseingang zu kontrollieren. Ohne messbares Resultat als Orientierungspunkt für einen Prozess liegt ein schwerer Konstruktionsfehler vor. Prozessmanagement muss als erstes alle Prozesse in dieser Hinsicht prüfen und überall **Resultatorientierung**, konkreten Output, verankern. In diesem Zusammenhang ist eine sprachliche Klammer aufzutun. Prozesse werden mit Substantiv und Infinitiv beschrieben, zum Beispiel »Auftrag erfassen«. Das ist keine Pedanterie, sondern Präzision. Wenn lediglich »Auftrag« geschrieben steht, bleibt im Unklaren, was gemeint ist: »Auftrag annehmen«, »Auftrag weiterleiten« oder »Auftrag bearbeiten«? Resultatorientierung beginnt bei **sprachlicher Exaktheit**.

2. Kundenorientierung

Prozesse laufen in bestehenden Strukturen ab, sind aber niemals Selbstzweck. Die von einem Prozess produzierten Resultate verweisen auf einen Kunden. Unter **Kunde** wird diejenige Person verstanden, die an einem Ergebnis Interesse oder einen Anspruch hat. Damit ist ein sehr umfassender Kundenbegriff[6] eingeführt, der im Prinzip unabhängig davon ist, ob die Kunden extern oder intern, hierarchisch höher oder niedriger gestellt sind. Solche »Kunden« heißen in der Praxis auch: Konsument, Patient, Chef, Kollege, Mitarbeiter, Berechtigter, Partner, Klient. Der Kunde eines Prozesses definiert das Resultat und beurteilt die Leistung.

Der Prozess »Service durchführen« hat ganz klar den Endkunden der Serviceleistung im Fokus. Durch ihn wird die Qualität dieses Serviceprozesses beurteilt. Im Fall von »neue Mitarbeiter einschulen« sind die Kunden einerseits die neuen Mitarbeiter selber, andererseits aber auch deren Chefs. Sollte unklar sein oder es als unwichtig erachtet werden, Prozesse an Kunden auszurichten, muss Prozessmanagement umgehend korrigieren.

3. Beitrag ans Ganze

Prozesse existieren nicht losgelöst von anderen Aktivitäten. Praktisch alle Prozesse sind in einen größeren Kontext eingebunden. Es gibt einen Auslöser mit einem Input und ein Resultat als Output. Die bereits angesprochene Resultatorientierung hat auf diesen Punkt hingewiesen. Arbeitsteiligkeit in jeder Organisation bringt es mit sich, dass nicht isoliert ein einzelner Prozess optimiert werden kann, sondern nur das größere **Ganze**[7], also ein Gesamtergebnis.

Der Prozess »Reklamationen bearbeiten« richtet sich zunächst auf die Reklamation als solche, auf die Erfassung, Beurteilung der Berechtigung, Beseitigung des Reklamationsgrundes und die positive Gegenmeldung des Kunden. Wirksam wird dieser Prozess nur, wenn bereits vorgelagerte Prozesse die Reklamation nicht entstehen lassen (Leistungserstellung, Applikation beim Kunden) und die Reklamationsgründe zu einer Umstellung der Leistungsprozesse führen. Der Fokus auf den Auslöser des Prozesses ist wichtig, für eine grundlegende Verbesserung aber nur ein Element. Sowohl für den einzelnen Prozess wie für die Gesamtheit gilt, dass das Resultat und der Kunde im Vordergrund stehen.

4. Kontrollierbarkeit, Messbarkeit, Beurteilbarkeit

Die Ausrichtung eines Prozesses an einem Resultat und an einem Kunden muss fast schon automatisch dazu führen, dass die Leistung und der Ablauf eines Prozesses geprüft werden können. Wichtig dabei sind die Messbarkeit des Resultats und der Effizienz, die Beurteilung über die Qualität und das systematische **Feedback** eines Prozesses. Vor allem bei internen oder »weichen« Prozessen müssen Beurteilbarkeit und Feedback hergestellt werden[8].

Zum Beispiel kann der Prozess »Maßnahmen zur Personalentwicklung konzipieren« bewertet werden: durch ungeschminktes Feedback seitens der betroffenen Mitarbeiter und deren Vorgesetzte, durch Anbindung an die Aufgaben der Betroffenen. Es gibt Führungskräfte und Mitarbeiter, die behaupten, dass vieles nicht messbar sei. Das stimmt erstens nicht und zweitens muss man sich eben dazu zwingen, zumindest **Beurteilbarkeit** herzustellen. Auch geistert in verschiedenen Organisationen die Meinung herum, Kontrollieren, Messen und Beurteilen sei altmodisch und in modernen Organisationen nicht nötig. Das Topmanagement ist gefordert, diese Meinung nicht wirksam werden zu lassen und bei Prozessen konsequent ein systematisches Feedback über diese Elemente einzubauen.

5. Wiederholbarkeit und Routine

Prozesse dürfen keine Einzel- oder Ausnahmefälle sein. Es macht erst dann Sinn, von einem Prozess zu sprechen, wenn eine gewisse **Strukturierung** möglich ist, also Wiederholbarkeit und Routine. Oft wird argumentiert, Wiederholbarkeit und Routine seien heute gar nicht mehr möglich, weil sich das Umfeld verändert und neue Herausforderungen zu meistern sind. Gerade deshalb ist es aber unerlässlich, für eine gewisse Standardisierung zu sorgen und nicht zuzulassen, dass jedes Mal alles neu erfunden wird. Zumindest auf der Meta- bzw. Steuerungsebene sollen die Abläufe klar strukturiert sein.

Als Beispiel sei der Innovationsprozess erwähnt, der wie kein anderer von wechselnden Bedingungen gekennzeichnet ist. Gleichwohl muss die Steuerungsebene sichergestellt sein, wie etwa Ideen generiert werden, wer für Innovationsaufträge verantwortlich ist und wie die Entscheidungsabläufe organisiert sind. Wiederholbarkeit und **Routine** sind in diesem Fall Voraussetzung für Innovation.

6. Verantwortlichkeit

Ein Prozess ist prinzipiell losgelöst von konkreten Personen. Gerade dann wird aus einer Folge von Aktivitäten ein Prozess, wenn die Abhängigkeit von konkreten Personen nicht mehr gegeben ist und jeder oder viele in einem Prozess arbeiten oder diesen steuern können. Damit dies geschehen kann, muss ein Prozess in **Verantwortlichkeit** überführt werden – sowohl als Ganzes als auch in Teilen. Vor allem die Resultatorientierung impliziert diesen Grundsatz. Das Prozessmanagement hat sicherzustellen, dass es eine einzelne Person gibt, die jeweils für einen Prozess verantwortlich ist. Dies betrifft die Abwicklung, die Steuerung, die Resultate und das Feedback zum Kunden. Innerhalb dieses Prozesses können weitere verantwortliche Aufgaben delegiert werden, nach außen und nach oben bleibt aber diese eine Person verantwortlich.

Zum Beispiel ist der Prozess »Kommissionierung durchführen« in einem Logistikunternehmen ein Schlüsselprozess und daher klar mit einer Verantwortlichkeit zu versehen. Teilbereiche, wie etwa die »Kommissionierung der Warengruppe A durchführen« können delegiert werden, bleiben aber in der Gesamtverantwortung für den Schlüsselprozess.

7. Führbarkeit

Die bisherigen Bausteine zur Definition waren auf Prozesse im engeren Sinn des Wortes gerichtet. Jetzt erweitert sich die Perspektive auf das Führen von Prozessen, auf Prozessmanagement. Ein Prozess ist eine Folge von Aktivitäten mit einem Resultat, einer Informations- und Steuerungskomponente. Es ist relativ einfach, Prozesse zu analysieren und darzustellen. Prozesse zu gestalten und im Rahmen einer Geschäftsfeld- oder Unternehmensstrategie auszurichten ist schon etwas schwieriger, aber auch noch zu bewältigen. Die anspruchsvollste Sache besteht in der **Umsetzung**[9]. Hier braucht es Führung, weil sich die Potenziale aus den Prozessen zwar rechnen oder darstellen lassen, leider aber niemals automatisch einstellen. **Handwerk** und Führung müssen kombiniert werden, wenn Prozesse strukturiert und »in Betrieb« gehalten werden wollen.

Insbesondere in Prozessen der Leistungserstellung lassen sich Potenziale an Qualität, Zeit und Kosten analysieren und darstellen. Das Heben dieser Potenziale braucht neben der operativen Abwicklungserfahrung vor allem Führungserfahrung. An dieser Stelle werden diejenigen Elemente wichtig, die hin und wieder als altmodisch gelten, von den guten Prozessmanagern aber beinah intuitiv beherrscht werden: Disziplin, Klarheit in Schrift und Sprache, Verlässlichkeit, Vertrauen, Ergebnisorientierung, Leistungsbereitschaft. Erst bei der Kombination dieser Elemente mit der handwerklichen Dimension der Prozessgestaltung entsteht Prozessmanagement.

Die angesprochenen sieben Faktoren bilden die Basis für Prozesse und Prozessmanagement. Sie sind die Voraussetzung für die Beurteilung, ob Prozessmanagement vorliegt. Fehlen einzelne Elemente, so macht es keinen Sinn, von Prozessmanagement zu sprechen und beispielsweise in die Umsetzung zu gehen.

Definition von Prozessmanagement	Checkliste
Elemente	**zentrale Fragestellungen**
1. Resultatorientierung	• Gibt es mess- und kontrollierbare Ergebnisse für jeden Prozess? • Liegen klare Zielformulierungen vor? • Sind diese Zielformulierungen verständlich und in Steuerungssysteme eingebaut (z. B. Entlohnung)? • Können für jeden Prozess konkrete Leistungen benannt werden?
2. Kundenorientierung	• Existieren Kunden des Prozesses und deren Ansprüche an die Qualität, die der Prozess liefern soll? • Wird der Prozess durch Kunden beurteilt? • Können Kundenbedürfnisse auf den Prozess zugeordnet werden? • Ist pro Prozess eine abgrenzbare Kundengruppe identifizierbar? • Können Konkurrenten und Konkurrenzprozesse identifiziert werden? • Entspricht die Prozesslogik auch der Denke des Kunden?
3. Beitrag ans Ganze	• Können vorgelagerte und nachgelagerte Prozesse klar identifiziert werden? • Ist der Beitrag eines einzelnen Prozesses oder eines Teilprozesses für ein Gesamtergebnis eruierbar? • Liegen Rationalisierungsmöglichkeiten durch den Verbund von Prozessen mit Teilprozessen vor? • Wird eine Zersplitterung der Kräfte durch Prozessorientierung verhindert bzw. Konzentration gefördert?
4. Kontrollierbarkeit, Messbarkeit, Beurteilbarkeit	• Gibt es ein systematisches Feedback über die Kontrollierbarkeit, Messbarkeit, Beurteilbarkeit? • Sind Aufgaben, Kompetenzen und Verantwortlichkeiten klar geregelt? • Ist eine überschneidungsfreie Zuordnung von Kosten, Personen und Leistungen auf einen Prozess möglich?

Definition von Prozessmanagement	Checkliste
Elemente	**zentrale Fragestellungen**
5. Wiederholbarkeit und Routine	• Womit beginnt der Prozess, womit endet er? • Wie hoch ist die Standardisierung auf der Abwicklungs- und Steuerungsebene eines Prozesses? • Wie hoch ist die Aufgabenvielfalt und deren Abbildung in den Prozessen? • Wie dauerhaft ist ein einmal »justierter« Prozess? • Wie homogen ist ein Prozess in sich?
6. Verantwortlichkeit	• Liegt die Verantwortlichkeit pro Prozess und Teilprozess in einer Hand? • Wie laufen Information und Kommunikation? • Sind Personen prinzipiell austauschbar? • Wie hoch ist die Abhängigkeit von einzelnen Personen (bzgl. Wissen, Erfahrung)? • Kann die Verantwortlichkeit auf bestehende organisatorische Einheiten übertragen werden?
7. Führbarkeit	• Wie ausgeprägt ist die Umsetzungsorientierung bei den einzelnen Prozessen und im Verbund? • Werden sowohl die Abwicklungsebene als auch die Steuerungsebene beherrscht? • Kann ein Prozess auch isoliert geplant und gesteuert werden?

Beurteilung eines Prozesses: Werkzeug	Werkzeug
Elemente	Beschreibung/Beurteilung
Prozess/Nr.	
Prozessverantwortlich	
1. Resultatorientierung	
2. Kundenorientierung	
3. Beitrag ans Ganze	
4. Kontrollierbarkeit, Messbarkeit, Beurteilbarkeit	
5. Wiederholbarkeit und Routine	
6. Verantwortlichkeit	
7. Führbarkeit	

Maßnahme	Termin	Verantw.	Status

Beurteilung eines Prozesses	Beispiel Softwareconsulting

Ein Software-Beratungsunternehmen bewertet seine Schlüsselprozesse in einem zügigen Verfahren (Prozesse: »Auftrag akquirieren«, »Projekt planen«, »Projekt durchführen«, »Faktura schreiben«, »After sales/lessons learnt durchführen«). Der Prozess »Auftrag akquirieren« wird wie folgt geprüft:

Elemente	Beschreibung/Beurteilung
Prozess/Nr.	Auftrag akquirieren/P01
Prozessver-antwortlich	• operativ: Partner und Senior-Consultants (vgl. Arbeitsvertrag und Hono-rarreglement) • Steuerung: Müller
1. Resultat-orientierung	• Die Wirksamkeit kann am Auftragsbestand festgemacht werden. • Die Ziele für die Verantwortlichen liegen vor: jährliches Akquisitionsvo-lumen für Partner 1 000 000 Euro, für Senior-Consultants 300 000 Euro, Standardisierung der Angebote über die Brainware, Verknüpfung der Akquisition nach Branchen. • Der Output sind Offerten und eine monatlich rollierende Akquisitionsli-ste mit Initiativen der nächsten drei Monate.
2. Kunden-orientierung	• Externe Kunden sind die zu akquirierenden Kunden. Qualitätskriterien sind die auf das Kundenanliegen zugeschnittenen Angebote mit Präzi-sion bzgl. Ressouren, Zeit und Vorgehen (als Entscheidungsbasis für die Kunden). • Die Beurteilung der Güte des Prozesses erfolgt durch die Auftragsverga-be oder die Ablehnung des Kunden. • Das Akquisitionsverhalten von Konkurrenten ist bekannt und wird lau-fend beobachtet. • Interne Kunden sind das zu bildende Projektteam (vgl. die Präzision des Angebotes).
3. Beitrag ans Ganze	• Die nachgelagerten Prozesse (insbesondere »Projekt planen«, »Projekt durchführen«, »Faktura schreiben«) bauen direkt auf diesem Prozess auf. Inhaltlich und personell gibt es klare Schnittstellen. • Der Beitrag ans Ganze besteht in der Auslastung der Organisation mit Projekten (Umsatz). • Rationalisierungsmöglichkeiten und direkte Produktivitätswirkung erge-ben sich in den nachgelagerten Prozessen (Bsp. präzise Planung).

Elemente	Beschreibung/Beurteilung
4. Kontrollierbarkeit, Messbarkeit, Beurteilbarkeit	• Messgrößen für die Zielerreichung sind: Auftragsbestand, Umsatzpotenzial offener Angebote, Durchlaufzeit vom Erstkontakt bis zum Angebot. • Feedback ist eingebaut durch die Auftragsvergabe bzw. -ablehnung und die direkte Zurechenbarkeit auf Partner oder Senior-Consultants. • Das Feedback wird in der monatlichen GL-Sitzung sichergestellt (fixer Tagesordnungspunkt: Status der Akquisitionen, laufende und geplante Aktivitäten). • Verantwortlichkeiten sind durch Arbeitsvertrag und Honorarreglement geregelt. Abgrenzungsprobleme ergeben sich durch nicht abgesprochene »Kalt-Akquisitionen«. • Personen, Kosten und Output sind durch den Prozess klar zurechenbar.
5. Wiederholbarkeit und Routine	• Standardisierung ist auf der Abwicklungsebene bzgl. Adressdatei, Musterofferten, Akquisitionsaktionen (Mailings, Artikel) und laufende lessons learnt möglich. Auf Steuerungsebene ist die Standardisierung organisatorisch eingebettet (vgl. die GL-Sitzungen). • Die Vielfalt und Unterschiedlichkeit der Situationen, Personen, Branchen, Organisationen der Abwicklung erschweren eine Standardisierung. Der Prozess kann nur als Rahmen definiert sein.
6. Verantwortlichkeit	• Die Verantwortlichkeit liegt pro Akquisitionskontakt bei einer einzigen Person (Partner oder Senior-Consultant). • Die Verantwortung auf Steuerungsebene liegt bei der GL, als Person beim Vorsitzenden der GL. • Die Austauschbarkeit ist auf Kundenebene zum größten Teil durch das Vieraugenprinzip gegeben. • Gute Akquisitionskontakte sind nicht austauschbar, der Abhängigkeitsgrad ist hoch. • Über Partner und Senior-Consultants sind die Partnerbereiche als organisatorische Einheiten eingebunden.
7. Führbarkeit	• Umsetzungsorientierung ist durch den monetären Anreiz und den informellen Status durch gute Akquisitionsleistung in der Organisation gegeben. • Auf Abwicklungs- und Steuerungsebene ist Führbarkeit gewährleistet.

Maßnahme	Termin	Verantw.	Status
1. Überprüfung von Honorierung/Akquisitionsbonus bei Senior-Consultants mit Vorschlag an GL	31.05.	Meier	
2. Fertigstellung des neuen Adressverwaltungssystems	30.06.	Müller	
3. Durchführung: Akquisitionstrainings (20./21.08.)	21.08.	Schmidt	
4. Monatliches Reporting an Gesellschafter über den Akquisitionsstand per sofort	per sofort	Müller	
...	...	...	

Die Elemente zur Beurteilung eines Prozesses gelten prinzipiell für alle Prozesse – gleichgültig von welchem Komplexitätsgrad, Abstraktionsniveau, Branchenfokus oder von welcher Organisationsgröße gesprochen wird. Bei der Einteilung von Prozessen können zusätzlich noch folgende Unterscheidungsdimensionen eingeführt werden[10]: 1. Kern- und Unterstützungsprozesse, 2. Leistungs- und Steuerungsprozesse sowie 3. Haupt- und Teilprozesse.

1. Kern- und Unterstützungsprozesse

Bei **Kernprozessen** handelt es sich um solche, die für eine Organisation lebenswichtig sind. Treten dort grobe Fehler oder Defekte auf, ist die Organisation als Ganzes gefährdet. Die Entscheidungslinie zwischen Kern- und Unterstützungsprozess kann fließend sein. In jedem Fall ist ein Kernprozess eine Bündelung von Aktivitäten, die aus Marktsicht zu entscheidenden Vorteilen führt. Diese können sich auf Kernkompetenzen, auf Qualitäts- oder Produktivitätsvorteile beziehen. Im besten Fall ist ein solcher Prozess auch nicht von Wettbewerbern imitierbar. In einem Handelsunternehmen sind etwa die Einkaufs- und Logistikprozesse Kernprozesse des Geschäftes.

Die **Unterstützungsprozesse** sind für die Aufrechterhaltung der Informations-, Kommunikations- und Leistungsströme wichtig und stellen eine Basis für die Kernprozesse zur Verfügung. Unterstützungsprozesse sind allerdings nicht einzigartig und eine kurzfristige Störung ist für eine Organisation nicht zwingend kritisch. Beispielsweise sind die kaufmännischen Prozesse in einem Industrieunternehmen fast ausschließlich Unterstützungsprozesse.

2. Leistungs- und Steuerungsprozesse

Die Differenzierung liegt in der Betrachtung der Wertkette. All diejenigen Aktivitäten, die direkt zur Abwicklung des Geschäftes dienen, sind **Leistungsprozesse**. Diese gehen von Beschaffungstätigkeiten bis hin zu Vertriebsaktivitäten oder After-Sales. Operative Supportprozesse, wie etwa die Bereitstellung einer DV-Struktur und die Personalentwicklung, gehören auch zu den Leistungsprozessen.

Die **Steuerungsprozesse** beziehen sich auf das Management dieser Leistungsprozesse. Es geht um Führungs-, Entscheidungs- und Entwicklungsprozesse. Beispiele sind etwa »Strategie entwickeln«, »Innovationen lenken«, »Führungskräfte auswählen«, »Schlüsselprojekte definieren«. Leistungsprozesse müssen gesteuert werden, damit sie ihre Produktivkraft entfalten.

3. Haupt- und Teilprozesse

Die Unterscheidungslinie besteht in der Flughöhe. Sobald ein Prozess nach unten aufgegliedert wird, liegen **Teilprozesse** vor. Die Verdichtung nach oben nennt man Hauptprozess. Der **Hauptprozess** »LKW-Flotte managen« besteht aus den Teilprozessen »LKWs anschaffen«, »LKWs warten« usw.

Der Definitionspunkt für Haupt- und Teilprozesse ist fließend. Es hängt von der konkreten Aufgabenstellung, von der Unternehmensgröße oder von organisationsinternen Standards ab, inwieweit Prozesse nach unten zergliedert oder nach oben zusammengefasst werden. Egal welcher Konkretisierungsgrad gewählt wird, die Prozesslandschaft muss übersichtlich und führbar sein.

Die Unterscheidung von Prozessen ist keine abstrakte Kategorisierungsübung, sondern nützlich bei der Bestimmung und Vergegenwärtigung der Prozesse in der Organisation. Im Zusammenhang mit Wertkette und Prozesslandkarte kann die Einteilung von Prozessen zur Klarheit wesentlich beitragen. Hinter all diesen Überlegungen steht der Grundgedanke, dass Prozesse im Wettbewerb schwierig zu imitieren sind. Kaufentscheidende Kriterien, die sich auf ein Produkt oder auf eine Dienstleistung beziehen, sind erfahrungsgemäß viel einfacher von Wettbewerbern nachzuahmen als ein gut laufender Beschaffungsprozess mit allen Kontakten, Vertragsbeständen und einer entsprechenden Lernkurve bei Verhandlungen.

Prozesse in der Literatur: »Das Schloss« von Franz Kafka

Der Hauptzweck dieses Buches ist die Anwendung und Nutzung von Prozessmanagement in Organisationen. Ein kleiner Abstecher in die Literatur soll aber zusätzlich belegen, wie sehr die Thematik nicht nur in die Managementpraxis, sondern auch in die Kunst Eingang gefunden hat. Franz Kafka hat in seinem Roman »Das Schloss« (posthum 1926 veröffentlicht) an vielen Stellen Prozesse beschrieben. Dieses Werk ist in seiner Rezeptionsgeschichte sehr unterschiedlich gedeutet worden: als historische Vorwegnahme totalitärer Systeme, als existenzphilosophisches Werk oder auch als literarische Übersetzung vieler psychoanalytischer Themen. Vor allem aber zeigt es kompromisslos das Nichtfunktionieren von Organisationen und das Ausgeliefertsein von Individuen auf.

Der tragische Held des Stückes, »K« genannt, wird als behördlicher Landvermesser in eine Grafschaft berufen. Dann stellt sich aber heraus, dass niemand einen Landvermesser braucht und keiner weiß, wer die Anstellung vorgenommen hat. K ist verzweifelt und wendet sich an seinen nächsten Vorgesetzten, den Dorfvorsteher. Dort ergibt sich ein Dialog, der für das Funktionieren von Entscheidungsprozessen sehr aufschlussreich ist[11]. (Anmerkung: Der nachfolgende Text ist eine Kürzung des Originals und stellt ausschließlich die Dialoge dar. Austriazismen, Fehler in der Interpunktion, in der Grammatik oder in der Rechtschreibung gehen auf das Manuskript von Kafka zurück.)

Vorsteher: »Das ist also unser Herr Landvermesser. (...) Ich habe, Herr Landvermesser, wie Sie ja gemerkt haben von der ganzen Sache gewusst. (...) Nun aber, da Sie so freundlich sind mich aufzusuchen, muss ich Ihnen freilich die volle unangenehme Wahrheit sagen. Sie sind als Landvermesser aufgenommen, wie Sie sagen, aber, leider, wir brauchen keinen Landvermesser.« (...)

K: »Das überrascht mich sehr. Das wirft alle meine Berechnungen über den Haufen. Ich kann nur hoffen, dass ein Missverständnis vorliegt.«

Vorsteher: »Leider nicht. (...) In einer so großen Behörde wie der gräflichen kann es einmal vorkommen, dass eine Abteilung dieses anordnet, die andere jenes, keine weiß von der anderen, die übergeordnete Kontrolle ist zwar äußerst genau, kommt aber ihrer Natur nach zu spät und so kann immerhin eine kleine Verwirrung entstehn. Immer sind es freilich nur winzigste Kleinigkeiten, wie z. B. Ihr Fall, in großen Dingen ist mir noch kein Fehler bekannt geworden. (...) Vor langer Zeit (...) kam ein Erlass, ich weiß nicht mehr von welcher Abteilung, in welchem (...) mitgeteilt war, dass ein Landvermesser berufen werden solle. (...) Dieser Erlass kann natürlich nicht Sie betroffen haben, denn das war vor vielen Jahren. (...) Jenen Erlass, von dem ich schon sprach, beantworteten wir dankend damit, dass wir keinen Landvermesser brauchen. Diese Antwort scheint aber nicht an die ursprüngliche Abteilung, ich will sie A nennen, zurückgelangt zu sein, sondern irrtümlicherweise an eine andere Abteilung B. Die Abteilung A blieb also ohne Antwort, aber leider bekam auch B nicht unsere ganze Antwort; sei es, dass der Akteninhalt bei uns zurückgeblieben war, sei es, dass er auf dem Weg verloren gegangen ist. (...) Jedenfalls kam auch in der Abteilung B nur ein Aktenumschlag an, auf dem nichts weiter vermerkt war, als dass der umliegende, leider in Wirklichkeit aber fehlende Akt von der Berufung eines Landvermessers handle. Die Abteilung A wartete inzwischen auf unsere Antwort. (...) In der Abteilung B kam aber der Aktenumschlag an einen wegen seiner Gewissenhaftigkeit berühmten Referenten, Sordini (...). Dieser Sordini schickte uns natürlich den leeren Aktenumschlag zur Ergänzung zurück. Nun waren aber seit jenem ersten Schreiben der Abteilung A schon viele Monate, wenn nicht Jahre vergangen, begreiflicher Weise, denn wenn, wie es die Regel ist, ein Akt den richtigen Weg geht, gelangt er an seine Abteilung spätestens in einem Tag und wird am gleichen Tag noch erledigt, wenn er aber einmal den Weg verfehlt, und er muss bei der Vorzüglichkeit der Organisation den falschen Weg förmlich mit Eifer suchen, sonst findet er ihn nicht, dann, dann dauert es freilich sehr lange. (...) – Kurz wir konnten nur sehr unbestimmt antworten, dass wir von einer solchen Berufung nichts wüssten und dass nach einem Landvermesser bei uns kein Bedarf sei. (...) Aber, (...) langweilt Sie die Geschichte nicht?«

K: »Nein, (...) sie unterhält mich. (...) Es unterhält mich dadurch, dass ich einen Einblick in das lächerliche Gewirre bekomme, welches unter Umständen über die Existenz eines Menschen entscheidet.«

Vorsteher: »Von unserer Antwort war natürlich ein Sordini nicht befriedigt. (...) Es entwickelte sich nun eine große Korrespondenz. Sordini fragte, warum es mir plötzlich eingefallen sei, dass kein Landvermesser berufen werden solle, ich antwortete (...), dass doch die erste Anregung vom Amt selbst ausgegangen sei. (...) Sordini dagegen: warum ich diese amtliche Zuschrift erst jetzt erwähne, ich wiederum: weil ich mich erst jetzt an sie erinnert habe, Sordini: das sei sehr merkwürdig, ich: das sei gar nicht merkwürdig bei einer so lange sich hinziehenden Angelegenheit, Sordini: es sei doch merkwürdig, denn die Zuschrift, an die ich mich erinnert habe, existiere nicht, ich: natürlich existiere sie nicht, weil der ganze Akt verloren gegangen sei. (...) Übrigens ist es mir noch nie gelungen ihn mit Augen zu sehn, er kann nicht herunterkommen, er ist zu sehr mit Arbeit überhäuft, sein Zimmer ist mir so geschildert worden, dass alle Wände mit Säulen von großen aufeinander gestapelten Aktenbündeln verdeckt sind, es sind nur die Akten die Sordini gerade in Arbeit hat, und da immerfort den Bündeln Akten entnommen und eingefügt werden, und alles in großer Eile geschieht, stürzen diese Säulen immerfort zusammen. (...) Nun ja, Sordini ist ein Arbeiter und dem kleinsten Fall widmet er die gleiche Sorgfalt wie dem größten. (...) Zunächst ließ mich nun Sordini aus dem Spiel, aber seine Beamten kamen, täglich fanden protokollarische Verhöre angesehener Gemeindemitglieder im Herrenhof statt. Die meisten hielten zu mir, nur einige wurden stutzig (...), sie witterten irgendwelche geheimen Verabredungen und Ungerechtigkeiten. (...) So wurde eine Selbstverständlichkeit – dass nämlich kein Landvermesser nötig ist – immerhin zumindest fragwürdig gemacht. (...) Und nun komme ich auf eine besondere Eigenschaft unseres behördlichen Apparates zu sprechen. Entsprechend seiner Präcision ist er auch äußerst empfindlich. Wenn eine Angelegenheit sehr lange erwogen worden ist, kann es, auch ohne dass die Erwägungen schon beendet wären, geschehn, dass plötzlich blitzartig an einer unvorhersehbaren und auch später nicht mehr auffindbaren Stelle eine Erledigung hervorkommt, welche die Angelegenheit, wenn auch meistens sehr richtig, so doch immerhin willkürlich abschließt. (...) Nun sind wie gesagt, gerade diese Entscheidungen meistens vortrefflich, störend ist an ihnen nur, dass man, wie es gewöhnlich die Sache mit sich bringt, von diesen Entscheidungen zu spät erfährt und daher inzwischen über längst entschiedene Angelegenheit noch immer leidenschaftlich berät. (...) Bestimmt aber weiß ich folgendes: Ein Kontrollamt entdeckte inzwischen dass aus der Abteilung A vor vielen Jahren an die Gemeinde eine Anfrage wegen eines Landvermessers ergangen sei, ohne dass bisher eine Antwort gekommen wäre. Man fragte neuerlich bei mir an und nun war freilich die ganze Sache aufgeklärt, die Abteilung A begnügte sich mit meiner Antwort. (...) Und nun stellen Sie sich Herr Landvermesser meine Enttäuschung vor, als jetzt nach glücklicher Beendigung der ganzen Angelegenheit (...) plötzlich Sie auftreten und es den Anschein bekommt, als sollte die Sache wieder von vorn beginnen.«

K: »Gewiss (...), noch besser aber verstehe ich, dass hier ein entsetzlicher Missbrauch mit mir, vielleicht sogar mit den Gesetzen getrieben wird. Ich werde mich für meine Person dagegen zu wehren wissen.«

Vorsteher: »Wie wollen Sie das tun? (...) Ich will mich nicht aufdrängen (...), nur das gebe ich Ihnen zu bedenken, dass Sie in mir (...) gewissermassen einen Geschäftsfreund haben. Nur dass Sie als Landvermesser aufgenommen werden, lasse ich nicht zu, sonst aber können Sie sich immer mit Vertrauen an mich wenden, freilich in den Grenzen meiner Macht die nicht groß ist.«

In diesem Gespräch sind praktisch alle Faktoren des Prozessmanagements pervertiert. Die Akteure sind zwar bekannt, gleichzeitig bleibt im Finstern, wer die Dinge anstößt und lenkt. Die Abläufe der Organisation haben sich von den handelnden Personen völlig abgekoppelt und sind mit sich selbst beschäftigt. Es gibt kein Resultat, keine Lösung.

Kafka war als studierter Verwaltungsjurist in seinem Berufsleben mit der ordnungsgemäßen Erledigung von Aktenläufen und Verfahren, also Prozessen, betraut. Aus dieser Perspektive heraus kann man sein Werk nachempfinden. Das nicht vollständige Ergebnis zeigt sich auch in der Entstehung des Romans selbst. Franz Kafka hat dieses Werk nie zu einem Abschluss gebracht. Es wurde von seinem Freund und Verleger, Max Brod, posthum herausgegeben. Nur so konnte es der Nachwelt erhalten bleiben.

1.2   Verbreitete Missverständnisse und deren Konsequenzen

Seit Ende der achtziger Jahre diskutieren Wirtschaftswelt und Non-Profit-Organisationen (NPOs) über Prozessmanagement. Die verschiedenen Vehikel dieser Diskussion waren BPR (Business-Process-Reengineering), Lean-Management, TQM (Total-Quality-Management), ISO, JIT (Just in time), SCM (Supply-Chain-Management), Sourcing (In- bzw. Outsourcing), zahlreiche »Ableger« der e-Debatte bis hin zu CRM (Customer-Relationship-Management) und Business-Model[12]. Eine so prominente Liste von Themen und Ansätzen ist beeindruckend, macht aber zugleich skeptisch. Verändern sich die Organisationen wirklich alle paar Jahre so grundlegend, dass permanent neue Ansätze notwendig sind? Haben diese Themen auch wirklich Substanz und Neues im Sinn von echtem Fortschritt gebracht?

Nach fast zwanzig Jahren Theorie und Praxis ist es an der Zeit, Prozessmanagement mit all seinen Moden kritisch zu reflektieren. Vor allem sind gewisse **Wahrnehmungsmuster**, Denkschemata und Vorurteile interessant, die sich auf diesem Gebiet finden. Es sind vor allem sieben weit verbreitete **Missverständnisse**, welche einer sinnvollen Anwendung von Prozessmanagement entgegenstehen:
1. Missverständnis: Prozessmanagement braucht es nur in großen Organisationen.
2. Missverständnis: Prozessmanagement benötigt hochanspruchsvolle Verfahren.
3. Missverständnis: Prozessmanagement braucht Spezialisten.
4. Missverständnis: Prozessmanagement ist eine technische Disziplin.
5. Missverständnis: Prozessmanagement ist eine Sache von Kommunikation und Kreativität.
6. Missverständnis: Prozessmanagement ist eine Wissenschaft.
7. Missverständnis: Prozessmanagement löst alle Probleme.

Nachfolgend werden diese Missverständnisse im Einzelnen behandelt. Besonders relevant sind die Schlussfolgerungen, die daraus zu ziehen sind, um Prozessmanagement wirksam zu gestalten.

1. Missverständnis: Prozessmanagement braucht es nur in großen Organisationen
Die meisten Ansätze für Prozessmanagement stammen aus großen Unternehmen, insbesondere aus der produzierenden Industrie. Das ist kein Nachteil, sondern Faktum. Auch ist es verständlich, dass die oben beschriebenen Modewellen vor allem in **großen Organisationen** Einzug gehalten haben. Standardisierung und Routine in Abläufen, die Frage von Informationssteuerung, Überblick, Verantwortung und Resultatorientierung sind insbesondere in großen Organisationen relevant[13]. Gefährlich wird es nur, wenn daraus gefolgert wird, in kleinen und wachsenden Organisationen sei Prozessmanagement kein Thema. Man wartet quasi auf eine bestimmte Unternehmensgröße und auf einen gewissen Leidenspunkt, bis Prozessmanagement eingeführt wird.

Gerade kleine Organisationen müssen frühzeitig ihre Abläufe systematisieren. Die personale Organisationsform ist nur am Beginn schnell, schlank und leistungsstark. Sobald ein Unternehmen mit dem Markt wächst, sind die wenigen Schlüsselpersonen nicht mehr in der Lage, alle Abläufe, Informationen, Kunden und Technologien unter Kontrolle zu halten. Je frühzeitiger eine kleine Organisation ihre Prozesse systematisiert und »multiplizierbar« macht, desto eher wird sie befähigt, zu wachsen.

2. Missverständnis: Prozessmanagement benötigt hochanspruchsvolle Verfahren

Ein Prozess ist eine Folge von Aktivitäten mit einem Resultat, einer Informations- und Steuerungskomponente. An sich ist es keine großartige Herausforderung, Prozesse zu strukturieren und zu lenken. Es braucht eine klare Methodik, Hausverstand, Konsequenz und Disziplin in der Anwendung von Prozessmanagement. Mehr ist dann nicht mehr nötig.

In der Praxis ist das an sich simple Werkzeug Prozessmanagement oft pervertiert worden. Viele Ansätze des Prozessmanagements haben zu keiner Verbesserung der Situation geführt, sondern eher zu einer »Verschlimmbesserung«: tonnenweise Dokumentationen, Audits ohne Bezug zum Markt und zum Kunden, Heere von Beratern und internen Spezialisten ohne Beitrag zur Wertschöpfung, steigende Unübersichtlichkeit und ausufernder Pflegeaufwand der Systeme und Unterlagen. Das liegt zumeist an der irrigen Auffassung, ein wichtiges Thema benötigt komplizierte Verfahren[14]. Gerade Organisationen in technischen Branchen oder solche mit einer hohen Anzahl von Akademikern glauben, einfache Vorgehensweisen können der heutigen Wirklichkeit nicht gerecht werden. Ein wichtiger Grundsatz im Prozessmanagement muss daher lauten, nur in Ausnahmefällen »schwere Geschütze« für Prozesse zuzulassen und die Methoden auf ihre **Alltagstauglichkeit** und Resultatorientierung zu prüfen. Das ist die Verantwortung von Führungskräften.

3. Missverständnis: Prozessmanagement braucht Spezialisten

Dieser Punkt schließt direkt an den vorigen an. Wenn die Meinung vorherrscht, dass Prozessmanagement komplizierte Vorgehensweisen benötigt, dann braucht man klarerweise ausgewiesene Fachleute. Mitarbeiter und Führungskräfte beherrschen die Materie nicht und müssen von externen **Beratern** oder internen Stabsmitarbeitern in der Gestaltung und Umsetzung unterstützt werden.

Spezialistentum ist aus zwei Gründen gefährlich. Erstens wird aus Prozessmanagement eine Wissenschaft gemacht. Es geht nicht mehr um ein Führungs- und Umsetzungswerkzeug, sondern um die Selbstverwirklichung von Prozessdokumenteuren und -gestaltern. Zweitens liegt die Gefahr darin, dass Führungskräfte und Mitarbeiter ihre Verantwortung für Prozesse auf diese Spezialisten bequem abschieben können. Am Ende kommt es zu einer »Verantwortungsparalyse«. Letztlich hat aber das Unternehmen mit seinem Leistungsauftrag für Kunden nichts davon. Daher ist in allen Phasen des Prozessmanagements genau darauf zu achten, dass ausschließlich die betroffenen Führungskräfte für die Einführung und Umsetzung verantwortlich sind. Spezialisten können selbstverständlich eingesetzt werden, sind aber sehr resultatbezogen zu führen.

4. Missverständnis: Prozessmanagement ist eine technische Disziplin

Die Verkomplizierung und das Spezialistentum haben ein Bild von Prozessmanagement verbreitet, das am besten so beschreiben werden kann: DV-getrieben, mathematisch-technologisch, zahlen- und bitbasiert, »hard-fact«, analytisch[15]. Die Reduzierung eines Management-Werkzeuges auf diese Dimensionen entspricht erstens nicht den Notwendigkeiten von Prozessmanagement und zweitens kann es auch nicht die gewünschten Resultate liefern. Selbstverständlich braucht es eine gewisse Analytik, klarerweise kommt man nicht ohne ein DV-gestütztes Abbildungssystem aus. Das schafft aber bestenfalls die Basis für die wirksame Steuerung von Prozessen.

Entscheidend für den Erfolg von Prozessmanagement ist nicht die technische Herangehensweise, sondern das Einbinden in den **Führungsprozess**. Prozesse werden strukturiert, um Führung wirksam zu machen. Ohne Führung bleiben die Prozesse nur sauber erfasst und dokumentiert. Wirkung entsteht erst durch das, was über diesen technischen Teil hinausgeht – wenn Prozessleistungen gemessen werden, Feedback möglich ist, Entscheide getroffen werden und Wirkung am Markt erzielt wird. Die technische Seite ist eine notwendige Bedingung der Prozesse, die hinreichende Voraussetzung entsteht erst durch Management.

5. Missverständnis: Prozessmanagement ist eine Sache von Kommunikation und Kreativität

Hier liegt das genaue Gegenteil des vorigen Missverständnisses vor. Aufgrund vermeintlich oder tatsächlich schlechter Erfahrung mit Prozessmanagement als rein technischer Disziplin wird eine Antwort ausschließlich in der **Psychologie** und in den Sozialwissenschaften gesucht. Im Kern lautet die Aussage, dass sich Prozesse analytisch nicht erfassen und mit bewährten Führungsmethoden nicht steuern lassen. Prozessmanagement wird vor allem als Kommunikations- und Kreativitätsproblem gesehen. Neben einem hohen Maß an Sozial- und Unternehmensromantik schwingt bei diesem Ansatz auch eine gewisse Esoterisierung mit. Gefährlich sind diese Anschauungen, weil sie sich an einem völlig falschen Wirtschafts- und Menschenbild orientieren. Das Geschehen in Organisationen wird unter den Gesichtspunkten »Motivation«, »Inspiration«, »Eingebung«, »Fehlerfreundlichkeit«, »Spaß« und »Selbstverwirklichung« gesehen. Die Gestaltung und Lenkung von Prozessen dienen diesen Zielsetzungen.

Werden Prozesse nach solchen Gesichtspunkten organisiert, ist die Sache natürlich spannend, ungewöhnlich, quer und »immer etwas los«. Auf Dauer ist ein solcher Prozessmanagement-Ansatz ruinös, weil er den Zweck von Organisationen verfehlt, nämlich unter Wettbewerbsbedingungen eine Leistung für Kunden zu erbringen. Die Prozessverantwortlichen haben strikt dafür zu sorgen, dass solcherlei Psychologisierung und Esoterik nicht um sich greifen und wirklich Wichtiges von Anfang an klar beim Namen genannt wird: Ergebnisorientierung, Leistung, Verantwortung, Disziplin und Vertrauen.

6. Missverständnis: Prozessmanagement ist eine Wissenschaft

Dieses Missverständnis hängt mit der Ansicht zusammen, Prozessmanagement sei eine Sache von Experten und eine primär technische Disziplin. Die radikalste Form des Spezialistentums ist die Darstellung des Themas Prozessmanagement als eine **Wissenschaft**. Damit immunisiert sich das Thema gegenüber den Nichtspezialisten und wird letztlich auch zu Esoterik, also nur für Eingeweihte verständlich.

Wenn schon die wissenschaftliche Frage aufgeworfen wird, dann ist Prozessmanagement wohl am ehesten als eine Teildisziplin der **praktischen Managementlehre** zu sehen. Nach dem Pionier dieser Wissenschaften, Hans Ulrich, sind folgende Elemente kennzeichnend: Betonung der Anwendung und weniger der Erklärung (»Präskription statt Deskription«), Problemlösungsfähigkeit und weniger Allgemeingültigkeit, Einbau verschiedener Wissenschaften statt disziplinärer Fixierung, Zwang zur Verständlichkeit, Erfassung von Vernetzung und Rückführung von Prozessproblemen auf dahinter liegende Systeme[16]. Prozessmanagement ist damit maximal eine Applikationswissenschaft und nicht geeignet für abstrakte Spielereien ohne Bezug zur Wirklichkeit in den Organisationen. Die Verantwortlichen für Prozessmanagement haben dafür zu sorgen, dass Werkzeuge, Dokumentationen, Präsentationen und Berichte klar geschrieben, verständlich und prägnant sind[17].

7. Missverständnis: Prozessmanagement löst alle Probleme

Dieses Missverständnis fußt auf einer unkritischen und unreflektierten **Begeisterung** für die Potenziale, die im Prozessmanagement liegen. Bei aller positiven Erfahrung und bei allen guten praktischen Anwendungen gilt es vorsichtig zu sein, wenn Prozessmanagement zum Mittel gegen jedes Problem in einer Organisation erkoren wird. Alle bisher genannten Missverständnisse waren ihrem Wesen nach ernst, strikt und haben zu Widerspruch angeregt. Die Gefahr bei dem jetzt genannten liegt gerade in seiner Begeisterungsfähigkeit und **Naivität**.

Die echten Profis auf dem Gebiet der Prozesse sind alles andere als begeisterte oder euphorische Manager. Sie sehen die Dinge realistisch und wissen, dass bei der Gestaltung und Umsetzung von Prozessen viele Elemente zum Tragen kommen, die nicht sehr modern und schon gar nicht begeisterungsfähig sind, wie beispielsweise Leistungsbewertung und gelegentlich harte Diskussionen. Sie wissen auch, dass mit Prozessmanagement nicht die Welt verändert werden kann und sind eher bescheiden im Anspruch, dafür aber konsequent in der Umsetzung. Sie gehen selektiv an die Sache und wenden die Methodik zunächst bei einzelnen Prozessen oder für einzelne Themen an, beispielsweise Qualität oder Kosten. Erst wenn die geplanten Veränderungen greifen und funktionieren, weiten sie die Anwendungsfelder aus und realisieren so die **Potenziale des Prozessmanagements**.

Bei der Beschäftigung und Anwendung von Prozessmanagement ist es hilfreich, die dargestellten Missverständnisse anzusprechen und kritisch auf die eigene Organisation zu übertragen. Mit beiliegendem Interviewleitfaden »Kernfragen zum Grundverständnis von Prozessmanagement« entsteht in kurzer Zeit ein klares Bild der Situation. Es braucht dazu die sechs bis acht maßgeblichen und prozesserfahrenen

Leute einer Organisation. In Einzelgesprächen von circa ein bis zwei Stunden liegt erfahrungsgemäß ein sehr belastbares Ergebnis vor. Zudem sensibilisiert ein solches Gespräch für das Thema und die Notwendigkeit professioneller Prozessarbeit.

Erst bei einem nüchternen und ungefilterten Bild von Prozessmanagement kann die Sache starten und in die Anwendung gehen. Die angesprochenen Missverständnisse können den Weg zu Ergebnissen verstellen, in falscher Sicherheit wiegen und Prozessmanagement als Instrument unwirksam machen. Sie anzusprechen und ein klares Bild von der Ausgangslage zu erhalten, ist der erste Schritt zur Wirksamkeit.

Kernfragen zum Grundverständnis von Prozessmanagement

Nutzen und Aufwand
1. Was hat der Kunde vom Prozessmanagement (Würde der Kunde für den Prozessmanagement-Aufwand bezahlen)?
2. Stärkt Prozessmanagement die Wettbewerbsfähigkeit, die Produktivität und die Umsetzungskraft der Organisation?
3. Hilft Prozessorientierung den Führungskräften bei ihren Führungsaufgaben?
4. Wie hilfreich sind die Informationen und Reports, die aus den Prozessen kommen?
5. Wie ist das Verhältnis aus Aufwand (Dokumentation, DV) und Nutzen?
6. Wie viele Leute beschäftigen sich mit Prozessmanagement?

Ziele und Umsetzung
7. Sind die Prozesse aus der Strategie abgeleitet?
8. Liegen unmissverständliche, konkrete Ziele für Prozessmanagement vor?
9. Sind diese Ziele allen Verantwortlichen bekannt?
10. Sind diese Ziele messbar bzw. beurteilbar (Qualität, Zeit, Kosten)?
11. Ist Prozessmanagement in einen Führungskreislauf eingebunden (mit entsprechender Beurteilung, mit erforderlichen Maßnahmen)?
12. Stehen Ressourcen bereit, um die Prozessziele umzusetzen (Investment, Personal)?

Management und Methodik
13. Welche Kompetenzen haben die Prozessverantwortlichen (Personal, Budget)?
14. Wie unterstützt das Top-Management die Prozessorientierung?
15. Existieren einheitliches Prozessverständnis und einheitliche Prozessmethodik (z.B. Kaizen, ISO, Six-Sigma)?
16. Ist Prozessmanagement mit anderen Managementsystemen sinnvoll verbunden (MbO, BSC, QM)?
17. Werden Prozessaudits mit den Kunden und Nutzern (z.B. Führungskräften) durchgeführt?
18. Wird das Prozesswissen systematisch gepflegt und weitergegeben (Ausbildung)?

Missverständnisse im Prozessmanagement	Checkliste
Missverständnis	**Indikator für das jeweilige Missverständnis**
1. Missverständnis: **Prozessmanagement braucht es nur in großen Organisationen**	• Warten auf Leidensdruck • »Wir brauchen so etwas nicht, weil wir im Augenblick alles beherrschen.« • Unterschätzung der Produktivitätswirkung durch Prozesse
2. Missverständnis: **Prozessmanagement benötigt hochanspruchsvolle Verfahren**	• komplizierte Methoden in der Analyse, bei der Gestaltung und Umsetzung • fehlende Verständlichkeit bei den Unterlagen • hoher Pflege- und Aktualisierungsaufwand
3. Missverständnis: **Prozessmanagement braucht Spezialisten**	• Verantwortung bei externen Beratern oder internen Stabsmitarbeitern • Abschieben von Verantwortung durch Führungskräfte und Mitarbeiter • Einzug von Fachsprache (»Prozess-Chinesisch«)
4. Missverständnis: **Prozessmanagement ist eine technische Disziplin**	• Reduktion von Prozessmanagement auf DV • Dominanz von Analytik, Zahlen • Abkopplung vom eigentlichen Führungsprozess
5. Missverständnis: **Prozessmanagement ist eine Sache von Kommunikation und Kreativität**	• Psychologisierung, Esoterisierung • Betonung von: Spaß, Motivation, Emotion, Selbstverwirklichung • Mess-, Feedback-, Beurteilungs- und Leistungsfeindlichkeit
6. Missverständnis: **Prozessmanagement ist eine Wissenschaft**	• zunehmende Akademisierung • Abheben vom Führungsalltag • Unverständlichkeit, Notwendigkeit von »Übersetzern«
7. Missverständnis: **Prozessmanagement löst alle Probleme**	• hohes Maß an Euphorie und Begeisterung • breitestmögliche Anwendung auf alles, was in irgendeiner Form mit Prozessmanagement zu tun hat • viele Versprechungen mit großen Potenzialen

1.3   Zielfelder im Prozessmanagement

Die Entwicklung auf den Märkten und die Entwicklung in den Organisationen lassen heute beinahe keine Alternative mehr zu, als in Prozessen zu denken und sich entsprechend zu strukturieren. Die Zielfelder im Prozessmanagement lassen sich wie folgt zusammenfassen:
1. Qualität
2. Produktivität
3. Innovationsfähigkeit
4. Management

1. Qualität

Der erste Angelpunkt ist die **Qualität**[18] der Marktleistung und die Qualität der nach innen gerichteten Leistungen. Die Ausrichtung erfolgt konsequent nach den Qualitätsansprüchen des Kunden im Sinn kaufentscheidender Kriterien. Externe wie auch interne Kunden definieren die entsprechenden Kriterien und entscheiden über die Güte des Prozesses. Zur Qualität gehören sämtliche produkt- oder dienstleistungsbezogenen Merkmale – alles, was aus Kundensicht zu einer Kaufentscheidung, zu einer Beanspruchung oder Wahl (bei internen Leistungen) führt. Dieses Zielfeld setzt erstens voraus, dass eine Organisation Klarheit über Kunden und **Kundennutzen** hat, und zweitens, dass die Performance auch systematisch gemessen wird. Das Ende der achtziger und Anfang der neunziger Jahre aufgekommene TQM (Total-Quality-Management) knüpfte genau an diesem Punkt an. Dass daraus in der Praxis leider Prozessbürokratien geworden sind, ist eine andere Sache. Das Grundprinzip ist nach wie vor gültig – die Qualität für Kunden und der Beitrag der Prozesse.

2. Produktivität

Mit der Qualität als Zielfeld ist die Effektivität angesprochen. Dies reicht in einem Wettbewerbsumfeld natürlich noch nicht ganz. Es geht auch um die Effizienz, die produktive Gestaltung aller Abläufe unter Konkurrenzbedingung. Meistens hört man das Wort »Kosten«, was aber nur ein Teil der Produktivität ist. Streng nach dem Wirtschaftlichkeitsprinzip bedeutet **Produktivität**[19] entweder gleiches Leistungsniveau (Output) bei geringeren Kosten (Input) oder gleich bleibendes Kostenniveau (Input), dafür aber deutlich mehr Leistung (Output). Die Forderung nach Kostensenkung ist vor diesem Hintergrund nur eine Facette und kann situativ eine sinnvolle Strategie darstellen. Auf Dauer ist eine überlebensfähige Marktstellung nur über mehr und bessere Leistung darzustellen. Gerade Zulieferindustrien, der Handel oder Finanzdienstleister sind in den letzten Jahren mit dieser Entwicklung konfrontiert gewesen. Produktivität ist ein umfassendes Thema und Prozessmanagement hat zahlreiche Anknüpfungspunkte: Reduktion der Aufwände, Reduktion von Komplexität im Sortiment, höhere Prozesssicherheit und dadurch Multiplikationsfähigkeit der Leistungen.

3. Innovationsfähigkeit

Prozesse betreffen nicht nur das »Hier und Heute«, sondern auch die Gestaltung künftiger Abläufe. Die Anstöße für **Innovation** in Richtung neuer Geschäftsfelder, neuer Produkte oder Dienstleistungen müssen selbstverständlich von der Strategie vorgegeben sein. Der Beitrag von Prozessmanagement liegt methodisch im Strukturieren des Innovationsprozesses[20] an sich. Gemeint ist der klare Ablauf von der Ideenfindung über Entscheide bis hin zu Innovationsaufträgen, deren Umsetzung und das Controlling. Zusätzlich sind durch das Prozessmanagement auch Struktur, Funktionsweise und Sinnhaftigkeit der Wertkette zu prüfen. Innovationsfähigkeit heißt in diesem Zusammenhang nichts anderes als die Weiterentwicklung des **Geschäftsmodells**. Stichworte sind die Fragen von Sourcing (In-, Outsourcing) oder etwa Kooperationen. Über die Prozesse muss sichergestellt sein, dass die Erneuerungsfähigkeit in Organisationen vorhanden ist, dass Entscheidungen getroffen und umgesetzt werden.

4. Management

Der entscheidende Wettbewerbsvorteil in allen Organisationen ist richtiges und gutes Management. Konjunkturelle Veränderungen, legislatorische Bestimmungen, der Zugang zu Kapital und vieles andere beeinflussen Organisationen. Letztlich ist es aber nur die Kompetenz der **Führung**[21], die den Ausschlag gibt. Prozessmanagement leistet an dieser Stelle einen entscheidenden Beitrag, indem Aufgaben, Kompetenzen und Verantwortlichkeiten (AKV) in allen Geschäftsabläufen klargestellt werden. Das sind die Grundvoraussetzungen, damit Organisationen leistungsfähig sind und bleiben. Moderne Themen wie Motivation, Kommunikation oder Empowerment entstehen vielfach deswegen, weil bei den Grundlagen in den Prozessen nicht professionell gearbeitet wird. Daher ist es ein Zielfeld in allen Prozessphasen, für Klarheit in der Führung und in den AKV zu sorgen.

Zahl, Art und Umfang von Prozessprojekten und Prozessinitiativen gehen ins Unendliche. Eine Unzahl von Büchern, Artikeln und Aufsätzen machen es für Praktiker schwierig, den Überblick zu behalten und gute von schlechten Ansätzen zu unterscheiden. Gerade darum ist es notwendig, ein Lastenheft für Prozesse zu entwickeln. Die beschriebenen Zielfelder für das Prozessmanagement sind jene Kriterien, an denen sich alle entsprechenden Prozesse und Organisationsformen orientieren müssen[22].

Zielfelder im Prozessmanagement	Checkliste
Zielfeld	**Kernpunkte**
1. Qualität	• Klärung der kaufentscheidenden Qualitätskriterien aus Kundensicht (bezüglich Produkt, Dienstleistung, Image) • Messung und Verbesserung der Qualität aus Kundensicht • Anbindung der Abläufe an die Qualitätskriterien • Ausrichtung aller Prozesse auf die richtige zeitliche Taktung (»on time delivery«) • Messung der Zielerreichung und der Wirkung auf Kunden • Einbau der Qualitätsziele in die Strategie
2. Produktivität	• Reduktion der Aufwände und der Durchlaufzeiten • Reduktion von Komplexität im Sortiment, bei den Varianten, im Kundenmix • Prozesssicherheit/Multiplikationsfähigkeit von Prozessen • Verminderung organisatorischer Schnittstellen • Prüfung der Kostenwirkung von Prozessen/ Prozesskostenrechnung • regelmäßige systematische Müllabfuhr • Prüfung und Optimierung der Schnittstellen und Funktionen
3. Innovationsfähigkeit	• Etablierung von Erneuerungsprozessen (für Innovationen, Projekte) • Definition und Weiterentwicklung der Haupt- und Teilprozesse • Definition und Weiterentwicklung der Wertkette • Reduktion nicht direkt wertschöpfender Aktivitäten (Kontrolle, Wartezeiten)
4. Management	• Steuerbarkeit der Abläufe • Zielfestlegung, Messung der Performance, Kommunikation und Beurteilung der Resultate • klare Aufgaben, Kompetenzen und Verantwortlichkeiten (AKV) in den Abläufen

Insbesondere das Zielfeld »Qualität« kann mit einem einfachen Werkzeug gesteuert werden. In der **Qualitätsprüfliste** wird die Leistung aus Kundensicht systematisch bewertet. Grundlage sind Qualitätskriterien, die von den Prozessen zu liefern sind. Dieses Instrument kann für jede Branche angewendet werden und liefert in kurzer Zeit ein gutes Qualitätsbild und damit die Basis für Management-Entscheide.

Qualität-Prüfliste			Werkzeug

1. Qualitäten

Nr.	Qualitäten	Qualität vorhanden	Qualität nicht vorhanden

2. Maßnahmen

Nr.	Maßnahmen	Termin	Verantw.

Qualität-Prüfliste	**Beispiel Bekleidungs-Einzelhandel**

Ein Bekleidungs-Einzelhändler verwendet die Qualität-Prüfliste zur Steuerung der Shops. Diese wird täglich vom Shop-Leiter (SL) geführt, der Bezirks-Leiter (BL) hat monatlich jeden Shop unangemeldet zwei Mal zu prüfen. Die Resultate werden von SL und BL ausgewertet und monatlich besprochen. Dies ist die Basis für die Qualitäts-Maßnahmenliste und die anschließende Umsetzungskontrolle.

1. Qualitäten

Nr.	Qualitäten	Qualität vorhanden	Qualität nicht vorhanden
1	Sauberkeit		
1.1	Der Eingangsbereich ist sauber und gepflegt (Bodenbelag, Logomatte…).	X	
1.2	Schaufenster und Aufsteller sind sauber und richtig justiert.	X	
1.3	Innenböden und Wände sind sauber und gepflegt (v.a. Kassenbereich, Kundentoiletten, Lifte, Umkleidekabinen, Stiegenhaus).		X
…	…		
2	Artikel		
2.1	Von 20 zufällig ausgewählten Artikeln jeder Warengruppe ist kein einziger falsch ausgezeichnet.	X	
…	…		

2. Maßnahmen

Nr.	Maßnahmen	Termin	Verantw.
1	Erhöhung des Reinigungstaktes bei Toiletten und im Lift auf vier Mal täglich	per sofort	Hollbach
2	Drei Mal täglich: Entfernung von Nadeln, Klebestreifen… in den Umkleidekabinen	per sofort	Mayr
…	…		

1.4   Prozessplanung und Prozessphasen

Das Thema Prozessmanagement hat in den letzten Jahren hohe Aktualität erlangt. Man findet heute kaum eine Organisation, die sich nicht mit der Thematik zumindest auseinandergesetzt hat. Fast alle mittleren und großen Unternehmen erleben in regelmäßigen Zyklen neue Anstöße durch Prozesse – bei den Themen Kosten, Prozessorientierung, Veränderung von Organisationen oder Steuerung von Schlüsselprozessen wie etwa Innovation. Der gemeinsame methodische Kern dieser Ansätze ist ein **Phasenmodell**, das im Prinzip sehr einfach ist und sich in der Praxis bewährt hat. Wie vieles im Prozessmanagement ist dieses Modell alles andere als neu und stützt sich weniger auf Theorien als vielmehr auf Hausverstand und »Verprobung« in der Anwendung. Die Grundlage liefern die **Führungsfunktionen** nach Ulrich[23]:

1. Entscheiden über Ziele, Mittel und Maßnahmen
2. Ingangsetzen der zur Zielerreichung notwendigen Umsetzung
3. Kontrollieren der Umsetzung und der Resultate

1. Entscheiden über Ziele, Mittel und Maßnahmen

Die Führungsfunktionen starten mit dem **Entscheiden**. In die Prozesslogik übersetzt bedeutet das die Bestimmung von Leitplanken und Rahmenbedingungen, die Beurteilung der Ausgangslage und die Definition der Ziele. Die Leitplanken und Rahmenbedingungen sind notwendig, um die Prozesse in die richtigen Bahnen zu lenken. Vor allem sind Prozesse an strategische Zielvorgaben anzuknüpfen. Es ist nichts anderes als eine Befolgung des Grundsatzes »structure follows strategy«[24]. Die Beurteilung der Ausgangslage dient der nüchternen Bestimmung des Ist-Zustandes in den Prozessen. Daraus werden dann Ziele im Sinn von Soll-Werten bestimmt. Dies ist die Grundlage für die Planung der notwendigen Maßnahmen und Mittel. Das Schlüsselwort im ersten Schritt ist das **Entscheiden**. Nur dann, wenn Festlegungen getroffen werden und auch klar ist, was nicht getan wird, ist der erste Schritt vollständig. Die rein »technische« Seite der Erarbeitung der **Ziele, Mittel und Maßnahmen** ist zwar notwendig, bei weitem aber noch nicht hinreichend.

2. Ingangsetzen der zur Zielerreichung notwendigen Umsetzung

Das **Ingangsetzen** ist der zweite Schritt. Während vorher alles noch aus Ratio, Papier, Plan und Vorstellungswelt bestand, geht es jetzt um die Umsetzung. Der Grundsatz der Resultatorientierung war in der ersten Phase nur in abstrakter Form darstellbar, zwar wichtig, aber eben noch nicht wirksam. In dieser Phase wird die Sache konkret. Wenn es so etwas wie eine Trennlinie zwischen kompetenten und inkompetenten Führungskräften gibt, so ist es die **Umsetzungsfähigkeit**.

3. Kontrollieren der Umsetzung und der Resultate

Als dritter Schritt folgt das **Kontrollieren**. Die Bestimmung der Ausgangslage, die Zieldefinition und die Umsetzung sind bezüglich ihrer Wirksamkeit zu prüfen[25]. Es geht an dieser Stelle um das Beurteilen von **Effektivität**. Dieser Schritt ist zwingend als Führungsfunktion einzubauen, weil nur so ein echtes Monitoring möglich ist. Gerade im Prozessmanagement werden in Planungsphasen gerne mehr Dinge versprochen, als dann eingelöst werden. Ohne das Kontrollieren, Messen und Beurteilen von Wirksamkeit hat das Management erstens kein Feedback über die Zielerreichung und zweitens schon in der Planungsphase keinen Druck zur Formulierung realistischer Ziele. Das Kontrollieren darf nicht mit **Controlling** gleichgesetzt werden. Controlling ist seinem Wesen nach viel mehr, nämlich der gesamte Ablauf des Erfassens von Istwerten, der Bestimmung eines Sollzustandes, der Definition bzw. Umsetzung von Maßnahmen und der Kontrolle. Daher ist Controlling im Prinzip nichts anderes als die Summe der Führungsfunktionen und klarerweise eine Führungsaufgabe, die nicht delegiert werden darf. Das, was in den Organisationen unter Controlling verstanden wird, reduziert sich in vielen Fällen auf die Bestimmung von Istwerten, den Abgleich mit dem Soll und ein entsprechendes Berichtwesen. So wichtig dies ist, echtes Controlling ist eben mehr als das, was üblicherweise die Controller tun.

Die angesprochenen drei Führungsfunktionen sind zunächst sequenziell zu verstehen. Daher ist die Reihenfolge auch nicht zufällig gewählt. Die volle Dynamik erhält das System aber erst durch die Gestaltung als Kreislauf[26], durch das Einbauen von **Feedback**. Nur so ist Führung möglich und nur so kann Führung systematisiert werden. Die nachfolgende Darstellung fasst die angesprochenen drei Elemente zusammen.

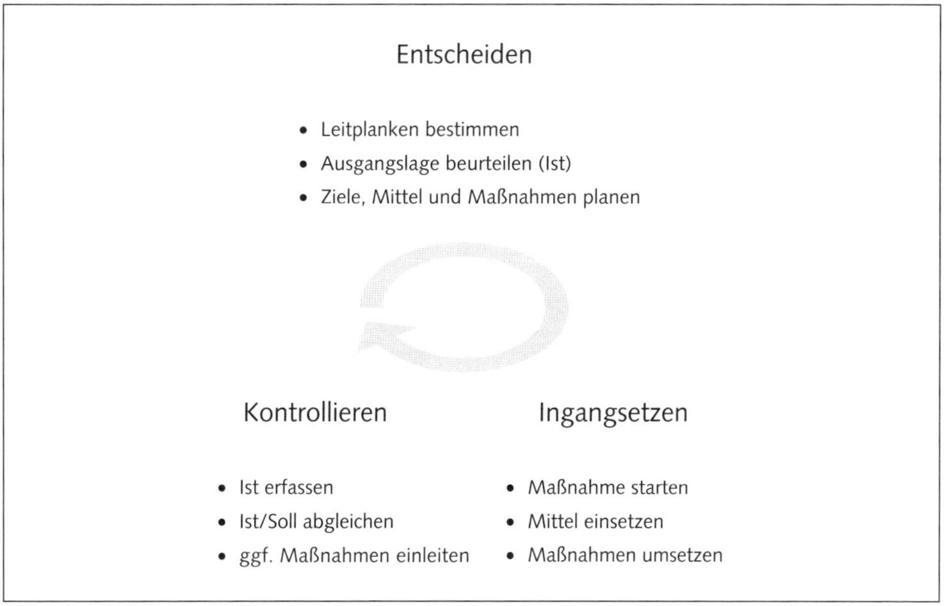

Abb. 2: Führungsfunktionen (in Anlehnung an Ulrich)

Die Vergegenwärtigung der Führungsfunktionen erfüllt mehrere Zwecke. Erstens zeigt sie die Kernelemente auf und verknüpft sie miteinander. Zweitens kann damit bestimmt werden, wo ganz konkret in der eigenen Organisation die Herausforderungen liegen.

Aus diesem Führungskreislauf leiten sich die **Phasen des Prozessmanagements** ab. Neben der Vorbereitung gibt es in Summe fünf Phasen[27], die im Prozessmanagement zu durchlaufen sind: 1. Beurteilung der Ausgangslage, 2. Prozesserhebung und Prozessmessung, 3. Prozessgestaltung, 4. Prozessumsetzung sowie 5. Prüfung der Wirksamkeit.

Die methodische Logik ist unabhängig davon, wie umfangreich das jeweilige Prozessthema ist, in welcher Branche und in welcher Organisationsgröße es stattfindet. Dauer und Tiefe können sehr unterschiedlich sein und müssen selbstverständlich für die Situation maßgeschneidert werden. **Kompromisse** sind immer möglich und in der Praxis auch der Normalfall. In der Grundlogik der einzelnen Phasen allerdings sind keine Veränderungen zu empfehlen. Veränderungen, insbesondere Auslassungen, erweisen sich häufig als fatal. Gerade die für ein Prozessthema verantwortliche Führungskraft ist gefordert, für eine methodisch sorgfältige Erarbeitung zu sorgen. Die **Methodenkompetenz**[28] gehört zu den Erfolgsfaktoren für wirksames Prozessmanagement.

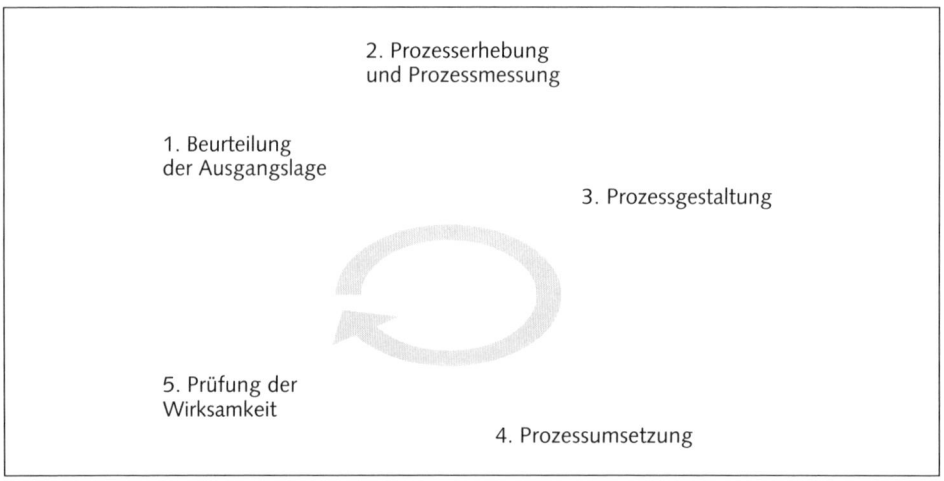

Abb. 3: Prozessphasen

Werden systematisch Prozesse neu strukturiert und gestaltet, so ist das Vorhaben wie ein Projekt genau durchzuplanen. Die in der Checkliste dargestellten Phasen werden um die wesentlichen Inhalte und die zu erbringenden Resultate ergänzt. Besonders wichtig sind die einzubauenden **Entscheidungsgremien**, in denen das Top-Management und gegebenenfalls auch Eigentümer (-vertreter) sitzen.

Prozessphasen	Checkliste
Phase	**Inhalt/Resultat**
Vorbereitung	• Bildung des Entscheidungsgremiums und der Arbeitsgruppe • Detailplanung (Aufgaben, Zeit) • Kick-off mit allen Beteiligten
1. Beurteilung der Ausgangslage	• Einbau der Vorgaben durch die Geschäftsfeldstrategien (Wertvorstellungsprofil) • Abklärung der relativen Qualität • Verknüpfung der Prozesse mit der Wertkette (Prozesslandkarte) • Beurteilung der Schnittstellen und Funktionenanalyse • Entscheidungsgremium: Beurteilung der Ausgangslage
2. Prozesserhebung und Prozessmessung	• Identifikation der wichtigsten Hauptprozesse auf Basis der Prozesslandkarte • Modellierung und Messung der Hauptprozesse • Gegenüberstellung von Prozessen und Qualitätsmerkmalen (Beitrag der Prozesse) • Zusammenfassende Analyse/identifizierte Problemfelder • Themenspeicher für die Gestaltungsphase • Entscheidungsgremium: Prozesserhebung und Prozessmessung
3. Prozessgestaltung	• Definition der Ziele für die Gestaltungsphase • Varianten bzgl. Prozessneugestaltung und Prozessverbesserung (mit Maßnahmen, Potenzialen) • Aufnahme von Sollprozessen und der Zielwerte (Qualität, Zeit, Kosten) • Entscheidungsgremium: Prozessgestaltung
4. Prozessumsetzung	• Erarbeitung von Werkzeugen für den Prozessbetrieb (Prozessdokumentation, Messgrößen, Funktionendiagramm, Prozesskostenrechnung, Prozesscontrolling) • Risikomanagement • Klärung der wichtigsten Gremien (Berichtwesen) • Formulierung von Prozessaufträgen/Einbau der Schlüsselmaßnahmen in die Jahresziele • Umsetzungs- und Kommunikationsplan für das erste Jahr • Entscheidungsgremium: Prozessumsetzung
5. Prüfung der Wirksamkeit	• Messung und Beurteilung der Prozessleistung (Qualität, Zeit, Kosten, Organisation) • ggf. Anpassung/Optimierung der Prozesse • Entscheidungsgremium: Prüfung der Wirksamkeit

Literatur

1 Vgl. die Bedeutung der Prozesse in: *Ulrich, H.*, Gesammelte Schriften, Band 1, Bern 2001, S. 272.

2 Vgl. Folgende Tool-Surveys bzw. Untersuchungen zur Bedeutung von Prozessen: *Rigby, D./Bilodeau, B.*, The Bain 2005 Management Tool Survey, in: Strategy & Leadership 4/2005, S. 6 ff; *Klauser, M./Löw, A.*, So erhöhen Sie die Produktivität, in: Harvard Business Manager, Juni 2006, S. 10 ff.; http://www.contrast.at (2006), http://www.aris.com (2006); *Stöger, R.*, Sieben Faktoren des Strategie-Erfolgs, in: absatzwirtschaft, Juni 2007, S. 92 ff.

3 Vgl. *Smith, A.*, An Inquiry into the Nature and Causes of the Wealth of Nations, München 1978.

4 Vgl. *Taylor, F.*, The Principles of Scientific Management, New York 1911.

5 Vgl. *Malik, F.*, Führen Leisten Leben, Frankfurt 2006, S. 98 ff.

6 *Drucker, P.*, Sinnvoll wirtschaften. Notwendigkeit und Kunst, die Zukunft zu meistern, Düsseldorf 1997, S. 148.

7 Vgl. *Gaitanides, M.*, Business Reengineering/Prozessmanagement – von der Managementtechnik zur Theorie der Unternehmung, in: Die Betriebswirtschaft, 58/1998, S. 369 ff.

8 Vgl. *Kueng, P.*, Process Performance Management System: a tool to support process-based organizations, in: Total Quality Management, Vol. 11/1, 2000, S. 67 ff.

9 Die Bedeutung der Umsetzung von Prozessen und Aktionsplänen findet sich etwa bei: *Hinterhuber, H.*, Strategische Unternehmensführung, Band 2, Berlin 2004, S. 203 ff. und bei *Nippa, M./Scharfenberg, H. (Hrsg.)*, Implementierungsmanagement. Über die Kunst, Reengineeringkonzepte erfolgreich umzusetzen, Wiesbaden 1997.

10 Vgl. *Schulte-Zurhausen, M.*, Organisation, München 2002, S. 85 ff.; *Bogaschewsky, R./Rollberg, R.*, Prozessorientiertes Management, Berlin 1998.

11 *Kafka, F.*, Das Schloss, Frankfurt 1992, S. 72 ff.

12 Vgl. *Malik, F.*, Führen Leisten Leben, Frankfurt 2006, S. 49. Modewellen im Management haben immer schon starken Einfluss auf die Prozessthematik gehabt.

13 Vgl. zur Standardisierung: *Drucker, P.*, Sinnvoll wirtschaften. Notwendigkeit und Kunst, die Zukunft zu meistern, Düsseldorf 1997, S. 113 und S. 336 ff.

14 Vgl. *Ulrich, H.*, Gesammelte Schriften, Band 5, Bern 2001, S. 17, S. 29 und S. 42.

15 Vgl. etwa *Becker, J. et al.*, Prozessmanagement, Berlin 2003, S. 49, S. 216 ff. oder *Schwickert, A./Fischer, K.*, Der Geschäftsprozess als formaler Prozess, Mainz 1996.

16 Das Konzept einer praktischen Managementlehre findet sich bei *Ulrich, H.*, Gesammelte Schriften, Band 5, Bern 2001, S. 459 ff.

17 *Ulrich, H.*, Gesammelte Schriften, Band 5, Bern 2001, S. 463 ff. Der pragmatische Ansatz wird klar herausgearbeitet.

18 Vgl. *Barney, J.*, Firm Resources and Sustained Competitive Advantage, in: Journal of Management, 17/1991, S. 99 ff.; vgl. *Drucker, P.*, Sinnvoll wirtschaften. Notwendigkeit und Kunst, die Zukunft zu meistern, Düsseldorf 1997, S. 148 ff.; vgl. *Bruhn, M./Strauss, B. (Hrsg.)*, Dienstleistungsqualität, Wiesbaden 1995, S. 345 ff.

19 Vgl. *Drucker, P.*, Sinnvoll wirtschaften. Notwendigkeit und Kunst, die Zukunft zu meistern, Düsseldorf 1997, S. 113 ff.; vgl. *Kaplan, R./Cooper, R.*, Cost and effect. Using integrated cost systems to drive profitability and performance, Boston 1997.

20 Vgl. *Müller-Stewens, G./Lechner, C.*, Strategisches Management, Stuttgart 2003, S. 432 f.; vgl. *Malik, F.*, M.o.M.-letter, Malik on Management, Nr. 05/96.

21 Vgl. *Drucker, P.*, Die ideale Führungskraft, Düsseldorf 1995, S. 15, und *Malik, F.*, Führen Leisten Leben, Stuttgart 2000, S. 15 ff.

22 Vgl. die Schlüsselgrößen zur Beurteilung der Gesundheit eines Geschäftes in: *Malik, F.*, M.o.M.-letter, Malik on Management, Nr. 01/95.

23 *Ulrich, H.*, Gesammelte Schriften, Band 2, Bern 2001, S. 127.

24 Vgl. *Chandler, A.*, Strategy and structure, Cambridge 1962.

25 Vgl. *Ulrich, H.,* Gesammelte Schriften, Band 2, Bern 2001, 127; vgl. *Becker, J. et al.,* Prozessmanagement, Berlin 2003, S. 237 ff., S. 266 f.

26 Das Prinzip des Feedbacks findet sich u. a. in: *Krüger, W.,* Excellence in change, Wiesbaden 2000, S. 31 ff.; *Doppler, K./Lautenburg, C.,* Change management, Frankfurt 2000; *Ulrich, H.,* Gesammelte Schriften, Band 2, Bern 2001, S. 127.

27 *Becker, J. et al.,* Prozessmanagement, Berlin 2003, S. 322 ff.; *Franz, K.,* Prozessmanagement und Prozesskostenrechnung, in: *Schmalenbach-Gesellschaft (Hrsg.),* Reengineering, Stuttgart 1995, S. 119; *Theuvsen, L.,* Business Reengineering, in: Zfbf, 48/1996, S. 70.

28 Vgl. die Methodenkompetenz u. a. bei *Müller-Stewens, G./Lechner, C.,* Strategisches Management, Stuttgart 2003, S. 577; *Ulrich, H.,* Gesammelte Schriften, Band 1, Bern 2001, S. 175 ff.

2 Prozesse an Märkte und an Strategien anknüpfen

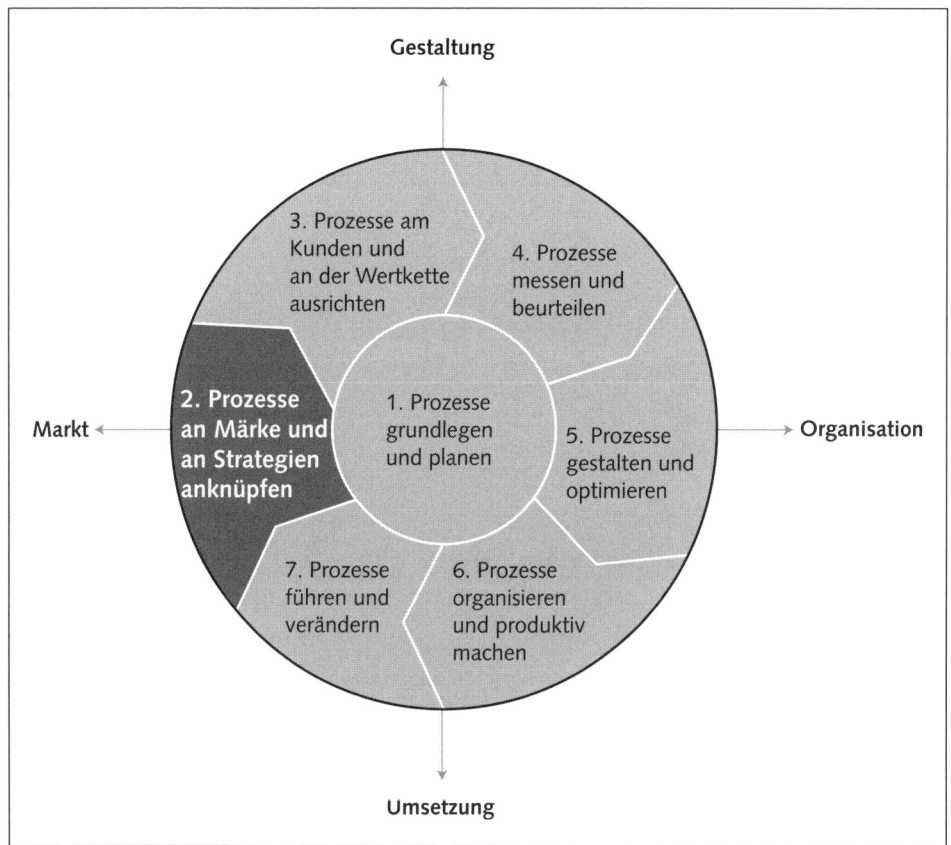

2.1   Prozesse und die Entwicklung von Organisationen

Prozesse bzw. Prozessmanagement sind keine Entwicklung der jüngeren Wirtschaftsgeschichte, vor allem keine Erfindung des 20. Jahrhunderts. Der »Prozessmanagement-Boom« Ende der achtziger und Anfang der neunziger Jahre suggerierte Neuartigkeit und die Lösung vieler Probleme, die sich mit Ende des **Wirtschaftswunders**[1] nach 1945 angebahnt hatten: Überkapazitäten, unproduktive Produktionsabläufe, lange Entwicklungszeiten, nicht kundengerechte Vertriebsleistungen und Produkte.

In diesem Abschnitt werden Prozesse in einen Zusammenhang mit der **Entwicklung von Organisationen** gebracht. Aufbau- und Ablauforganisation folgen einer Entwicklungslogik, die sich als Lebenszyklus[2] von Organisationen darstellen lässt. Organisationen sind nicht plötzlich da, sondern durchlaufen verschiedene Stadien. Diese Stadien bestimmen die Ausprägung und die Herausforderungen im Prozessmanagement:
1. Personale Organisation
2. Funktionale Organisation
3. Matrix-Organisation
4. Organisation ergebnisverantwortlicher Einheiten

1. Personale Organisation
Bei der »Geburt« und in den ersten Lebensjahren von Organisationen sind Abläufe und Funktionen überschaubar. In solchen Aufbauphasen herrscht Überblick über Märkte, Kunden, Wettbewerber, Lieferanten und das interne Unternehmensgeschehen. Es sind wenige Personen, die die Organisation unter Kontrolle halten. In Form eines Organigramms liegt eine einfache Linienorganisation vor. Beispiele sind mittelständische Unternehmen, in denen der Eigentümer auch als Geschäftsführer fungiert oder etwa selbstständige Gewerbe- bzw. Handelsbetriebe. Das Thema »Prozessmanagement« zeigt sich vor allem in der Aufbau- und Strukturierungsseite. Entwicklung, Leistungserstellung und Vertriebsaktivitäten sind zu systematisieren und Verwaltungsabläufe (Lohnverrechnung, DV) sind auf ein vernünftiges Minimum zu begrenzen, um sämtliche Kapazitäten auf die direkte Wertschöpfung zu konzentrieren.

Prozessseitig geht es um die Schaffung von Routine, um das wachsende Geschäftsvolumen beherrschbar zu machen. Damit sind die Vorteile der **personalen Organisation** angesprochen. Die Organisation ist schnell, flexibel und ohne größeren Aufwand steuerbar. Kommunikation ist so gut wie kein Thema. Der Nachteil besteht im »Engpass« der Schlüsselpersonen. Ab einer gewissen Unternehmensgröße sind sie unfähig, das gesamte Geschehen unter Kontrolle zu halten, die Komplexität des Geschehens ist nicht mehr lenkbar. An dieser Stelle wird zum ersten Mal die Notwendigkeit von Prozessmanagement deutlich. Aktivitäten sind gezielt zu bündeln und »multiplizierbar« zu machen, damit auch andere Personen steuern und ausführen können.

2. Funktionale Organisation

In der Wachstumsphase von Organisationen werden Aktivitäten gemäß der Geschäftslogik gebündelt. Es handelt sich um Funktionen wie etwa »Akquisition«, »Entwicklung«, »Leistungserstellung«, »Vermarktung«. Die Abläufe werden innerhalb dieser Funktionen strukturiert, das Organigramm ist funktional aufgebaut. Als Beispiele sind klassische Industrieunternehmen und zahlreiche Non-Profit-Organisationen zu nennen. Prozesse sind vor allem funktional[3] gegliedert, es wird integriert, was bezüglich einer Funktion in der Wertschöpfung gleich ist. An dieser Stelle soll auf den Unterschied zwischen Prozess und Funktion hingewiesen werden. Eine **Funktion** ist ein Hauptprozess, der als organisatorisches Gliederungskriterium dient, beispielsweise Entwicklung, Produktion und Vertrieb. Wenn die Aufbauorganisation nach Märkten, Technologien, Absatzwegen, Kunden(-gruppen) oder Produkten strukturiert ist und nicht nach Funktionen, dann müssen die Leistungs- und Unterstützungsprozesse sicherstellen, dass die Organisation wettbewerbsfähig bleibt. Beispiele hierfür sind die Auftragsgewinnung oder die Auftragsabwicklung. Jede Funktion ist demnach ein Prozess, aber nicht jeder Prozess ist eine Funktion.

Die Herausforderung in **funktionalen Organisationen** besteht darin, möglichst viele Menschen in der Organisation zu befähigen, effizient und produktiv zusammenzuarbeiten. Die Vorteile dieser Organisationsform liegen auf der Hand. Das Unternehmen soll in dieser Phase bewusst nicht mehr von einzelnen Personen abhängig sein, sondern personenunabhängig und in diesem Sinn »personenaustauschbar« funktionieren. Die Themen lauten: Standardisierung der Prozesse, klare Verteilung von Verantwortung, Transparenz. Damit liegt zum ersten Mal auch so etwas wie Wissensmanagement vor. Obwohl es widersprüchlich klingt, ist die Standardisierung von Prozessen eine wesentliche Voraussetzung, um Informationen, Ideen, Inputs von außen zu strukturieren. Die Gefahr besteht allerdings darin, dass Standardisierung zu einer vermehrten Innensicht und **Innenbeschäftigung** führt. Märkte, Kunden, Konkurrenten und Technologien werden nicht mehr oder nur ungenügend wahrgenommen. Zudem steigt die Gefahr der Verantwortungslosigkeit und des Hin- und Herschiebens von Kompetenzen. Wer ist verantwortlich, wenn die Umsätze sinken – die mangelhafte Auftragsgewinnung, qualitativ nicht mehr adäquate Leistungen oder die ungenügende Vermarktung? Die Prozesse müssen in dieser Phase sicherstellen, dass Verantwortung für Resultate besteht und die Märkte, vor allem die Kunden, in das Unternehmen hereingeholt werden.

3. Matrix-Organisation

Diese versucht nun, die Innensicht der funktionalen Organisation zu überwinden. Der Markt soll wieder in das Unternehmen gebracht werden. Dies bedeutet, dass einerseits Marktverantwortung organisatorisch festgeschrieben wird, andererseits aber die Zuständigkeiten für Funktionen bleiben. War die Aufbauorganisation in der personalen und der funktionalen Organisation eindimensional, so wird in der **Matrix-Organisation** eine zweidimensionale Strukturierung eingeführt. Grundsätzlich können Matrix-Organisationen nach Produktgruppen, Kundengruppen, Funk-

Abb. 4: Prozesse und die Entwicklung von Organisationen

tionen oder Regionen gebildet werden. Als Beispiele sind international tätige OEM, Banken und Versicherungen zu nennen. Holdings und Konzernspitzen haben in solchen Organisationen üblicherweise eine große Machtfülle – gemäß dem altrö mischen Steuerungsprinzip »teile und herrsche« (divide et impera).

Für die Prozesse liegen die Herausforderungen in Doppelzuständigkeiten und in der Multiplikation von **Schnittstellen** in der Matrix. Gegenüber der funktionalen Organisation ist der Kunde wieder im Unternehmen, gleichzeitig sind aber Aufgaben, Kompetenzen und Verantwortlichkeiten aufgebrochen und nur mehr sehr schwer zu bündeln. Typische Phänomene in solchen Organisationen sind der Ruf nach »Koordinatoren«[4], ein permanentes Informationsdefizit und das Bedürfnis nach immer mehr Kommunikation und Qualitätsmanagement. Dieses Stadium stellt die größte Herausforderung für Prozessmanagement dar, weil zwar Aktivitäten gebündelt sind, gleichzeitig aber viele Stellen darauf zugreifen und die Prozesse mit beeinflussen. Das, was in der personalen Organisation vorhanden war, muss durch Prozessmanagement in der Matrix-Organisation mühsam wiederhergestellt werden: Überblick, Verantwortung, Resultatorientierung, Informationsaustausch. Gelingt dies nicht, ist Führung praktisch unmöglich. Die Organisation gerät an die Grenzen ihrer Steuerbarkeit und verliert massiv an Effektivität und Effizienz.

4. Organisation ergebnisverantwortlicher Einheiten

Die Stärke der personalen Organisation waren Übersicht und Lenkung. Die funktionale Organisation stellte das Wachstum sicher und standardisierte die Aktivitäten. Die Matrix-Organisation verknüpft Funktionen und Märkte, gerät aber in eine Krise der Effizienz und Effektivität. Die vielfach zu beobachtende Weiterentwicklung besteht in der Schaffung von klar abgegrenzten, **ergebnisverantwortlichen Organisationseinheiten**[5]. Sie verbinden Übersichtlichkeit des Geschehens und stellen sämtliche Abläufe in eine verantwortliche Linie.

In solchen Organisationen steht das Prozessmanagement vor der Herausforderung, die Verknüpfung von Aufgabe, Kompetenz und Verantwortung wieder herzustellen und auf die Kunden zu richten. Die überladenen Qualitäts- und Steuerungssysteme der Matrix-Organisation sind auf ein vernünftiges Maß zurückzubauen, Koordination und Kommunikation durch Verantwortung und Leistung zu ersetzen.

Prozesse sind in die **Entwicklungsdynamik von Organisationen** eingebettet. Das jeweilige Entwicklungsstadium von Organisationen gibt die Anforderungen für die Analyse, Ausgestaltung und Umsetzung von Prozessen vor. Letztlich sind diese Anforderungen das Lastenheft für das Prozessmanagement. Zusätzlich verweist die Organisationsdynamik noch auf einen weiteren Punkt: Prozessmanagement ist niemals eine statische Festschreibung von Abläufen, sondern selbst »in Bewegung«. Es gilt, die Stärken der jeweils vorherigen Phase weiterzuentwickeln und die Anforderungen der nächsten Phase zu berücksichtigen.

Mit dem **Prozessradar Organisation** kann ein Test gemacht werden, inwieweit die Organisationsdynamik auf Prozesse wirkt.

Prozessradar Organisation			Werkzeug
Faktor	**negativ**	**Profil**	**positiv**
1. Strategie			
langfristige Orientierung	nicht vorhanden		vorhanden
Komplexität des Geschäftes	überfordert die Organisation		produktiv nutzbar
Wachstum der Organisation	durch Organisation behindert		durch Organisation gefördert
Leistungs- und Umsetzungsorientierung	durch Organisation behindert		durch Organisation gefördert
2. Struktur			
Grad der Standardisierung/Professionalität	permanent alles neu erfinden		klare Struktur
Dominanz von Einzelpersonen	abhängig von Einzelpersonen		unabhängig von Einzelpersonen
Linie	wird gerne umgangen		ist Basis der Organisation
Schnittstellen	Ruf nach Koordinatoren		abgegrenzt, klare Verantwortung
Sitzungen/Gremien	sehr viele, unproduktiv		sehr wenige, produktiv
Organisation und Prozesse	häufiges Thema		nie/selten Thema
Ausrichtung der Organisation	an Mitarbeitern/ Führungskräften		am Kunden

Faktor	negativ	Profil	positiv
3. Kultur			
Unternehmenskultur	permanentes Thema		selten/nie Thema
Ausrichtung	Führungsstil		zähl- und messbare Resultate
Kommunikation, Information	wird ständig gefordert		kein Thema
Berichte, Formulare, Dokumentationen	sehr viele		wenige
4. Führung			
Verantwortung für Resultate	unklar, auf vielen Schultern		definiert, nur Einzelpersonen
Kompetenzen	verschwommen definiert		klar zugeordnet
Projekte (außerhalb des üblichen Geschäftes)	sehr viele		sehr wenige
Leistung, Output, Wertschöpfung	entsteht eher zufällig		beurteilt, messbar, zuordenbar
Ziele/Führen durch Ziele	sehr global, nicht spezifiziert		vorhanden, konkret und SMART*
Steuerung des Jobs	durch Chef		durch die Aufgabe, durch den Kunden
Führung und Umsetzung	»andere« führen		führen = umsetzen
Entscheidungen	werden delegiert, aufgeschoben		zeitnah getroffen und verantwortet
Vielfalt und Zahl der Aktivitäten	sehr vieles, »zulassen«		sehr weniges, »ausschließen«
Chefs/»Zuständige«	sehr viele		sehr wenige

* SMART bezieht sich als Abkürzung auf die Anforderung an Ziele: spezifisch, messbar, aktiv beeinflussbar, realistisch, terminiert

Prozessradar Organisation			Beispiel Versicherung

In einem Versicherungsunternehmen wurde am Beginn eines Prozessprojektes ein Prozessradar durchgeführt. IST-Situation und Schwerpunkte wurden herausgearbeitet (Pfeildarstellungen). Auf Basis der Schwerpunkte starteten konkrete Maßnahmen.

Faktor	negativ	Profil	positiv
1. Strategie			
langfristige Orientierung	nicht vorhanden		vorhanden
Komplexität des Geschäftes	überfordert die Organisation		ist produktiv nutzbar
Wachstum der Organisation	durch Organisation behindert		durch Organisation gefördert
Leistungs- und Umsetzungsorientierung	durch Organisation behindert		durch Organisation gefördert
2. Struktur			
Grad der Standardisierung/Professionalität	permanent alles neu erfinden		klare Struktur
Dominanz von Einzelpersonen	abhängig von Einzelpersonen		unabhängig von Einzelpersonen
Linie	wird gerne umgangen		ist Basis der Organisation
Schnittstellen	Ruf nach Koordinatoren		abgegrenzt, klare Verantwortung
Sitzungen/Gremien	sehr viele, unproduktiv		sehr wenige, produktiv
Organisation und Prozesse	häufiges Thema		nie/selten Thema
Ausrichtung der Organisation	an Mitarbeitern/Führungskräften		am Kunden

Faktor	negativ	Profil	positiv
3. Kultur			
Unternehmenskultur	permanentes Thema		selten/nie Thema
Ausrichtung	Führungsstil		zähl- und messbare Resultate
Kommunikation, Information	wird ständig gefordert		kein Thema
Berichte, Formulare, Dokumentationen	sehr viele		wenige
4. Führung			
Verantwortung für Resultate	unklar, auf vielen Schultern		definiert, nur Einzelpersonen
Kompetenzen	verschwommen definiert		klar zugeordnet
Projekte (außerhalb des üblichen Geschäftes)	sehr viele		sehr wenige
Leistung, Output, Wertschöpfung	entsteht eher zufällig		beurteilt, messbar, zuordenbar
Ziele/Führen durch Ziele	sehr global, nicht spezifiziert		vorhanden, konkret und SMART*
Steuerung des Jobs	durch Chef		durch die Aufgabe, durch den Kunden
Führung und Umsetzung	»andere« führen		führen = umsetzen
Entscheidungen	werden delegiert, aufgeschoben		zeitnah getroffen und verantwortet
Vielfalt und Zahl der Aktivitäten	sehr vieles, »zulassen«		sehr weniges, »ausschließen«
Chefs/»Zuständige«	sehr viele		sehr wenige

* SMART bezieht sich als Abkürzung auf die Anforderung an Ziele: spezifisch, messbar, aktiv beeinflussbar, realistisch, terminiert

2.2   Prozesse und die Entwicklung von Märkten

Die Organisation ist ein Spiegel der jeweiligen Wettbewerbsdynamik und der Spielregeln der jeweiligen Branche. Ebenso wie bei der Entwicklung von Organisationen sind bei der Entwicklung von Märkten Phasen zu unterscheiden. Die Prozesse haben die Anforderungen aus dieser **Marktdynamik** aufzunehmen, so dass die Organisation fähig wird, sich anzupassen. Anhand des Lebenszyklus-Modells[6] sind im Wesentlichen drei Phasen zu unterscheiden:
1. Einführungsphase
2. Wachstumsphase
3. Sättigungsphase

1. Einführungsphase
In der **Einführungsphase** etablieren sich Märkte. Die Anzahl von Wettbewerbern ist sehr gering, entsprechend ist die Wettbewerbsintensität niedrig. Die **Einführungsphase** ist mit großer Ungewissheit verbunden, weil noch nicht klar ist, ob sich überhaupt ein Markt etablieren wird. Kunden und Wettbewerber sind noch nicht »greifbar«. Entsprechend fällt auch die Marktbearbeitung schwer, da noch keine verlässlichen Erfahrungswerte vorliegen. Der unternehmerische Fokus liegt in der Einführungsphase bei den Themen »Qualität«, »Schaffung von Wettbewerbsvorteilen« und »Aufbau einer verteidigungsfähigen Marktstellung«. Diese Vorgaben bedeuten für das Prozessmanagement vor allem die Sicherstellung von Qualität, die Strukturierung der Abläufe und die Befähigung der Organisation zum Wachsen. Damit sind massive Investitionen verbunden. Die Einführungsphase »kostet«.

2. Wachstumsphase
Die **Wachstumsphase** hat gegenüber der Einführungsphase einen klaren Vorteil. Die Kunden und deren Potenziale sind bekannt, die Konkurrenten identifiziert und die Spielregeln des Wettbewerbes haben sich etabliert. Vor allem ist in der **Wachstumsphase** festzustellen, dass die Anzahl der Konkurrenten wächst. Aus unternehmerischer Sicht sind weiterhin die Themen »Qualität« und »Ausbau der Wettbewerbsvorteile« dominierend. Die Kernfrage und das alles entscheidende Kriterium ist aber die Marktstellung, d.h. Vorsprung im Marktanteil in dem **Geschäftsfeld**, in dem ein Unternehmen ernsthaft konkurriert.

In der Wachstumsphase entscheidet sich, welche Wettbewerber für die Sättigungsphase gerüstet sind. Dem entsprechend ist in vielen Märkten bereits am Ende dieser Phase ein Verschwinden mehrerer Konkurrenten festzustellen. Prozessmanagement leistet zwei Beiträge: Erstens sind alle Aktivitäten auf die Gewinnung von Marktanteilen auszurichten, also auf mehr »Oberfläche« zum Kunden. Qualität und Geschwindigkeit werden zu spielentscheidenden Größen im Wettbewerb. Zweitens muss bereits in der Wachstumsphase eine gute Kostenposition durch Standardisierung und das Ausnutzen von Erfahrung etabliert werden.

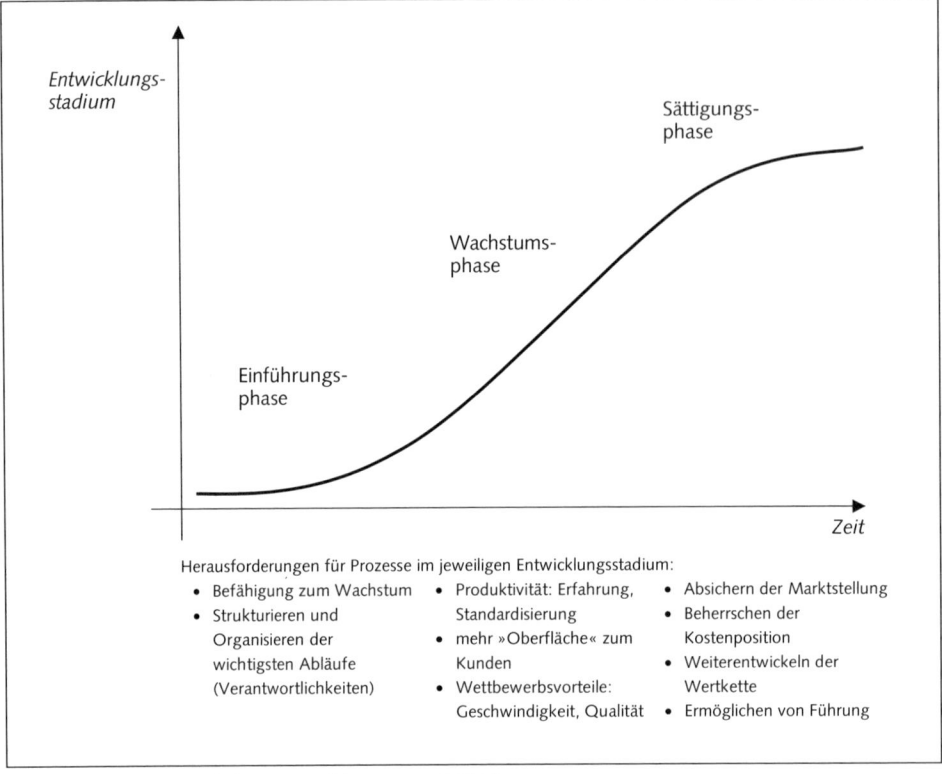

Abb. 5: Prozesse und die Entwicklung von Märkten

3. Sättigungsphase

Die meisten Branchen und Geschäfte in den entwickelten Volkswirtschaften befinden sich Anfang des 21. Jahrhunderts in einer **Sättigungsphase**. Was sind nun die typischen Merkmale einer solchen Sättigung bzw. Reife für eine Marktleistung, ein Unternehmen, ein Geschäft oder eine Branche?

Die Anzahl der Wettbewerber sinkt am Beginn der Sättigungsphase[7] noch eher zaghaft, mit der Zeit aber deutlich. Sie fallen aus den Märkten, weil es nicht gelungen ist, eine entsprechende Marktstellung und Kostenposition aufzubauen. Vor allem große Unternehmen verlassen »periphäre« Geschäftsfelder und konzentrieren sich auf das **Kerngeschäft**[8]. Dieses Kerngeschäft ist aus Sicht der Wettbewerbsdynamik genau jenes, in dem es gelungen ist, durch gute Marktstellung und Kostenposition überlebensfähig zu sein.

Die Marktanteile der drei bis fünf größten Wettbewerber sind kumuliert viel höher als in den vorherigen Phasen. Dies erklärt sich aus der Konsolidierung im Wettbewerb. Zusätzlich wird der Druck zu Kooperationen, Allianzen, Fusionen größer.

Das **Preisniveau** kommt unter Druck. Nachdem das Qualitätsniveau auf einem sehr hohen Niveau angekommen ist, differenziert sich der Wettbewerb primär über den Preis. In diesen Preismärkten kann die Marge und folglich der Gewinn nur mehr auf der Kostenseite sichergestellt werden. Der Kostendruck wird zusätzlich verschärft durch Überkapazitäten im Investment (Anlagen, Umlaufvermögen), nicht ausgelastete Personalressourcen (insbesondere im Dienstleistungsbereich) und das Nicht-Erreichen des geplanten Break-even aufgrund rückgängiger Umsätze und steigender Kosten.

Mit dem **Kostendruck**[9] sind viele Unternehmen gezwungen, ihre Wertkette zu überdenken und das Geschäft konsequent nach Produktivitätsgesichtspunkten zu organisieren. Es entstehen interessante, neue Geschäftsmodelle, die zu einem »neuen Spiel« führen können. Ein Beispiel sind die Discounting-Modelle in den unterschiedlichsten Branchen.

Mit dem sich entwickelnden Preismarkt versuchen viele Unternehmen, die Produktgruppen, **Sortimente** und Varianten auszuweiten. Wenn irgendwo noch Deckungsbeiträge zu holen sind, werden zusätzliche Angebote kreiert. Die Konsequenzen für die Kostenposition sind meistens dramatisch, beispielsweise durch die Folgekosten über Garantie- und Leistungsverpflichtungen, Vorhaltungen von Ersatzteilen, Verkomplizierung der Vermarktung und des Services.

Ein typisches Phänomen ist das beinahe schon verzweifelte Suchen nach **Innovationen** und Differenzierung auf der Leistungsseite. In Sättigungsphasen sind echte Innovationen im Sinn der deutlichen Erhöhung der wahrgenommenen relativen Qualität nur mehr schwer auszumachen. In der Vermarktung vieler Leistungen werden zwar so genannte Innovationen gepriesen, der Kunde nimmt diese aber nicht wahr. Dadurch kommt es auch zu keinem neuerlichen Marktwachstum.

Parallel mit dem Absinken des Innovationsniveaus steigt in vielen Branchen die Bedeutung der **Marke**. Gerade dann, wenn Unterschiede auf technischer und dienstleistungsbezogener Seite nicht mehr vorhanden sind, versucht man sich über Bilder und Vorstellungen abzuheben. Das Image bekommt wachsende Bedeutung. Nachdem der Aufbau einer Marke viel Zeit und Kosten beansprucht, wird eine gute Positionierung auf diesem Feld zu einem entscheidenden Wettbewerbsvorteil.

Gerade in der Sättigungsphase kommt richtigem und gutem Prozessmanagement entscheidende Bedeutung zu, um für die Wettbewerbsfähigkeit von Organisationen zu sorgen. Es sind vor allem vier Herausforderungen: 1. Absichern der Marktstellung, 2. Beherrschen der Kostenposition, 3. Weiterentwickeln der Wertkette sowie 4. Ermöglichen von Führung.

1. Absichern der Marktstellung

Über die Prozesse werden die Qualitätsanforderungen des Geschäftes in das Unternehmen gebracht. Prozessmanagement bedeutet die Ausrichtung aller Aktivitäten an der Qualität aus Kundensicht. Voraussetzung ist Klarheit über die Qualitätsposition und das Messen der **Performance am Markt**.

2. Beherrschen der Kostenposition

Die Sättigungsphase verursacht in aller Regel die Etablierung eines Preismarktes. Die Prozesse haben kostenseitig sicherzustellen, dass Größenvorteile ausgeschöpft werden und es zu keinem Ausufern von Varianten und Sortimenten kommt, z. B. über Module im Dienstleistungsbereich oder Plattformen in der Industrie. Nur über die Prozesse kann eine nachhaltige Beherrschung der Kostenposition erreicht werden.

3. Weiterentwickeln der Wertkette

Es sind die Schlüsselprozesse zu identifizieren, die einen erheblichen Beitrag zur Qualität, zur Marktstellung und zur Kostenposition leisten. Auf Basis dieser **Kernprozesse** wird die Wertkette neu gestaltet[10]. In diesem Zusammenhang muss die Frage von Eigen- und Fremdleistung neu gestellt werden. Kooperationen in Teilen der Wertkette können ein Beitrag zur Stärkung der Wettbewerbsfähigkeit sein.

4. Ermöglichen von Führung

In der Sättigungsphase kommt dem Thema Führung die wohl entscheidendste Bedeutung zu. Prozessmanagement muss das gesamte Unternehmensgeschehen so ausrichten und steuerbar machen, dass Aufgaben, Kompetenzen und Verantwortlichkeiten klar sind. Nur durch die Beherrschung der innen- und marktgerichteten Prozesse ist eine Organisation fähig, in einer Sättigungsphase zu überleben.

Mit beiliegendem **Prozessradar Markt** kann geprüft werden, inwieweit das Thema »Prozessmanagement« aufgrund der Marktentwicklung notwendig ist. Die Schwerpunkte sind pro erfolgskritischem Faktor identifizierbar.

Prozessradar Markt			Werkzeug
Faktor	**negative Ausprägung**	**Profil**	**positive Ausprägung**
Lebenszyklus des Marktes	Sättigungsphase		Einführungsphase
Anzahl Konkurrenten	wächst stark oder schrumpft stark		einigermaßen stabil
Wettbewerbsintensität bzw. Preiskampf	deutlich ausgeprägt		gering
Macht von Lieferanten bzw. Abnehmern	groß		klein
Marktstellung/Marktanteil	Spieler »am Rand«, unbekannt		Nr. 1, 2, 3 im relevanten Markt
Qualität aus Kundensicht	unklar, offen		bekannt, greifbar
Substitutionsgefahr	groß		klein
Innovationen (Markterfolg und Qualität)	viele Inventionen (nur Ideen)		wenige echte Innovationen
Wettbewerbsvorteil »Zeit/Geschwindigkeit«	nicht gegeben, unbekannt		vorhanden oder erreichbar
Wettbewerbsvorteil »Kostenposition«	nicht gegeben, unbekannt		vorhanden oder erreichbar
Standardisierung, Nutzen von Erfahrung	schwer möglich		gegeben, möglich
Sortimente, Varianten	breit, »offensiv«, kreativ		eng, begrenzt
Attraktivität der Organisation für gute Leute	nicht gegeben		gegeben
Kerngeschäft	unbekannt, diversifiziert		bekannt, Konzentration
Kernprozesse, Stärken	unbekannt		bekannt und umgesetzt

Prozessradar Markt			**Beispiel Versicherung**

In einem Versicherungsunternehmen wurde am Start eines Prozessprojektes ein Prozessradar durchgeführt. IST-Situation und Schwerpunkte (Pfeildarstellungen) wurden herausgearbeitet.

Faktor	negative Ausprägung	Profil	positive Ausprägung
Lebenszyklus des Marktes	Sättigungsphase		Einführungsphase
Anzahl Konkurrenten	wächst stark oder schrumpft stark		einigermaßen stabil
Wettbewerbsintensität bzw. Preiskampf	deutlich ausgeprägt		gering
Macht von Lieferanten bzw. Abnehmern	groß		klein
Marktstellung/ Marktanteil	Spieler »am Rand«, unbekannt	⇨	Nr. 1, 2, 3 im relevanten Markt
Qualität aus Kundensicht	unklar, offen		bekannt, greifbar
Substitutionsgefahr	groß		klein
Innovationen (Markterfolg und Qualität)	viele Inventionen (nur Ideen)		wenige echte Innovationen
Wettbewerbsvorteil »Zeit/Geschwindigkeit«	nicht gegeben, unbekannt		vorhanden oder erreichbar
Wettbewerbsvorteil »Kostenposition«	nicht gegeben, unbekannt	⇨	vorhanden oder erreichbar
Standardisierung, Nutzen von Erfahrung	schwer möglich	⇨	gegeben, möglich
Sortimente, Varianten	breit, »offensiv«, kreativ	⇨	eng, begrenzt
Attraktivität der Organisation für gute Leute	nicht gegeben		gegeben
Kerngeschäft	unbekannt, diversifiziert		bekannt, Konzentration
Kernprozesse, Stärken	unbekannt		bekannt und umgesetzt

2.3   Wertvorstellungen und Strategieleitplanken für Prozesse

Prozessprojekte starten nicht aus dem Nullpunkt heraus. Einerseits liegen implizit immer Prozesse vor, wenn eine bestehende Organisation Leistungen erbringt. Diese mögen vielleicht nicht dokumentiert sein, nicht gemessen oder gesteuert werden. Vorhanden sind sie in jedem Fall. Andererseits sind Prozesse an die langfristigen, strategischen Vorgaben eines Geschäftes angebunden. Vor dem Start empfiehlt es sich, die strategischen Vorgaben aufzunehmen. Damit werden die **Leitplanken** für die Prozesse gelegt, innerhalb derer dann vor allem die Prozesse gestaltet und umgesetzt werden können. Leitplanken bedeuten Orientierung und das »Andocken« an die Strategie, um böse Überraschungen am Ende eines Prozessprojektes zu vermeiden. Die Setzung von Leitplanken heißt natürlich nicht, dass es verboten ist, darüber hinauszugehen. Zumindest ist vorgängig bekannt, wann eine Grenze überschritten ist und dass man dafür sehr gute Argumente braucht.

Ein Instrument zur Definition der Leitplanken ist das **Wertvorstellungsprofil**[11]. Es besteht aus den wesentlichen Fragen, die eine Organisation in ihrem Selbstverständnis und in ihrer Strategie beantworten muss, vor allem, was die Organisation heute ist und künftig sein will. In die Erarbeitung und Diskussion sind die wichtigsten Entscheidungsträger involviert, etwa Vorstände, Eigentümer(-vertreter), Belegschaftsvertreter oder wichtige Kooperationspartner. Der Mix muss spezifisch für jede Organisation festgelegt werden.

Aufgebaut ist das Wertvorstellungsprofil aus so genannten Faktoren und den jeweiligen Ausprägungen. Die Faktoren beschreiben die wichtigsten strategischen Fragen[12], wie etwa nach der Marktstellung. In der Erarbeitung des Wertvorstellungsprofils sind diese Faktoren zuerst abzuklären und je nach Organisation spezifisch anzupassen. Erfahrungsgemäß kommen schon viele entscheidende Impulse, vor allem über wichtige Fragestellungen, auf die derzeit noch keine Antworten vorhanden sind. Zu jedem Faktor sind anschließend Ausprägungen anzugeben, die erreicht werden können. Diese Ausprägungsgrade sind je nach Faktor unterschiedlich gelagert. Wichtig ist, dass im Variantenraum alle denkbaren Ausprägungen angesprochen sind. Auf dieser Basis ist das Wertvorstellungsprofil zu erstellen.

In der Praxis sollte das Profil nicht über ein bis zwei Seiten gehen. Wichtig ist die Diskussion und eine gemeinsame Verständigung auf die Bewertung. Wenn Dissens in wichtigen **strategischen Kernfragen** vorhanden ist, müssen diese offenen Punkte gesondert geklärt sein. Auf Dauer kann keine Organisation geführt werden, in der die Entscheidungsträger kein gemeinsames Verständnis für Strategie haben.

Das Wertvorstellungsprofil kann unterschiedlich eingesetzt werden. Es ist ein Instrument der **Standortbestimmung**, wenn die Ist-Situation dargestellt wird. Ergänzend dazu kann die Frage nach der zukünftigen Ausprägung, also das Soll, aufgezeigt werden. Aus der Differenz ergeben sich dann entsprechende Handlungserfordernisse. Wenn ein Dienstleistungsunternehmen überdurchschnittlich wachsen will, so werden etwa die Prozesse der Auftragsgewinnung und der Personalentwicklung erfolgskritisch sein. In der Ausgestaltung der Prozesse ist darauf besonders zu achten. Bei der Umsetzung von Prozessen ist das Profil auch eine Kriterienliste zur Überprüfung der Erfolgswirksamkeit.

Mit dem Wertvorstellungsprofil sind die Entscheidungsträger in das Prozessthema involviert. Nicht selten werden Prozessprojekte von den **Entscheidungsträgern** in die Linie und nach sehr weit unten delegiert, weil die Meinung vorherrscht, das sei nur operativ. Nachdem mit richtig angewendetem Prozessmanagement eine Organisation fundamental gewandelt werden kann, sind die Entscheider möglichst früh einzubauen. Sie haben dadurch die Möglichkeit, sich einzubringen und kennen das Thema. Gerade vor dem Hintergrund »Change« ist dieser Aspekt nicht zu unterschätzen.

Nachdem sehr gewichtige Fragen des Außen- und Innenverhältnisses in einem Wertvorstellungsprofil angesprochen sind, stellt dieses auch einen Check der **Unternehmenskultur**[13] dar. Bei großen und nicht ausräumbaren Differenzen in der Bewertung liegt ein nachhaltiges Führungsproblem und weniger ein Prozessthema vor. Mit der Optimierung von Prozessen kann einem solchen Problem nicht begegnet werden.

Das Wertvorstellungsprofil ist im Prinzip nichts anderes als ein Gerüst der **Business-Mission**[14] (andere Begriffe: Leitsätze, Vision, Leitbild). Sie legt die übergeordneten Grundsätze einer Organisation fest und wird von den Eigentümern bzw. von der Geschäftsleitung definiert. Wenn eine Business-Mission in einer Organisation vorliegt, kann diese als Basis für das Profil genommen werden. Sie kann das Profil auch ersetzen, wenn die Inhalte so griffig sind, dass echte Leitplanken entstehen. Dieser Fall ist in der Praxis aber selten.

Wertvorstellungen und Strategieleitplanken			Werkzeug
Faktor	**Ausprägung**	**IST**	**SOLL**
1. relative Qualität aus Kundensicht	unter Wettbewerbsschnitt _____ %	im Wettbewerbsschnitt	über Wettbewerbsschnitt _____ %
2. Marktstellung	_____ größter	3. größter	2. größter	1. größter
3. absoluter Marktanteil	rückläufig _____ % p.a.	gleich	steigend _____ % p.a.
4. Umsatz	rückläufig _____ % p.a.	gleich	moderat wachsend _____ % p.a.	stark wachsend _____ % p.a.
5. Bedeutung Marktdurchdringung	keine	geringe ____ % vom Umsatz	große _____ % vom Umsatz	sehr große _____ % vom Umsatz
6. Bedeutung Marktentwicklung	keine	geringe _____ % vom Umsatz	große ____ % vom Umsatz	sehr große ____ % vom Umsatz
7. Bedeutung Innovation	keine	geringe ____ % vom Umsatz	große _____ % vom Umsatz	sehr große ____ % vom Umsatz
8. relative Kostenposition	über Wettbewerbsschnitt ____ %	im Wettbewerbsschnitt	unter Wettbewerbsschnitt _____ %
9. Investment-Intensität	über Wettbewerbsschnitt ____ %	im Wettbewerbsschnitt	unter Wettbewerbsschnitt _____ %
10. Attraktivität für gute Leute	unter Wettbewerbsschnitt	im Wettbewerbsschnitt	über Wettbewerbsschnitt
11. Cashflow	rückläufig _____ % p.a.	gleich	leicht steigend _____ % p.a.	stark steigend _____ % p.a.
12. Betriebsergebnis	rückläufig _____ % p.a.	gleich	leicht steigend _____ % p.a.	stark steigend _____ % p.a.
13. Eigentumsverhältnisse	Einzelbesitz	Familienbesitz	wenige Eigentümer	Publikumsgesellschaft

Wertvorstellungen und Strategieleitplanken	Beispiel Industrie

Ein Unternehmen in der gehobenen Textilproduktion (Objektstoffe) steht vor großen strategischen Herausforderungen (Marktentwicklung, Innovation...). Zur Optimierung der Prozesse wurden die wesentlichen strategischen Vorstellungen in einem Profil klargestellt. Prozessmanagement bedeutet, mit den Prozessen eine Voraussetzung zur Erreichung der strategischen Ziele (»Soll«) zu erreichen.

Faktor	Ausprägung		IST	SOLL
1. relative Qualität aus Kundensicht	unter Wettbewerbsschnitt ____%	im Wettbewerbsschnitt		über Wettbewerbsschnitt 15%
2. Marktstellung	5. größter	3. größter	2. größter	1. größter
3. absoluter Marktanteil	rückläufig ____% p.a.		gleich	steigend 2% p.a.
4. Umsatz	rückläufig ____% p.a.	gleich	moderat wachsend 4% p.a.	stark wachsend ____% p.a.
5. Bedeutung Marktdurchdringung	keine	geringe ____% vom Umsatz	große 80% vom Umsatz	sehr große 95% vom Umsatz
6. Bedeutung Marktentwicklung	keine	geringe 5% vom Umsatz	große ____% vom Umsatz	sehr große ____% vom Umsatz
7. Bedeutung Innovation	keine	geringe ____% vom Umsatz	große 15% vom Umsatz	sehr große ____% vom Umsatz
8. relative Kostenposition	über Wettbewerbsschnitt ____%	im Wettbewerbsschnitt		unter Wettbewerbsschnitt ____%
9. Investment-Intensität	über Wettbewerbsschnitt ____%	im Wettbewerbsschnitt		unter Wettbewerbsschnitt ____%
10. Attraktivität für gute Leute	unter Wettbewerbsschnitt	im Wettbewerbsschnitt		über Wettbewerbsschnitt
11. Cashflow	rückläufig ____% p.a.	gleich	leicht steigend ____% p.a.	stark steigend ____% p.a.
12. Betriebsergebnis	rückläufig ____% p.a.	gleich	leicht steigend 2% p.a.	stark steigend ____% p.a.
13. Eigentumsverhältnisse	Einzelbesitz	Familienbesitz	wenige Eigentümer	Publikumsgesellschaft

Ein anderes Werkzeug zur Herstellung von **Orientierung** sind die sogenannten Prozessleitplanken. Sie bilden den Rahmen, innerhalb dessen die Umsetzung stattfinden kann. Es ist kein Kreativitätshemmnis, sondern schafft erst die Voraussetzung dafür, dass zielgerichtet Ideen diskutiert, konkrete Vorschläge entwickelt und Entscheidungen getroffen werden können. Das Wissen um diesen Rahmen ist kein Kreativitätshemmnis oder Denkverbot. Vorschläge, die den bisherigen Rahmen sprengen, müssen einfach sehr gut begründet sein und dem Auftraggeber oder einem anderen Entscheiderkreis vorgelegt werden. Wenn etwa in einem Fakturierungsprozess Grenzen zum Reklamationsprozess gesetzt werden, so kann in einem Entscheiderkreis durchaus über diese Logik diskutiert werden. Wichtig ist, dass am Ende Klarheit herrscht, ob die Reklamation in den Prozess hineingehört oder nicht.

Für die prozessbeteiligten Mitarbeiter und Führungskräfte zeigen die **Prozessleitplanken** das Selbstverständnis auf und und geben Klarheit, was innerhalb liegt, aber auch, was ausgeschlossen werden kann. Erfahrungsgemäß ist die negative Abgrenzung viel schwieriger, führt aber zu deutlich mehr Transparenz. Prozessleitplanken müssen klar und verständlich geschrieben sein. Zu vermeiden sind Allgemeinplätze (»Flexibilität«), Anglizismen (»value statements«) oder Fremdwörter (»induktive Synergie«). Verständlichkeit ist eine wesentliche Voraussetzung für Umsetzung. Dazu gehört auch, dass alle Aussagen präzise, realisierbar und überprüfbar formuliert sind. Wie breit und wie tief die Leitplanken angelegt sind, hängt von der Prozesslandkarte, der spezifischen Situation und dem Komplexitätsgrad des Geschäftes ab. Im Minimum sollten Ausgangslage (»Wo stehen wir heute?«), Zielvorstellungen bzw. Themenspeicher (»Was wollen wir künftig?«) und eine negative Abgrenzung (»Was wollen wir künftig nicht?«) vorgenommen werden. Im Erarbeitungsprozess der Prozessleitplanken braucht es wiederum alle Verantwortlichen, alle Entscheidungsträger und Meinungsbildner. Das Resultat ist schriftlich zu dokumentieren. Es bewährt sich, am Anfang mit allen relevanten Personen Einzelinterviews zu führen und diese dann anonymisiert auf einem Blatt zusammenzufassen. Anschließend werden die Prozessleitplanken in einem gemeinsamen Workshop diskutiert und festgehalten. Dies führt zu einem gegenseitigen Abgleich der Meinungen und auch zu einer gemeinsamen Sicht. Damit ist klar, wo die leitenden Vorstellungen liegen und wie die Entscheider denken. Auch dient dies als Schutz für die Umsetzer, weil niemand die Sache im Nachhinein hintertreiben oder mikropolitisch aktiv werden kann: Alle Entscheidungsträger waren bei den Leitplanken dabei und mussten sich klar und deutlich äußern.

Prozessleitplanken		Werkzeug
1. Wo stehen wir heute?	2. Was wollen wir künftig? (Themenspeicher)	3. Was wollen wir künftig nicht?

Prozessleitplanken		**Beispiel Akquisitionsprozess**

In einem international tätigen Maschinenbau-Unternehmen wird der Akquisitions-prozess untersucht. Der Prozess funktioniert suboptimal. Nachdem hier verschie-dene Akteure (eigener Vertrieb, Vertriebspartner) tätig sind und viele Schnittstellen zu anderen wichtigen Prozessen bestehen, braucht es ein klares Vorgehen.

1. Wo stehen wir heute?	2. Was wollen wir künftig? (Themenspeicher)	3. Was wollen wir künftig nicht?
1. anspruchsvolle Prozesslandschaft mit vielen Beteiligten, unterschiedlichen Systemen (keine einheitliche Software-Lösungen) 2. zahlreiche Schnittstellen mit wichtigen, anderen Prozessen (Innovation, Fakturierung, Auftrags-Steuerung…) 3. bisheriger Grundsatz: »Umsatz geht vor Prozess-Steuerung.« 4. keine »management attention« auf die Prozessdimension, nur auf die Zahlenwelt 5. bereits einmal gescheiterter Versuch der Vereinheitlichung und Professionalisierung der Akquisition (hochpolitisches Thema) 6. …	1. Herstellen eines gemeinsamen Verständnisses bei allen Beteiligten (Zweck, Anforderungen…) 2. Klarheit und Einheitlichkeit der Anforderungen hinsichtlich der Schnittstellen-Prozesse 3. einheitliche Systeme (keine Insellösungen mehr) 4. frühzeitiges Gegenhalten bei politischer Hintertreibung 5. absolute Management-Attention mit entsprechenden Reports im ersten Jahr der Umsetzung 6. Aufnahme des umgestellten Prozesses in die Zielvereinbarungen der akquisitionsverantwortl. Personen 7. Prozessauftraggeber: GL-Mitglied Hr. Heuser 8. …	1. weiterhin Probleme in Schnittstellen-Prozessen aufgrund der mangelhaften Akquisitionstätigkeiten (fehlende Spezifikationen…) 2. »augenzwinkerndes Akzeptieren von Widerstand« 3. zahlreiche Möglichkeiten des Ausredens auf das operative Geschäft 4. …

2.4   Prozessvorgaben durch Geschäftsfeldstrategien

Prozesse dienen der Umsetzung strategischer Ziele. Ohne funktionierende Prozesse kann keine Strategie ihre Kraft auf Märkten, bei Kunden und gegenüber Konkurrenten entfalten. Umgekehrt nützen optimierte Prozesse nichts, wenn keine langfristigen Ziele und Erfolgspotenziale vorhanden sind. Bei jeder Initiative bezüglich Prozessmanagement sind daher die Anknüpfungspunkte zur Strategie festzuhalten. Der Dreh- und Angelpunkt bei Prozessen sind die Strategievorgaben aus den **Strategischen Geschäftsfeldern (SGF)**, also dort, wo das Geschäft heute und künftig stattfindet. Es geht um die Klarheit der **strategischen Stoßrichtungen** und ihrer funktionalen Konsequenzen.

Eine komplette **Geschäftsfeldstrategie**[15] braucht als erstes klare Stoßrichtungen für den strategisch relevanten Zeitraum (zwischen vier und acht Jahren). Diese Stoßrichtungen müssen mit Prämissen, also Grundannahmen über die Entwicklung des Umfeldes und der eigenen Organisation, unterlegt sein (so genannte strategische Prämissen). Zweitens sind die Stoßrichtungen grob im Sinn von Eckwerten für den betrachteten Zeitraum zu quantifizieren. Häufig verwendete Größen sind beispielsweise Marktpotenzial, Marktvolumen, Umsatz, Marktanteil, relative Kostenposition, Preisniveau, Wertschöpfung, Anzahl Mitarbeiter, Produktivitäten, Cashflow und Rendite. Drittens werden die strategischen Stoßrichtungen konkretisiert im Hinblick auf Leistungen (Produkte, Dienstleistungen), Preispolitik, Kommunikation und Distribution. Letztlich sind es Grundaussagen zu den berühmten 4 P's des Marketing, also zum **Marketing-Mix**[16]. Wenn das alles vorliegt, kommt der entscheidende vierte Schritt, nämlich das Herunterbrechen aller Ziele auf die einzelnen **Funktionen**. Die Kernfrage lautet: »Was müssen die Funktionen leisten, wenn wir die strategischen Ziele erreichen wollen?« In diesem Teil der Strategie werden die Anforderungen, quasi das Lastenheft, für die einzelnen Funktionen erarbeitet (Auftragsgewinnung, Leistungserstellung, Leistungsvertrieb, Marketing). Diese Verknüpfung von Strategie und Funktion ist später dann eine wichtige Vorgabe für die Frage der Organisation. Fünftens werden die bisherigen Resultate in Maßnahmenform gegossen und bezüglich Ressourcen hinterlegt.

Prozessmanagement beginnt nicht beim Nullpunkt, sondern bei den SGF-Strategien. Bevor ein Prozessprojekt gestartet wird, sind die Vorgaben aus diesen Strategien einzuholen. Das Werkzeug für die Erfassung solcher Anforderungen ist denkbar einfach. Im SGF werden zunächst die wichtigsten Funktionen definiert. Wichtig dabei ist die Konzentration auf die Grundlogik des Geschäftes, d.h. wie das Geschäft wirklich läuft, und nicht, wie die Organisation aussieht. Funktion und Organisation sind in diesem Stadium zwei unterschiedliche Dinge. Methodisch muss man ganz klar eine Unterscheidung machen und vermeiden, dass in den Anforderungen die Organisation abgebildet wird. Nach dem Festhalten der Funktionen sind auf Basis der Strategie die wichtigsten Vorgaben für die einzelnen Funktionen darzustellen.

Sollten keine explizit formulierten Vorgaben existieren, dann können diese in kurzen Workshops erarbeitet werden. Es empfehlen sich Gruppen von vier bis sieben Personen, die speditiv die Anforderungen erarbeiten. Wichtig dabei ist, dass diese Personen die echten Entscheidungsträger und **Umsetzungsverantwortlichen** aus den SGF sind[17]. Bewährt hat sich in der Praxis, dass die Verantwortlichen für einzelne Funktionen ihre speziellen Vorgaben vorgängig erarbeiten und im Workshop selber die Konsolidierung stattfindet.

Durch die Klärung der funktionalen Vorgaben wird die Verbindung zwischen Strategie und Prozessen hergestellt. Die SGF-Strategien sind dabei Quelle für die **Prozessanforderungen**. So vermeidet man, dass zwar Prozesse optimiert werden, die ganze Sache aber keinen Bezugspunkt zur Strategie hat und letztlich ins Leere läuft. Die beste Qualitäts- oder Kostenposition hilft nichts, wenn die Märkte unklar sind oder die **Segmentierung** widersprüchlich ist; wenn das lösungsunabhängige Kundenanliegen nicht definiert ist oder keine Stoßrichtungen formuliert sind; wenn Ziele nicht in Mittel (Ressourcen) und Maßnahmen konkretisiert sind. Die Hierarchie ist klar. Zuerst muss die Strategie vorliegen, bevor die Prozessseite angegangen wird. Für gewisse Zeit können natürlich gut organisierte Prozesse jede unklare oder fehlende Strategie abfedern. Auf Dauer ist das aber nicht möglich und führt nur zu einer Verschwendung von Ressourcen.

Mit der Konkretisierung der Strategien auf Prozessebene findet automatisch auch ein Check statt, ob die Strategie realistisch formuliert ist. Sollte ein Delta vorhanden sein, gibt es nur die Möglichkeit, die Ziele zu reduzieren oder die Ziele gleich zu lassen, dafür aber mehr Ressourcen in die Prozesse zu investieren.

Liegen die Anforderungen aus den SGF vor, so muss geklärt sein, welche Funktionen in den SGF organisatorisch verbleiben und welche Funktionen zentral gebündelt werden müssen. Bei einer Zusammenfassung der Funktionen über mehrere SGF hinweg empfiehlt es sich, eigene **Funktionalstrategien**[18] zu erstellen.

Prozessvorgaben eines SGF	Werkzeug
SGF:	
Funktionen des SGF	**Vorgaben an Prozesse**
Funktion:	
Funktion:	
Funktion:	
Funktion:	
Funktion:	

Prozessvorgabe eines SGF	**Beispiel Catering**

In einem Pharmakonzern ist im Rahmen der Konzernservices ein Caterer tätig. Durch die strategische Neuausrichtung werden Anforderungen an die wichtigsten Funktionen formuliert.

SGF:	**Catering**
Funktionen des SGF	**Vorgaben an Prozesse**
Funktion: **Einkauf**	• Reduktion der Lieferantenzahl, v.a. bei Frischprodukten • Vereinheitlichung der Einkaufsverträge/klare Konditionenregelung und entsprechende Dokumentation • Abstimmung mit Catering-Kooperationspartnern anderer Industriekonzerne bzgl. gemeinsamem Einkauf und (teilweise) gemeinsamer Portionsvorbereitung
Funktion: **Leistungserstellung**	• technische Ergänzungen aller Frischküche-Leistungen (Bsp. Tiefkühl-Sortiment) • Aufbau eines Verteilsystems über Automaten (»Nachtschicht-Automaten«) • Ausdehnung und Sicherstellung der Modularität im Sortiment vom Pilotstandort auf alle Betriebsküchen • vierteljährliche Prüfung der Sortimente (Reduktion, Einhaltung gesetzlicher Normen...)
Funktion: **Marketing/Vertrieb**	• Etablierung eines Vertriebes für externes Cateringgeschäft • Standardisierung des Reklamationswesens • Vereinfachung des Preissystems • Suche nach Event-Manager bzgl. Aufbau des neuen externen Event-Caterings
Funktion: **Personal**	• Sicherstellung der Konzessionierung für Personalleasing • Etablierung des Personalleasing-Geschäftes für externe Kunden • Etablierung eines Schulungsprogramms für Verkäufer und Schichtverantwortliche
Funktion: ...	• ...

Literatur

1 Vgl. *Thommen, J.,* Allgemeine Betriebswirtschaftslehre, Zürich 1991, S. 149 ff.
2 Vgl. *French, W./Bell, C.,* Organization development, New York 1982, und *Staehle, W.,* Management, München 1999, S. 829 ff.
3 *Becker, J. et al.,* Prozessmanagement, Berlin 2003, S. 133.
4 Vgl. Koordination in: *Malik, F.,* M.o.M.-letter, Malik on Management, Nr. 02/95.
5 Vgl. die ergebnisverantwortlichen Einheiten im VSM (Viable-System-Model) in: *Beer. S.,* Diagnosing the system for organizations, Chichester 1985, S. 55 ff. Die Herausforderung zum Management komplexer Systeme findet sich u. a. in: *Adam, D. (Hrsg.),* Komplexitätsmanagement, Wiesbaden 1998.
6 Vgl. *Hinterhuber, H.,* Strategische Unternehmensführung, Band 1, Berlin 2004, S. 173.; vgl. *Müller-Stewens, G./Lechner, C.,* Strategisches Management, Stuttgart 2003, S. 255.
7 *Thommen, J.,* Allgemeine Betriebswirtschaftslehre, Zürich 1991, S. 169.
8 Vgl. *Hamel, G./Prahalad, C.,* The core competence and the corporation, in: Harvard Business Review Vol 68, Nr. 3., S. 79 ff.; vgl. *Hinterhuber, H. et al.,* Kundenzufriedenheit durch Kernkompetenzen, München 1997, S. 147 ff.; vgl. *Osterloh, M./Frost, J.,* Prozessmanagement als Kernkompetenz, Wiesbaden 2000.
9 *Müller-Stewens, G./Lechner, C.,* Strategisches Management, Stuttgart 2003, S. 427 ff.
10 *Porter, M.,* Wettbewerb und Strategie, München 1999, S. 10 ff., S. 84 ff., S. 149; *Stadtler, H./Kilger, C. (Hrsg.),* Supply Chain Management and Advanced Planning. Concepts, Models, Software and Case Studies, Berlin 2000, S. 79 ff.
11 *Ulrich, H.,* Gesammelte Schriften, Band 2, Bern 2001, S. 233.
12 Vgl. *Gälweiler, A.,* Strategische Unternehmensführung, Frankfurt 2005, S. 26 ff.; vgl. *Malik, F.,* M.o.M.-letter, Malik on Management, Nr. 01/95.
13 *Davis, S.,* Managing corporate culture, Cambridge 1999, S. 21 ff.; *Sackmann, S.,* Unternehmenskultur, Neuwied 2002, S. 147 ff.
14 Vgl. zur Business-Mission: *Malik, F.,* M.o.M.-letter, Malik on Management, Nr. 09/00 und 10/00.
15 *Hinterhuber, H.,* Strategische Unternehmensführung, Band 1, Berlin 2004, S. 179 ff.; *Müller-Stewens, G./Lechner, C.,* Strategisches Management, Stuttgart 2003, S. 252; *Porter, M.,* Competitive advantage, New York 1985, S. 12.
16 Vgl. *Thommen, J.,* Allgemeine Betriebswirtschaftslehre, Zürich 1991, S. 154 ff. und S. 293.
17 Vgl. *Becker, J. et al.,* Prozessmanagement, Berlin 2003, S. 169; *Weidner, W./Freitag, G.,* Organisation in der Unternehmung: Aufbau und Ablauforganisation, Frankfurt 1998, S. 273.
18 Vgl. *Hinterhuber, H.,* Strategische Unternehmensführung, Band 2, Berlin 2004, S. 7; vgl. *Müller-Stewens, G./Lechner, C.,* Strategisches Management, Stuttgart 2003, S. 476; vgl. *Ulrich, H.,* Gesammelte Schriften, Band 2, Bern 2001, S. 275 ff.

3 Prozesse am Kunden und an der Wertkette ausrichten

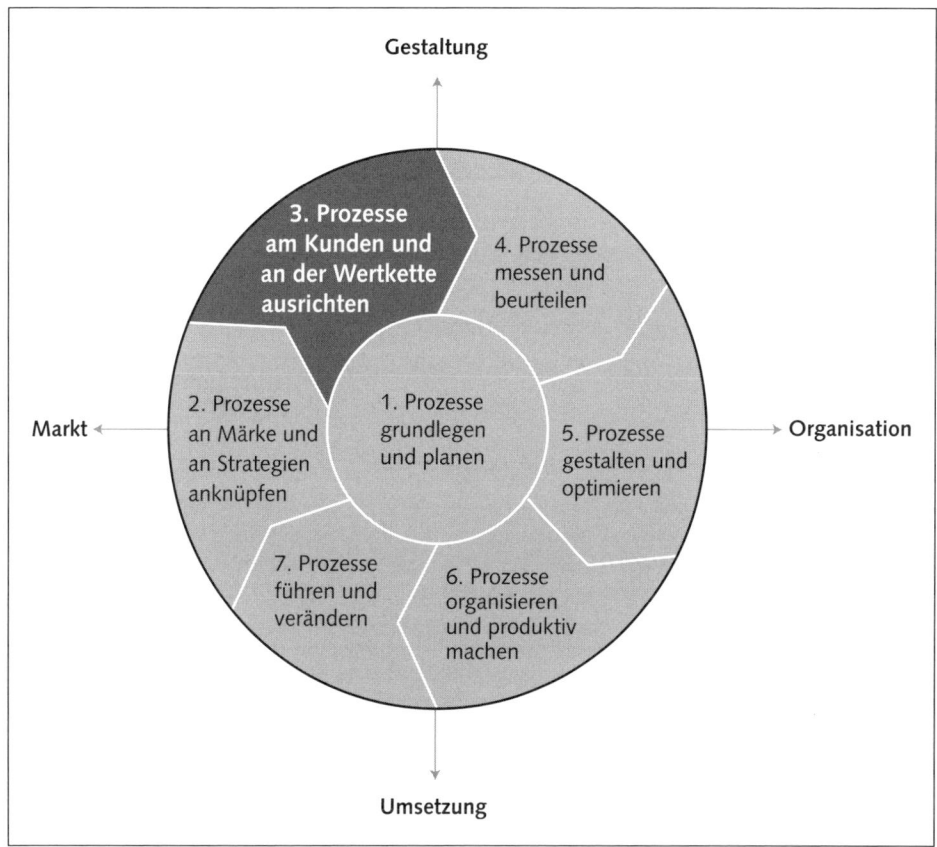

3.1 Prozesse und Qualität aus Kundensicht

Der erste Zweck einer Organisation ist die Schaffung zufriedener **Kunden**[1]. Zufriedene Kunden sind unter den gegenwärtigen Bedingungen weitgehend gesättigter Märkte und zunehmenden Wettbewerbsdrucks der beste Garant dafür, im Geschäft zu bleiben und die langfristige **Lebensfähigkeit** einer Organisation zu sichern. Durch die Gestaltung der Prozesse wird ein erheblicher Beitrag zur Qualitätsposition geleistet. Qualität ist nicht einfach da, sie wird erst in den Geschäftsprozessen produziert – in der Auftragsgewinnung, in der Entwicklung, in der Leistungserstellung und im Vertrieb.

Durch jahrzehntelange Praxis und empirische Forschung, u. a. durch das **PIMS**-Programm[2], hat sich ganz klar gezeigt: Die relative Qualität (relativ im Verhältnis zu den wichtigsten Wettbewerbern) stützt die Marktstellung und die **Rentabilität** eines Geschäftes auf Dauer. Erstens löst sie hohe Kundenbindung aus. Die Schwelle für den Wechsel zu einem Konkurrenten wird durch gute Qualität entscheidend erhöht. Zudem sind zufriedene Kunden sehr glaubwürdige Werbeträger. Zweitens ist eine positive relative Qualität eine entscheidende Voraussetzung für den Aufbau und die Sicherung von Marktanteilen. Über hohe Marktanteile wiederum wird Glaubwürdigkeit signalisiert und das Potenzial für Kostensenkung über Größeneffekte hergestellt. Fixkosten, etwa von Forschung, Vertrieb oder IT, werden auf mehr Umsatz verteilt. Drittens ist eine gute Qualitätsposition eine Voraussetzung für die Preisdurchsetzung. Einerseits wird der Boden für preispolitischen Spielraum aufbereitet, andererseits ist das Unternehmen bei Preiskämpfen robuster.

Die Maximierung der **relativen Qualität** als oberstes Ziel richtet die Aufmerksamkeit der Führungskräfte und Mitarbeiter auf die entscheidende Frage: nämlich die »richtige« Qualität aus der Sicht des Kunden und im Verhältnis zum Wettbewerb. Die Betonung dieser Definition liegt auf dem Wort »richtig«. Sehr häufig hört man die Forderung nach der maximalen Qualität. Es gibt Fälle, in denen so etwas Sinn machen kann, allerdings wäre eine Verallgemeinerung höchst gefährlich. Im Zentrum steht die Frage nach der richtigen Qualität. Das kann auch in der Praxis heißen, das Qualitätsniveau zu stabilisieren und dafür den Fokus auf Preissenkung zu legen. Es kommt bei all diesen Überlegungen und in der Gestaltung auf die Sicht des Kunden und den Vergleich zum Wettbewerb an. Erst dann, wenn eine Leistung durch den Kunden und gegenüber dem Wettbewerb beurteilt ist, entsteht Qualität. Vorher sind es Leistungskriterien oder Produktparameter. Die Entscheidung zur Qualität treffen in diesem Fall niemals das Unternehmen, die Qualitätsmanager oder Auditoren, sondern nur der Kunde.

Der Nutzen des Kunden aus den Leistungen des Unternehmens wird in einem pragmatischen Verfahren systematisch gemessen, überwacht und gestaltet[3]. Die relative Qualität wird sehr umfassend verstanden, nämlich die Qualität der gesamten Marktleistung, also alle produkt-, service- und imagebezogenen Kriterien (Bsp. »Verfügbarkeit«, »Bedienungsfreundlichkeit«, »Beratungsqualität«, »After-Sales-Service«). Im Fokus steht die Qualität aus Kundensicht, nicht aus Unternehmenssicht. Die Erhebung erfolgt relativ zu Wettbewerbern.

Im Messprozess wird zunächst die entsprechende Leistung (Produkt, Dienstleistung) und das relevante Segment ausgewählt. Auf dieser Basis werden die aus Sicht des Kunden **kaufentscheidenden Qualitätskriterien** erhoben. In der Praxis sind es zwischen fünf und zehn Kriterien, die den Ausschlag geben. Nachdem die Kriterien unterschiedliche Bedeutung haben, müssen diese gewichtet werden. Auf alle Kriterien werden in Summe hundert Prozent vergeben. Wichtige kaufentscheidende Kriterien liegen normalerweise bei zwanzig bis dreißig, nicht so bedeutsame bei fünf Prozent. Im ersten Schritt empfiehlt es sich, in Fünfer-Prozentpunkten vorzugehen und am Ende das Ganze aliquot auf hundert Prozent zu rechnen. Als nächstes wird die Erfüllung dieser Qualitätskriterien durch das eigene Unternehmen im Verhältnis zu einem ernst zu nehmenden Wettbewerbsniveau bewertet. Dabei ist es wichtig, ein Sample aus starken Konkurrenten zu nehmen und gegebenenfalls auch solche, die vielleicht nicht direkt aus der Branche, sondern aus anderen Branchen kommen – so genannte »**Systemkonkurrenten**«[4]. Pro kaufentscheidendem Kriterium erfolgt die Bewertung. Diese orientiert sich am Raster »**Wettbewerbsvorteile**« und »Wettbewerbsnachteile«. Die möglichen Positionen reichen von »ausgeprägter Wettbewerbsvorteil« (+ +), »einfacher Wettbewerbsvorteil« (+), »neutral/weder noch« (0) bis zu »einfacher Wettbewerbsnachteil« (–) und »ausgeprägter Wettbewerbsnachteil« (– –).

Üblicherweise werden Messung, Gewichtung und Bewertung zunächst in der eigenen Organisation durchgeführt. Ein aus bewusst vielen Funktionen zusammengesetztes Team erarbeitet das so genannte »Selbstbild« (etwa fünf bis sieben Personen). Anschließend werden die Kunden mit demselben Verfahren befragt, es entsteht das so genannte »Kundenbild«. Erfahrungsgemäß braucht es pro Produkt oder Produktgruppe zehn bis zwanzig Bewertungen. Wichtig ist es, nicht nur aktuelle Kunden zu nehmen, sondern auch potenzielle, d.h. ehemalige oder »noch-nie« Kunden.

Relative Qualität – Erhebung				Werkzeug		
Geschäftsfeld:			**Kunde:**			
Leistung:			**Gültigkeit:**			

Nr.	kaufentscheidendes Kriterium	Gewichtung	relative Bewertung				
			– –	–	0	+	++
1							
2							
3							
4							
5							
6							
7							
8							
9							
10							
	Summe	100					

Konkurrenten	
	Konkurrent A:
	Konkurrent B:
	Konkurrent C:

Legende:

++	ausgeprägter Wettbewerbsvorteil		– –	ausgeprägter Wettbewerbsnachteil
+	einfacher Wettbewerbsvorteil		–	einfacher Wettbewerbsnachteil
0	neutral/weder-noch			

Relative Qualität – Erhebung	**Beispiel Touristik**

Ein Reiseveranstalter erhebt für sein SGF »Bausteinveranstaltungen USA« die relative Qualität aus Kundensicht. Das kumulierte Ergebnis entsteht aus dem Abgleich des Selbstbildes mit zwanzig repräsentativ erhobenen Kundeninterviews.

Geschäftsfeld:	Bausteinveranstaltungen	Kunde:	Endkunde
Leistung:	Bausteinveranstaltungen USA	Gültigkeit:	200X

Nr.	kaufentscheidendes Kriterium	Gewichtung	relative Bewertung				
			– –	–	0	+	++
1	Marke/Image beim Kunden	30		X			
2	Breite der Produktpalette	25		X			
3	Sicherheit/Sicherheitsempfinden	20				X	
4	Betreuung vor Ort	10	X				
5	Verfügbarkeit des Angebotes	5		X			
6	Kataloggestaltung	5					X
7	Reiseunterlagen	5				X	
	Summe	100					

Konkurrenten	Konkurrent A:	Inter-Reisen
	Konkurrent B:	Adventure AG
	Konkurrent C:	Reise-Star

Legende:

++	ausgeprägter Wettbewerbsvorteil	– –	ausgeprägter Wettbewerbsnachteil
+	einfacher Wettbewerbsvorteil	–	einfacher Wettbewerbsnachteil
0	neutral/weder-noch		

3.2   Qualitätslandkarte und Kundenbindung

Die Erhebung der relativen Qualität über das Qualitätsblatt führt direkt in eine kompakte Auswertung. Die Kernfrage lautet: »Wo stehen wir heute und wo wollen wir uns künftig positionieren?« Mit zwei Werkzeugen kann hier gearbeitet werden:
1. Qualitätslandkarte und Prozess-Qualitätsmatrix
2. Kundenbindung

1. Qualitätslandkarte und Prozess-Qualitätsmatrix
Auf der horizontalen Achse der **Qualitätslandkarte** ist die Wichtigkeit der kundenrelevanten Kriterien dargestellt. Die Gewichtung der einzelnen kaufentscheidenden Kriterien aus dem Erhebungsblatt wird direkt aufgetragen. Auf der Vertikalen wird der Grad der Überlegenheit und der Unterlegenheit zum Wettbewerb angegeben. Diese Information kommt aus der Bewertung der einzelnen Kriterien. Die einzelnen Qualitätskriterien werden im zweidimensionalen Raum positioniert. Aus dieser Zusammenfassung ergeben sich vier Felder, die eine wichtige Vorgabe für Qualitätsmanagement und die Prozess-Qualitätsmatrix darstellen.

Im Feld 1 »Qualität prüfen/senken« liegen diejenigen Kriterien, die aus Kundensicht nicht hoch gewichtet sind, bei denen das Unternehmen aber Wettbewerbsvorteile hat. Hier ist konsequent die Frage nach der Reduktion des zwar hohen, aber nicht für wichtig befundenen Qualitätsniveaus zu stellen. Hinter jedem kaufentscheidenden Kriterium stehen Kosten und diese sind in dem beschriebenen Quadranten nicht effektiv eingesetzt. Die betroffenen Qualitätskriterien im Beispiel sind das Kriterium 6 »Kataloggestaltung« und das Kriterium 7 »Reiseunterlagen«. In diesem Feld liegen versteckte **Kostenpotenziale**.

Feld 2 »Qualität halten/ausbauen« ist dasjenige der Vorteile im Markt. Bei Kriterien mit hoher Gewichtung und mit Wettbewerbsvorteilen (Kriterium 3 »Sicherheit/Sicherheitsempfinden«) gibt es nur die Maxime, den Abstand zur Konkurrenz weiterhin zu halten und auszubauen. An diesem Punkt liegt eine echte Stärke, eine **USP** (Unique-Selling-Proposition). **Kernkompetenzen** etwa sind all jene Fähigkeiten, die ein solches Kriterium aufbauen[5]. Einerseits befindet sich hier ein Fixpunkt für die Strategie, andererseits müssen die Prozesse diesen Wettbewerbsvorteil auf Dauer sicherstellen.

Im Feld 3 »Qualität verbessern« sind Kriterien seitens des Kunden zwar als wichtig eingestuft, das Unternehmen hat aber Wettbewerbsnachteile. Es gilt, Stoßrichtungen zu finden, um das Kriterium zu verbessern (Kriterium 2 »Breite der Produktpalette«). Kriterien, die neutral auf der Null-Linie positioniert sind, werden im Zweifel auch diesem Feld zugeordnet (Kriterium 1 »Marke/Image beim Kunden«).

Kriterien im Feld 4 »Qualität ggf. leicht steigern« sind relativ unwichtig, das Unternehmen hat keine Vorteile im Wettbewerb. Dieses Aktionsfeld kann in der Regel vernachlässigt werden. Wenn kein allzu großer Ressourceneinsatz notwendig ist, kann die Qualität gegebenenfalls leicht angehoben werden (Kriterium 4 »Betreuung vor Ort« und Kriterium 5 »Verfügbarkeit des Angebotes«). Das Management sollte sich mit diesem Feld aber nicht allzu intensiv beschäftigen.

Qualitätslandkarte				Werkzeug
Geschäftsfeld:		Kunde:		
Leistung:		Gültigkeit:		

Bewertung   Feld 1: Qualität prüfen/senken   Feld 2: Qualität halten/ausbauen

++

+

−

− −

                 Feld 4: Qualität ggf. leicht steigern   Feld 3: Qualität verbessern

Gewichtung   5%   10%   15%   20%   25%   30%

Legende der kaufentscheidenden Qualitätskriterien

1	6
2	7
3	8
4	9
5	10

Qualitätslandkarte			Beispiel Touristik
Ein Reiseveranstalter erhebt für sein SGF »Bausteinveranstaltungen USA« die Landkarte der Qualitätskriterien.			
Geschäftsfeld:	Bausteinveranstaltungen	Kunde:	Endkunde
Leistung:	Bausteinveranstaltungen USA	Gültigkeit:	200X

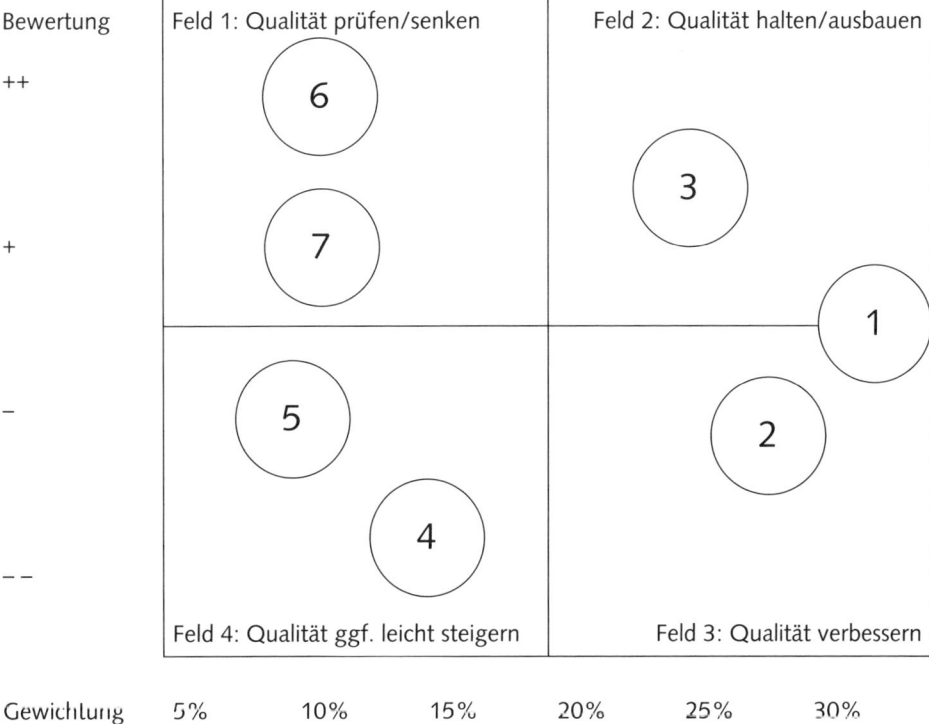

Bewertung

++

+

–

– –

Feld 1: Qualität prüfen/senken   Feld 2: Qualität halten/ausbauen

6

7

3

1

5

2

4

Feld 4: Qualität ggf. leicht steigern   Feld 3: Qualität verbessern

Gewichtung   5%   10%   15%   20%   25%   30%

Legende der kaufentscheidenden Qualitätskriterien

1 Marke/Image beim Kunden
2 Breite der Produktpalette
3 Sicherheit/Sicherheitsempfinden
4 Betreuung vor Ort

5 Verfügbarkeit des Angebotes
6 Kataloggestaltung
7 Reiseunterlagen

Prozesse, in deren Mittelpunkt die relative Qualität steht, sind eine Waffe gegen stagnierende Märkte und gegen harten Wettbewerb. Durch die Einführung der **Prozess-Qualitätsmatrix** wird über Qualität nicht mehr nur geredet, es wird bewusst und zielorientiert gehandelt[6]. Die Methodik ist sehr simpel und lehnt sich am **Quality-Function-Deployment** (QFD) an. In den Zeilen einer Matrix werden die kaufentscheidenden Qualitätskriterien übernommen. In den Spalten finden sich die wichtigsten Prozesse. Für jeden Prozess wird geprüft, wo der Beitrag für die Schaffung und Sicherstellung der einzelnen Kriterien liegt. Die Wirkung wird anhand verschiedener Ausprägungen bestimmt. Im Ergebnis erhält man diejenigen Prozesse mit hoher Wirkung (hohe summierte Punktezahl), die so genannten Schlüsselprozesse (im Beispiel »Produkt herstellen« und »Disposition durchführen«). In der Prozessgestaltung und -umsetzung muss der Fokus liegen, d.h. in der Identifikation der Wirkungen auf kaufentscheidende Kriterien. Wenn etwa auf ein hoch gewichtetes Kriterium wenig Wirkung über die Prozesse ausgeht (im Beispiel »Beratung«), so müssen in der Gestaltungsphase Mittel und Wege gefunden werden, die Wirkung der Prozesse zu erhöhen.

Eine große Herausforderung im Prozessmanagement liegt darin, die Sache nicht innengerichtet, sondern marktgerichtet anzupacken. Mit den Instrumenten der Qualitätslandkarte und der Prozess-Qualitätsmatrix werden die Prozesse an die kaufentscheidenden Kriterien gebunden. Die Methodik zwingt dazu, den Markt in Form des Kunden und der Konkurrenten in das Unternehmen hereinzuholen. Der entscheidende Punkt liegt darin, dass die Optimierung der Prozesse zu einer höheren relativen Qualität aus Kundensicht führt. Die Anwendungsfelder der relativen Qualität sind vielfältig.

Erstens ist dieses Instrument eine **Qualitätsanalyse** auf einem Blatt. Alle wesentlichen Informationen sind vorhanden: Geschäftsfeld, Marktleistung, kaufentscheidende Qualitätskriterien, Gewichtung, Bewertung des relativen Leistungsniveaus. Die Ausgangslage eines Geschäftes kann damit beurteilt und in die Prozessdiskussion integriert werden.

Zweitens liegt mit dieser Analyse ein **Qualitäts-Benchmark** vor. Jedes Kriterium kann pro Wettbewerber tiefergehend geprüft werden. Vor allem aber ist es möglich, gezielt anhand ausgewählter kaufentscheidender Kriterien Verbesserungsmaßnahmen abzuleiten. Vor allem aber werden die Ressourcen dort eingesetzt, wo sie Wirkung erzielen und von dort abgezogen, wo sie lediglich als »Gimmick« fungieren.

Drittens lässt sich über dieses Instrument die Wirkung von Prozessen messen und systematisch steuern. Vor und nach Prozessprojekten sollte die relative Qualität erhoben werden. Wenn sich durch die Prozessmaßnahmen keine signifikanten Unterschiede ergeben, so hat eine Organisation zwar viel an den Prozessen gearbeitet, aber keine Wirkung erzielt.

Prozess-Qualitätsmatrix							Werkzeug
Prozesse **Kriterien**							**Summe**
Summe							

Legende:

3   starke Wirkung durch den Prozess   1   schwache Wirkung durch den Prozess
2   mittlere Wirkung durch den Prozess   0   keine Wirkung durch den Prozess

| Prozess-Qualitätsmatrix | | | | | | Beispiel Grundstoffindustrie | |

In einem Bauzuliefer-Unternehmen werden die Qualitätskriterien den wichtigsten Prozessen gegenübergestellt.

Prozesse / Kriterien	Auftrag bearbeiten	Disposition durchführen	Kies präparieren	Produkt herstellen	Produkt ausliefern	...	Summe
Qualität des Betons (25% Gewicht)	0	3	1	3	1	...	9
zeitgenaue Lieferung (20% Gewicht)	2	3	1	2	3	...	14
Beratung (20% Gewicht)	3	1	0	1	0	...	6
Lieferbereitschaft (10% Gewicht)	1	3	2	1	3	...	10
Zuverlässigkeit (10% Gewicht)	1	0	2	2	0	...	8
Sortimentsbreite (5% Gewicht)	0	0	1	0	0	...	4
...	...	...	...	...	...	...	...
Summe	8	13	9	14	8	...	

Legende:

3	starke Wirkung durch den Prozess	1	schwache Wirkung durch den Prozess
2	mittlere Wirkung durch den Prozess	0	keine Wirkung durch den Prozess

2. Kundenbindung

Über die Qualitätslandkarte bzw. die Prozess-Qualitätsmatrix sind diejenigen Felder identifiziert, in denen **Kundenbindung** entsteht[7]. Unter diesem Begriff werden all diejenigen Prozesse verstanden, die zu einer Verbesserung des Kundennutzens führen. Sie bewirken damit vermehrte Zusatz-, Folge- oder Wiederkäufe und verhindern Abwanderung zur Konkurrenz oder Kaufverzicht. Die Bedeutung der Kundenbindung hat in den letzten Jahren stark zugenommen. Die Gründe sind vielfältig: steigendes Qualitätsbewusstsein, höheres Anspruchsniveau, steigende Bedeutung von Marken- bzw. Imagefaktoren, besseres Wissen um Alternativangebote, Individualisierung der Leistungen, steigende Wechselbereitschaft u.v.m. Keine Strategie, kein Qualitäts- oder Produktivitätsprogramm kann das Thema Kundenbindung ausklammern. Gerade vor dem Hintergrund weitgehend gesättigter Märkte ist es zu einem Dauerthema geworden.

Die positiven Effekte von Kundenbindungsmaßnahmen liegen auf der Hand: sinkender Aufwand zur Neukunden-Akquisition, maßgeschneiderte Angebote, Potenziale für »Cross-Selling«, sinkende Qualitätskosten, weniger Reklamationen. Über die Prozesse einer Organisation sind die Hebel für Kundenbindung lokalisierbar. In beiliegender Checkliste sind die wichtigsten Anknüpfungspunkte für Kundenbindung zusammengefasst. Bei der Würdigung für das Thema Kundenbindung dürfen allerdings die Gefahren nicht übersehen werden. Eine ausschließliche Fokussierung auf die Bindung bestehender Kunden kann zu einseitiger Kundenstruktur, Verlust von Flexibilität, eingestellter Neukundenakquisition oder zur Ignoranz neuer Entwicklungen führen.

Erarbeitung und Umsetzung der Kundenbindung folgen der Prozess-Qualitätsmatrix. Nach Klarheit über Kundennutzen und Qualitätslandkarte werden die wichtigsten Prozesse identifiziert. Jeder Prozess wird nun dahingehend geprüft, welche Möglichkeiten zur Kundenbindung gegeben sind. Die einzelnen Vorschläge sind in weiterer Folge in konkrete Maßnahmen zu überführen. Bei komplexeren Leistungen oder Marktverhältnissen sind Kundenbindungsmaßnahmen immer in Abhängigkeit von **Kundensegmenten** zu erarbeiten. Kundenbindung kann so zu einer Umstellung der Verantwortlichkeiten, der Prozesse oder der Aufbauorganisation führen.

Kundenbindung	Checkliste
Bereich	**Anknüpfungspunkte für Kundenbindung**
Erhöhung der relativen Qualität	• Erhöhung der Leistungsmerkmale oder Veränderung der Wert- bzw. Nutzenmerkmale • Erhöhung der Servicemerkmale: Kundenservice, Beratung, Betreuung… • Erhöhung der Imagemerkmale: Steigerung von Image, Markenbewusstsein, Exklusivität… • zusätzliche Leistungen • Steigerung der Einsatzmöglichkeiten
Senkung des relativen Preises	• Absenkung des relativen Preises unter Konkurrenzniveau (gilt für Leistungs- und Servicemerkmale) • kunden- oder konkurrenzorientierte Preisstellung • Rabattierungen, Kaufanreize über Preis, Mengenrabatte • Anbieten von Finanzierungslösungen • Value Pricing: Darstellung des Mehrwerts und Aufteilung zwischen Kunde und Lieferant
Erschweren bzw. Verhindern des Anbieterwechsels	• Anreize bei Folgekäufen • Lizenzen bzw. Angebot nur bei zeitlicher Bindung • Inkompatibilität mit anderen Systemen bzw. Leistungen • verstärkte Verwendungszusammenhänge bzw. ausschließliche Ersatz-/Zubehörteile • langfristige Vertragsgestaltung: Garantien, Wartung, Service, Mindestbezug, Ersatzteile…
Einfluss auf Mitarbeiter und Organisation des Kunden	• Einflussnahme auf Kundenprozesse • Schulung, Einbindung der Mitarbeiter des Kunden • Networking, Einflussnahme auf Entscheider beim Kunden • Kundenintegration bei: Entwicklung, Herstellung, Verkauf, Service • Optimierung/Nutzung aller Kundeninformations-Daten

Kundenbindung über Prozesse	Werkzeug
Prozesse	**Anknüpfungspunkte für Kundenbindung**
	•
	•
	•
	•
	•
	•
	•
	•

| Kundenbindung über Prozesse | Beispiel Grundstoffindustrie |

Ein Bauzuliefer-Unternehmen erarbeitet mit dem Input aus der Qualitätslandkarte und der Prozess-Qualitätsmatrix ein Programm für Kundenbindung. Die Grundlage hierfür liefern die wichtigsten Prozesse. Ein Mitglied der Geschäftsleitung übernimmt im Anschluss die Verantwortung für die Umsetzung der Maßnahmen. Damit erhält das Thema die notwendige Bedeutung. Gleichzeitig wird vermieden, dass Bereichs- oder Prozessegoismen auftreten.

Prozesse	Anknüpfungspunkte für Kundenbindung
Auftrag bearbeiten	• einfache Softwarelösung zur Übermittlung und Quittierung der Aufträge • Auskunftshotline bei Aufträgen über 3 000 Euro • Einführung von langfristigen Lieferverträgen mit speziellen Konditionen (z. B. bei Überschreitung der Tonnagen) • Bestpreisgarantien bei Abnahmen über 1,5 Tonnen
Disposition durchführen	• Verbindung der Disposition mit dem Auslieferplan (bzw. bei Großkunden mit »tracking and tracing«) • Garantien für Verarbeitbarkeit des Betons
Kies präparieren	• nichts
Produkt herstellen	• nichts
Produkt ausliefern	• automatische Versendung des Routenplanes der Auslieferung um 07.00 an den Kunden (mit »Objektliste nach Werk«) • Garantien für Pünktlichkeit der Lieferung (Toleranz: je 15 Minuten) mit entsprechenden Vertragsstrafen (Gutschriften) • Vereinfachung und Erhöhung Transparenz der Lieferscheine und Rechnungen
...	...

3.3 Prozesslandkarte, Wertkette und Geschäftsmodell

Prozessmanagement ist eine Verbindung von zwei Dimensionen. Die erste lautet »Heute und Morgen«, die zweite »Innen und Außen«. »Heute und Morgen« verweist auf die Vorgehensweise. Die heutigen Prozesse sind darzustellen und zu bewerten. Sie leisten einen guten Beitrag für das Geschäft. Bei der Gestaltung von Prozessen muss das »Morgen« entsprechend in die Prozesse einfließen. Die Dimension »Innen und Außen« verweist zum ersten darauf, die Prozesse von außen – vom Markt, vom Kunden – zu gestalten. Zum zweiten ist auf der Prozessstruktur aufzubauen und diese von innen nach außen zu entwickeln. Dafür hat sich die **Wertkette** als ein taugliches, pragmatisch einsetzbares Werkzeug erwiesen.

Für den Begriff der Wertkette gibt es zahlreiche Synonyme[8]. In Literatur und Praxis findet man beispielsweise Wertschöpfungskette (engl. Value-Chain), Angebots- oder Lieferkette (engl. Supply-Chain), Nachfragekette (engl. Demand-Chain), Geschäftsmodell (engl. Business-Model) und andere. Dies verweist einmal mehr auf ein Grundproblem der Managementlehre, nämlich die Beliebigkeit und fortschreitende Kreativität beim Suchen von neuen Wörtern für alte Begriffe und bewährte Konzepte. Bei Praktikern führt so etwas zu **Verwirrung**[9], weil nicht auf Anhieb klar ist, ob es sich wirklich um etwas Brauchbares handelt oder nur wieder um prosaische Neuschöpfungen kreativer Berater oder Professoren.

Wertschöpfung (oder auch »Rohertrag«) wird definiert als die Gesamtleistung einer Organisation minus der erforderlichen Vorleistungen[10]. Die Gesamtleistung entspricht dem Netto-Umsatz, d.h. dem Umsatz abzüglich aller Rabatte, Skonti und nicht wieder einbringbarer Forderungen. Die Netto-Rechnung ist in vielen Branchen dramatisch anders als die Brutto-Betrachtung. So wird im Maschinenbau von durchschnittlichen Rabattierungen von zwanzig bis dreißig Prozent ausgegangen. In sich ist die **Vorleistung** wieder Wertschöpfung des Lieferanten. Ein Wirtschaftszweig mit geringer Wertschöpfung ist der Handel, weil dort fast alles zugekauft wird und die Handelsware schnell wieder gedreht und vermarktet werden muss. Wirtschaftszweige mit traditionell hoher Wertschöpfung sind die Landwirtschaft und die Industrie, weil dort viel integrierend selber gemacht wurde. (In der Fachsprache nennt sich das »sehr hohe Wertschöpfungstiefe«, »hohe vertikale Integration«). Durch steigenden Zukauf wird aber die Wertschöpfung auch hier immer geringer.

Wertschöpfung hat an sich unmittelbar nichts mit der Frage von **Gewinn** und Verlust zu tun. Im allgemeinen Sprachgebrauch werden die Begriffe Wertschöpfung und Gewinn gerne gleichbedeutend verwendet, was aber völlig irreführend ist. Ein Handelsunternehmen kann eine geringe Wertschöpfung und einen sehr hohen Gewinn haben. Umgekehrt gibt es genügend Beispiele von Industriebetrieben mit sehr hoher Wertschöpfung und ebenso hohen Verlusten. Es hängt fundamental vom Management der Wertkette ab, ob Gewinn oder Verlust produziert wird. Der Dreh- und Angelpunkt sind die Prozesse.

Die grundlegende Idee lautet, das Geschäft in seinen wichtigsten Prozessen darzustellen. Es geht um die Kernfrage, wie das Geschäft letztlich tickt[11]. Dabei gibt es Prozesse, die auf einem zeitlichen Strahl von der Erstellung der Leistung bis zum Kunden laufen. Diese Prozesse werden primäre **Wertschöpfungsaktivitäten** genannt. Im Dienstleistungsgeschäft findet man: Aufträge gewinnen, Aufträge vorbereiten, Aufträge durchführen, Rechnung stellen, After-Sales-Service betreiben. In der Industrie orientieren sich diese Prozesse an der industriellen Produkterstellung vom Einkauf hin zur Endmontage. Zusätzlich braucht es in jeder Organisation Prozesse, welche diese primären Aktivitäten unterstützen – die sekundären Wertschöpfungsaktivitäten. Zu nennen sind alle Führungs-, Controlling-, DV-, Personaladministrationsprozesse. Um die Wertkette komplett zu machen, sind noch das geschäftsnotwendige Gewinn-Minimum[12] und die Vorleistungen darzustellen. Die einzelnen Wertschöpfungsaktivitäten, inklusive Vorleistungen und Gewinn, ergeben in Summe hundert Prozent des Netto-Umsatzes.

Alle Prozesse in einer Organisation werfen Kosten auf: Personalkosten, Abschreibungen, Kosten des laufenden Geschäftes, die nicht aktivierungsfähig sind. Die beste Vermarktungsaktion kostet, die effizienteste DV kostet. Jede Organisation ist vor diesem Hintergrund nichts anderes als eine Ansammlung von Kosten[13], die auf einen gemeinsamen Zweck ausgerichtet ist – Qualität für den Kunden zu schaffen. Der Kunde ist die einzige Instanz, die darüber entscheidet, ob aus den **Kosten** auch ein Wert entsteht. Dieser Entstehungsprozess ist der Umsatz, der einen Kunden mit den Leistungen einer Organisation verbindet. Damit ist eine Verknüpfung hergestellt zwischen den Prozessen, den Kosten und dem Kunden. Die Wertkette ist nichts anderes als eine **Prozesslandkarte**, die über alle Aktivitäten hinweg Kosten produziert und auf den Kunden gerichtet ist, der über seinen Kaufentscheid den für die Organisation notwendigen **Umsatz** sicherstellt.

Mit der prozessorientierten Wertkette liegt letztlich auch ein **Prozessmodell** vor. Dieses hilft in der Strukturierung der Prozessarbeit, bei der Ableitung von Zielen und bei der Gestaltung. Nachdem die Gefahr bei der Modellierung von Prozessen besteht, zu weit vom Kunden entfernte Abstraktionshüllen zu schaffen, bietet sich die Wertkette als pragmatisches Hilfsmittel an, zu einem tauglichen Prozessmodell zu kommen.

Wertkette als Prozesslandkarte — Werkzeug

Vorleistungen

Wertschöpfung

Umsatz

| Wertkette als Prozesslandkarte | **Beispiel Fertigteilhaus-Produzent** |

Ein produzierendes Unternehmen der Fertighaus-Branche ermittelt seine Wertkette und damit seine Hauptprozesse bzw. die relevanten Kostenanteile in Relation zu hundert Prozent des Nettoumsatzes.

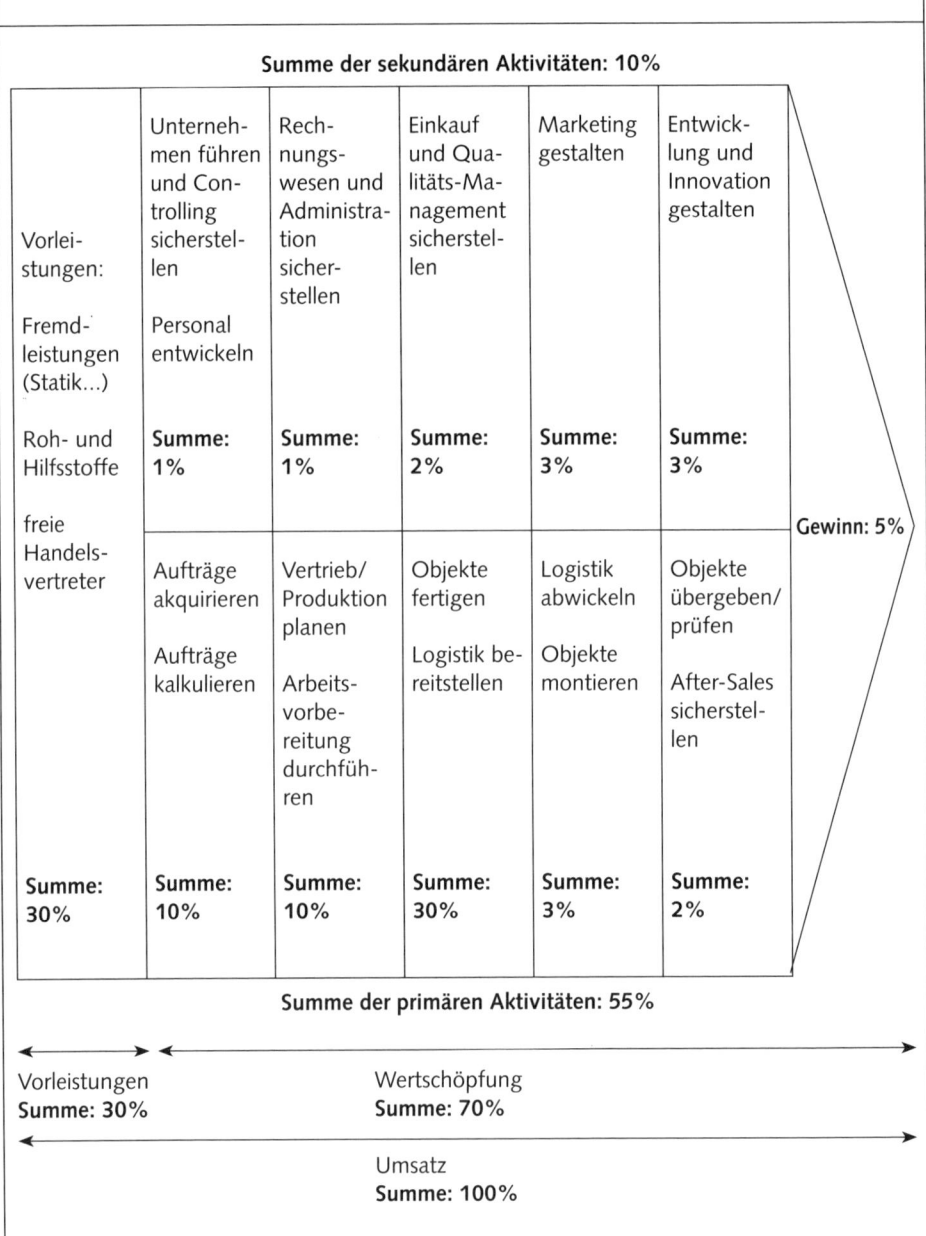

Summe der sekundären Aktivitäten: 10%

Vorlei-stungen: Fremd-leistungen (Statik...) Roh- und Hilfsstoffe freie Handels-vertreter	Unterneh-men führen und Con-trolling sicherstel-len Personal entwickeln	Rech-nungs-wesen und Administra-tion sicher-stellen	Einkauf und Qua-litäts-Ma-nagement sicherstel-len	Marketing gestalten	Entwick-lung und Innovation gestalten	
	Summe: 1%	**Summe: 1%**	**Summe: 2%**	**Summe: 3%**	**Summe: 3%**	
	Aufträge akquirieren Aufträge kalkulieren	Vertrieb/ Produktion planen Arbeits-vorbe-reitung durchfüh-ren	Objekte fertigen Logistik be-reitstellen	Logistik abwickeln Objekte montieren	Objekte übergeben/ prüfen After-Sales sicherstel-len	Gewinn: 5%
Summe: 30%	**Summe: 10%**	**Summe: 10%**	**Summe: 30%**	**Summe: 3%**	**Summe: 2%**	

Summe der primären Aktivitäten: 55%

Vorleistungen
Summe: 30%

Wertschöpfung
Summe: 70%

Umsatz
Summe: 100%

Die Einsatzmöglichkeiten der Wertkette sind vielschichtig und nicht nur auf die eigentliche Prozessthematik beschränkt. Der übergeordnete Nutzen dieses Instrumentes liegt in der **Versachlichung der Diskussion** und in der konsequenten Strukturierung des Themas.

Es gibt kaum ein Werkzeug, das so stringent die Themen Prozesse, Kosten und Kunde miteinander kombiniert. Dadurch wird ein tieferes Verständnis für das Geschäft hergestellt, vor allem weil es um die Grundlogik der Prozesse und nicht um die Darstellung eines Organigramms geht. Der zusätzliche Vorteil liegt darin, dass die einzelnen Elemente quantifiziert werden können.

Die Methodik ist auf unterschiedlichen **Flughöhen** einsetzbar. Erstens kann die gesamte Branche mit Hilfe einer Wertkette dargestellt werden. Interessant ist in solchen Zusammenhängen, an welchen Stellen die eigene Organisation anknüpft und wo noch zusätzliche Geschäftsaktivitäten liegen. Zweitens lässt sich ein Unternehmen und ein Geschäftsfeld als Ganzes erfassen. Drittens kann aber auch die einzelne Wertaktivität, also ein isolierter Prozess, mit dieser Methodik dargestellt werden. Wenn etwa in einem Handelsunternehmen die Logistik den größten Teil der Wertschöpfung ausmacht, dann muss fast zwingend dieser Prozess tiefer detailliert werden. Egal, auf welcher Flughöhe die Wertkette angewendet wird, es ist kein Wechsel in der Methodik notwendig.

Ganz pragmatisch können mit der Wertkette auch regelmäßig wiederkehrende Managementfragen diskutiert, geregelt und gelöst werden: operative Verbesserungsmaßnahmen auf Grundlage der einzelnen Aktivitäten, **Jahresziele**, welche diese Aktivitäten betreffen, oder auch Schlüsselprojekte. Die Wertkette fungiert als Checkliste zur Identifikation, Zuordnung oder Streichung von Themen.

Die Wertkette kann als Analyseinstrument verwendet werden. Das Geschäft und die Prozesse, so wie sie derzeit bestehen, werden beurteilt. Auf Grundlage dieser Ausgangslage kann anschließend eine Wertkette der Zukunft gestaltet werden. Dieser Schritt vom Ist zum Soll ist insbesondere dann notwendig, wenn größere Turbulenzen im Umfeld oder in der eigenen Organisation zu erwarten sind. Der Gestaltungsvorgang führt letztlich auch zur Grundidee dessen, was vielfach als »Geschäftsmodell«[14] bezeichnet wird. Konkret handelt es sich um die Fragen, was künftig getan oder eben nicht mehr getan werden soll. Damit ist das Ressourcenthema angesprochen im Sinn des Sourcings (In- und Outsourcing). Nicht nur Leistungen können innoviert werden, sondern auch Wertketten als Geschäftsmodell.

Weil die Wertkette das Geschäft widerspiegelt und in Form von Prozessen ausdrückt, ist sie auch die Basis für die **Aufbauorganisation**. Die Kernfrage lautet, wie die hierarchischen, dienstlichen Strukturen die Grundlogik des Geschäftes unterstützen. Im Zweifel muss die Organisation an die Wertkette angepasst werden (und nicht umgekehrt).

Beurteilung der Wertkette   Checkliste

1. Wird die Grundlogik des Geschäftes in der Wertkette dargestellt?

2. Trifft die Wertkette das Geschäftsverständnis des Kunden?

3. Sind diesbezüglich auch der Geschäftszweck und die Strategie klar?

4. Können die wichtigsten Zahlen-Daten-Fakten auf die Wertstufen zugeordnet werden (v.a. Kosten und Mannjahre)?

5. Sind Aufgaben, Kompetenzen, Verantwortlichkeiten und der Informationsfluss in der Wertkette klar zugeordnet?

6. Werden wichtige Schnittstellen innerhalb und außerhalb der Organisation sichtbar?

7. Ist identifizierbar, welche Wertschöpfungsaktivitäten welchen Beitrag zur Qualität leisten?

8. Ist klar, wo die Stärken und wo die Schwächen in der Wertkette liegen?

9. Können Kunden und Konkurrenten in der Wertkette (und bei einzelnen Wertstufen) zugeordnet werden?

10. Sind die einzelnen Wertstufen prozessbezogen formuliert und konkretisiert?

11. Kann mit der Wertkette eine Diskussion über das Sourcing von Prozessschritten und Leistungen geführt werden?

12. Ist auf Grundlage der gegenwärtigen Wertkette klar, wie sich in Zukunft die Wertkette zu einem neuen Geschäftsmodell entwickeln wird?

13. Entspricht die Grundlogik der Wertkette auch der Grundlogik des Organigramms?

14. Ist im Fall von Kooperationen und Allianzen klar, bei welchen Stufen sich die erhofften Effekte (Marktstellung, Innovation, Produktivitäten) ergeben?

15. Finden sich Jahresziele (bezogen auf die gesamte Organisation und bezogen auf die Führungskräfte), Schlüsselprojekte und operative Verbesserungsmaßnahmen in der Wertkette wieder?

16. Sind Darstellung, Erläuterung und Interpretation der Wertkette verständlich?

17. Ist die richtige Flughöhe bei der Erarbeitung der Wertkette getroffen?

3.4   Schnittstellen- und Funktionenanalyse

Mit der Wertkette wird sichtbar, dass ein sinnvolles Ganzes erst entsteht, wenn die einzelnen Prozesse und Teilprozesse aufeinander wirken. Dieses an sich banale Phänomen der **Vernetzung von Aktivitäten**[15] ist in der Praxis eine der größten Herausforderungen für die Wirksamkeit von Organisationen. Beispiel 1: Aufträge werden vom Vertrieb eingeholt, die erforderlichen Kapazitäten aber nicht vorgängig abgeglichen und nicht qualitativ abgestimmt. Beispiel 2: Kreative Köpfe in der Leistungsentwicklung produzieren Ideen, die aber nicht mit den Qualitätsanforderungen der Kunden übereinstimmen. Beispiel 3: Eine neue Betriebssoftware wird ohne den notwendigen, präzisen Abgleich mit den Abläufen angeschafft. Die sich ergebenden Folgekosten übersteigen die Anschaffung um ein Vielfaches. In allen Organisationen finden sich derartige Beispiele. Die Gespräche in Sitzungen, bei Kaffeeautomaten und am Gang sind voll von identifizierten Schwachstellen bei der Abstimmung von Prozessen. Die Schnittstellen multiplizieren sich noch mit dem Grad der Interaktion zwischen diesen Partnern. Früher oder später kommt es dann zu Mehrdeutigkeiten, unklaren Kompetenzen, Koordinationssitzungen, Frustration und schließlich innerer Distanz oder gar Kündigung.

Die angeführten Beispiele zeigen, wie schwer es ist, eine sinnvolle Vernetzung der Prozesse unter dem Druck des Tagesgeschäftes herzustellen. In diesem Zusammenhang fallen Begriffe wie »Vernetztes Denken«, »Ganzheitlicher Ansatz«, »Konfliktmanagement« und »Umgang mit Widerständen«. Fest steht, dass all diese Ansätze und Forderungen für sich berechtigt sind, aber völlig ins Leere gehen, wenn die Prozessbasis nicht klar ist. Praktisch gibt es nur eine Möglichkeit, diese Zustände zu vermeiden und die negativen Folgen im Sinn des Gesamtresultates für den Kunden zu minimieren: das Aufzeigen und die Steuerung der Schnittstellen. Es geht um die Klärung der sachlichen Basis.

Es gibt zwei Instrumente, die eine saubere Vernetzung von Prozessen und Funktionen sicherstellen:
1. Schnittstellenanalyse
2. Funktionenanalyse

1. Schnittstellenanalyse
Für die **Schnittstellenanalyse**[16] sind in einem ersten Schritt die wichtigsten Prozesse in eine Matrix aufzunehmen. Die Prozesse werden jeweils identisch in den Spalten und in den Zeilen notiert. Die Vergegenwärtigung der Prozesse führt an sich schon zu einer Sensibilisierung bei den Teilnehmern einer solchen Analyse. Im zweiten Schritt werden die Schnittstellen bewertet. Es wird abgebildet, wie ein Prozess auf einen anderen über Schnittstelle und Resultate wirkt. Durch die Darstellung als Matrix wird jeder Prozess aktiv und passiv beurteilt. Die Beurteilung selber kann in Form von Kürzeln erfolgen, etwa mit Plus-, Null-, Minuszeichen oder mit anderen Symbolen (Blitze, Ampeln). In einer Legende empfiehlt es sich, jedes Feld und vor allem jede Bewertung kurz zu kommentieren. Der wichtigste Punkt ist anschließend ein Themenspeicher mit Vorschlägen zur Verbesserung.

Für einen solchen **Schnittstellen-Workshop** sind in etwa vier bis acht Stunden anzusetzen. Es sollen diejenigen Mitarbeiter einbezogen werden, die einen echten Beitrag leisten und vor allem die Prozesse kennen. Die Resultate können anschließend direkt in die Phase der Prozessgestaltung einfließen.

Damit eine Schnittstellenanalyse funktioniert und dann im Geschäft Wirkung zeigt, sind einige Dinge zu beachten.

Zunächst sind pro Prozess und Aufgabe die Ziele klar zu definieren und diese auch allen Beteiligten bekannt zu machen. Die Ziele verweisen auf ein Resultat, und jedes Resultat nimmt Bezug auf einen internen oder externen Kunden. Wenn keine Kunden vorhanden sind, müssen die Prozesse überprüft werden, ob diese auch richtig gebildet wurden.

Die organisatorische Verankerung einer Schnittstellenanalyse besteht in der Klärung von **Aufgaben, Kompetenzen und Verantwortlichkeiten**. Das entsprechende Werkzeug ist das Funktionendiagramm[17]. Darin werden die wichtigsten Aufgaben entlang der Prozesse zeilenweise und die jeweiligen Ausführenden spaltenweise notiert. Pro Aufgabe wird für jede Person entschieden, welche Kompetenzen und Verantwortlichkeiten verteilt werden. Jede Person kann prinzipiell entscheiden, ausführen, planen und kontrollieren. Durch die gemeinsame Erarbeitung des **Funktionendiagramms** werden Prozesse und Personen miteinander verknüpft und eine eindeutige Resultatverantwortung festgeschrieben.

Nachdem Prozesse lebende Gebilde sind, die sich je nach externer und interner Situation entwickeln, ist eine Schnittstellenanalyse nichts Statisches. Es empfiehlt sich, ein bis zwei Mal pro Jahr eine solche Aktion zu starten.

Das Wichtigste ist das **Umsetzungscontrolling** von verabschiedeten Maßnahmen und organisatorischen Veränderungen. Das Top-Management ist gefordert, die Wirksamkeit zu prüfen und die vereinbarten Resultate auch einzufordern. Wird eine Schnittstellenanalyse sinnvoll eingesetzt, entfaltet sie ein enormes Potenzial an Leistung, Information und Produktivität.

Schnittstellenanalyse						Werkzeug
Wirkung auf ↙						
	keine					
		keine				
			keine			
				keine		
					keine	
						keine

| Schnittstellenanalyse | | | | | **Beispiel Immobilien** |

Ein Bestandshalter wächst, will seine Prozesse strukturieren und vor allem die gegenseitigen Abhängigkeiten steuern können. Dazu wird eine Schnittstellenanalyse durchgeführt.

Wirkung auf	Projektent-wicklung, Refurbish-ment	Vermietung	Bestands- und Facility-Management	DV	...
Projektent-wicklung, Refurbishment	keine	1.1 ◯	1.2 —	1.3 ...	...
Vermietung	2.1 +	keine	2.2 +	2.3 ...	...
Bestands- und Facility Mgmt.	3.1 —	3.2 +	keine	3.3 ...	...
DV	4.1 ...	4.2 ...	4.3 ...	keine	...
...	5.1 ...	5.2 ...	5.3 ...	5.4 ...	...

Legende   + positive Wirkung   0 neutrale Wirkung   - negative Wirkung

Detaillierung-Feld:	1.2	
Bestandsaufnahme/Wirkung	Konsequenzen	Vorschläge
»Bestands- und Facility-Management« ist nicht durchgängig mit »Projektentwicklung, Refurbishment« abgestimmt	• Datenaustausch unbefriedigend • paralleles Planen	• ein Datenpool für beide Funktionen • Schaffung organisatorischer Gesamtverantwortung für beide Prozesse
...	...	...

2. Funktionenanalyse

Die **Funktionenanalyse** ist ein Werkzeug zur Aufnahme und Bewertung eines Schlüsselprozesses oder einer Prozesskette. In der Substanz handelt es sich um eine Prozessanalyse, nur hat sich im Sprachgebrauch »Funktionenanalyse«[18] durchgesetzt und daher wird dieses Wort nachfolgend verwendet.

Die Idee lautet, einen Schlüsselprozess kompakt mit allen wichtigen Kenn- und Messgrößen darzustellen. Bevor das geschehen kann, braucht es einen Überblick zu allen wesentlichen Prozessen. Mit einer **Prozesslandkarte** kann diese Flughöhe gewonnen werden, auf deren Basis dann einzelne Prozesse für die Funktionenanalyse heranzuziehen sind. Nachdem der entsprechende Prozess ausgewählt ist, sind Ziele und Aufgaben festzuschreiben. Erst durch die Klärung eines Zieles, d.h. eines vorweggenommenen Resultates, wird aus einer Summe von Aktivitäten eine **Funktion**. Voraussetzung für ein echtes Ziel ist die Messbarkeit der zu erreichenden Ergebnisse. Ohne ein gewisses Minimum an Quantifizierung ist die Gefahr groß, dass der Grad der Zielerreichung beliebig bewertbar ist und sich diejenigen mit der größten rhetorischen Kompetenz durchsetzen. Ziel und Messbarkeit verweisen immer auf den Kunden und die von ihm definierte Qualität. Dies ist ein Fixpunkt in jeder Funktionenanalyse. Unter Kunde können sowohl interne als auch externe Kunden verstanden werden. Für die einzelnen Hauptaktivitäten der Funktion empfiehlt sich eine grobe Quantifizierung des Aufwandes. Dabei hat sich ein simples Schema mit Arbeitszeit (Stunden, Mannjahre) und Kosten (Personalkosten, sonstige Kosten) bewährt. Die angesprochenen Hauptaktivitäten sind auch noch bezüglich **Durchlaufzeiten** und allfälliger kritischer Wege zu bewerten. Damit liegen für die Funktion die Elemente »Qualität« (kaufentscheidende Kriterien aus Kundensicht), »Zeit« (Durchlaufzeiten) und »Kosten« (Quantifizierung der Aufwände) vor. Durchlaufzeiten und kritische Wege verweisen auch noch auf die Schnittstellen mit anderen Prozessen. In Summe kann aufgrund der vorliegenden Informationen eine Bewertung der Ist-Situation vorgenommen werden (Stärken, Schwächen), eine Auflistung von Chancen und neuen Geschäftsmöglichkeiten. Aus der bisherigen Funktionenanalyse leiten sich Maßnahmenvorschläge für die Gestaltungsphase ab. Den Abschluss bildet die Klärung der Verantwortlichkeiten.

Eine Funktionenanalyse ist ein bewährtes Instrument im Prozessmanagement. Es stellt die Verbindung zwischen Analyse und Gestaltung dar. Zusätzlich ist dieses Instrument auch die Grundlage für eine individuelle **Tätigkeitsanalyse**, also das Ableiten persönlicher Qualitäts-, Zeit- und Kostenindikatoren.

Funktionenanalyse	Werkzeug
Prozess/Funktion:	
Ziele/Aufgaben:	
Messgrößen für die Zielerreichung:	
Kunden/Qualität aus Kundensicht:	

Quantifizierung/Mengengerüst (Ist):	Stunden	Kosten

Durchlaufzeiten/ kritische Wege:	

Prozess/Funktion:	
Schnittstellen:	
Bewertung der Ist-Situation:	Stärken: Schwächen:
Chancen/neue Geschäftsmöglichkeiten:	
Schlüsselthemen:	
Verantwortung:	

Funktionenanalyse	Beispiel Chemie

Das Servicecenter (SC) eines Chemieunternehmens (Silikongeschäft) veranstaltet jährlich fünfzehn bis zwanzig Applikationstrainings für die Firmenkunden. Als Schlüsselprozesse wurden identifiziert: »SC 1: Trainings ausschreiben«, »SC 2: Applikationstrainings für Kunden durchführen«, »SC 3: Trainings abrechnen und Feedback einholen«, »SC 4: Transfer des Applikationsfeedbacks in Entwicklung und Vertrieb implementieren«. Der Prozess »SC 2: Applikationstrainings für Kunden durchführen« wurde mit einer Funktionenanalyse bewertet.

Prozess/Funktion:	SC 2: Applikationstrainings für Kunden durchführen		
Ziele/Aufgaben:	• Kunden: Alle relevanten Kunden kennen den neuesten Entwicklungsstand der Produkte inklusive der Applikationsfortschritte bei eingeführten Produkten. • Applikation: Die Kunden können die Lerninhalte auf ihr Geschäft anwenden (Transfer im Training/in der Nachbetreuung). • Beurteilung: Sämtliche Trainings werden von den Kunden ausgezeichnet beurteilt. • Transfer nach innen: Die Trainingsresultate (insbesondere Feedbacks bei den unmittelbaren Anwendungen) liegen pro Produktgruppe vor und sind der F&E bzw. dem Vertrieb zugeleitet (vgl. Prozess SC 4).		
Messgrößen für die Zielerreichung:	• Kundenquote: Erreichung von mindestens 95% aller A-Kunden und 70% der B-Kunden mit mindestens einem Training pro Halbjahr. • Applikationsquote: Über 80% der Trainings-Applikationstests und 98% der Endtests funktionieren. • Beurteilungsquote der Trainings: mindestens 1,5, Beurteilungsquote der Nachbetreuung: mindestens 1,3 • Transferquote: Alle Feedbacks sind themenspezifisch an F&E und Vertrieb weitergeleitet (mit Gegenzeichnung).		
Kunden/Qualität aus Kundensicht:	• Kunden: Alle A-Kunden, alle B-Kunden, selektive C-Kunden und speziell geladene Gäste (Neukunden, F&E-Partner) • Qualität aus Kundensicht: Information über Neuprodukte, neue und Verbesserung bestehender Applikationen, gegenseitige Netzwerkbildung zwischen Kunden (Erfahrungsaustausch), Kennenlernen der Servicepartner, Verbesserung des technischen Know-hows		
Quantifizierung/Mengengerüst (Ist pro Training):		Stunden	Kosten
1. Vorbereitung der Trainings (Konzept, Einladung, Applikationsbasis, Veranstaltungsorganisation)		20	Personal: 3 000 Material: 1 000
2. Durchführung (zwei Tage, zwei Trainer bei durchschnittlich 8 bis 10 Teilnehmern)		20	Personal: 3 000 Labor, Hotel: 4 000
3. Nachbetreuung (Beantwortung von Fragen, Applikationsberatung im Rahmen des angebotenen Rahmens)		40	Personal: 6 000 Reisespesen: 2 000

Prozess/Funktion:	SC 2: Applikationstrainings für Kunden durchführen		
4. Erstellung Feedback für F&E und Vertrieb (inkl. Erweiterung des Applikationslastenheftes)	10	Personal: 1 500	
Summe	90	20 500	

Durchlaufzeiten/ kritische Wege:	• Vorbereitung: zwei Monate; kritischer Weg: Abstimmung mit Service, Vertrieb (Kundendokumentation, Applikationsstatus) • Durchführung: zwei Tage; kein kritischer Weg • Nachbetreuung: ein Monat; kritischer Weg: Verfügbarkeit der Trainer/Servicetechniker (Terminkollisionen) • Feedback: spätestens eine Woche nach Abschluss der Nachbetreuung; kein kritischer Weg
Schnittstellen:	• Service/Kundendienst (Organisation der Trainings, Applikationsstatus, Kundenhistorie) • F&E (Stand der Neuentwicklung, aktueller Stand Lastenheft für Applikation) • Vertrieb (Abstimmung der Trainings mit Vertriebsschwerpunkten)
Bewertung der Ist-Situation:	Stärken: • Trainer kommen aus Service, Kundendienst, F&E, Vertrieb • Nähe zu Kunden und Applikations-Know-how • hoher technischer Stand der Applikation/gute Laborausrüstung (»Echtbedingungen«) • nachweisbare Kundenbindung • Input der Trainings für F&E, Vertrieb, Service Schwächen: • teilweise ungenügende Abstimmung zwischen Service/Kundendienst und F&E • Organisation der Trainings zu improvisiert • trotz der Nachfrage bislang noch keine Produkt-Spezialtrainings (ein Training für nur ein Produkt)
Chancen/neue Geschäftsmöglich-keiten:	• Produkt-Spezialtrainings anbieten • Übertragung des Training-Know-hows auf andere Geschäftsfelder im Konzern (Aufbau von ähnlich konzipierten Trainings)
Schlüsselthemen:	• Schaffung einer zentralen Stelle für die Organisation der Trainings (v.a. bessere und frühere Abstimmung von Trainer, Service, Vertrieb) • In Zukunft keine Unternehmen innerhalb einer Branche in den Trainings (gemischte Branchen – keine Konkurrenz) • Ausschreibung eines speziellen Trainings für hydrophile Weichmacher, Siliconelastomer SP3
Verantwortung:	• zentrale Organisation/Abstimmung (neu): Schulze • Applikationsverantwortung und Verantwortung für Lastenheft: Müller

Literatur

1   Vgl. zum Kunden als oberster Zweck einer Organisation: *Malik, F.,* M.o.M.-letter, Malik on Management, Nr. 03/94; vgl. *Malik, F.,* Unternehmenspolitik, Frankfurt 2008, S. 165.

2   Zum PIMS-Programm siehe: *Buzzell, R./Gale, B.,* Das PIMS Programm, Wiesbaden 1989; *Müller-Stewens, G./Lechner, C.,* Strategisches Management, Stuttgart 2003, S. 320 ff.

3   *Buzzell, R./Gale, B.,* Das PIMS Programm, Wiesbaden 1989, S. 89 ff.

4   Vgl. Systemkonkurrenz: *Gälweiler, A.,* Strategische Unternehmensführung, Frankfurt 2005, S. 46 ff., S. 49; vgl. *Porter, M.,* Wettbewerb und Strategie, München 1999, S. 28.

5   *Hinterhuber, H. et al.,* Kundenzufriedenheit durch Kernkompetenzen, München 1997, S. 35 ff.; *Hamel, G./Prahalad, C.,* The core competence and the corporation, in: Harvard Business Review Vol 68, Nr. 3., S. 79 ff.

6   *Hinterhuber, H. et al.,* Kundenzufriedenheit durch Kernkompetenzen, München 1997, S. 61 ff.; *Homburg, C./Rudolph, B.,* Wie zufrieden sind Ihre Kunden tatsächlich?, in: Harvard Business Manager, Nr. 1/1995, S. 43 ff.; *European Foundation for Quality Management,* The EFQM Excellence Model, Brüssel 1999.

7   Vgl. *Dittrich, S.,* Kundenbindung als Kernaufgabe im Marketing, St. Gallen 2001.

8   Bezüglich verschiedener Bezeichnungen für die Wertkette vgl.: *Mintzberg, H.,* Strategy Safari, Frankfurt 2002, S. 125; *Porter, M.,* Wettbewerb und Strategie, München 1999, S. 10 ff.; *Wunderer, R./Jaritz, A.,* Personalcontrolling – Evaluation der Wertschöpfung im unternehmerischen Personalmanagement, Neuwied 1999, S. 8.

9   Vgl. *Malik, F.,* Führen Leisten Leben, Frankfurt 2006, S. 54.

10   Vgl. *Müller-Stewens, G./Lechner, C.,* Strategisches Management, Stuttgart 2003, S. 368.

11   *Porter, M.,* Wettbewerb und Strategie, München 1999, S. 84 ff., S. 98 ff., S. 330 ff.; *v. Uthmann, C.,* Geschäftsprozesssimulation von Supply Chains, Erlangen 2001.

12   Vgl. *Malik, F.,* M.o.M.-letter, Malik on Management, Nr. 07/01.

13   Vgl. *Drucker, P.,* Sinnvoll wirtschaften. Notwendigkeit und Kunst, die Zukunft zu meistern, Düsseldorf 1997, S. 34 und S. 113 ff.; vgl. *Adam, D.,* Komplexitätskosten, in: DBW, 55/1995, S. 667 ff.

14   Vgl. *Bieger, T. et al.,* Zukünftige Geschäftsmodelle, Berlin 2002, S. 51 ff.; vgl. *Green, P./Rosemann, M.,* Integrated Process Modelling: An Ontological Evaluation, in: Information Systems, 25/2000, S. 73 ff.; vgl. *Müller-Stewens, G./Lechner, C.,* Strategisches Management, Stuttgart 2003, S. 410.

15   Vgl. *Bellmann, K./Hippe, A.,* Management von Unternehmensnetzwerken, Wiesbaden 1996, S. 28 ff.; vgl. *Müller-Stewens, G./Lechner, C.,* Strategisches Management, Stuttgart 2003, S. 34.

16   *Becker, J. et al.,* Prozessmanagement, Berlin 2003, S. 231; *Gaitanides, M.,* Prozessorganisation. Entwicklung, Ansätze und Programme prozessorientierter Organisationsentwicklung, München 1983, S. 53 ff.

17   *Thommen, J.,* Allgemeine Betriebswirtschaftslehre, Zürich 1991, S. 683 f.

18   Vgl. *Becker, J. et al.,* Prozessmanagement, Berlin 2003, S. 133; vgl. *Schulte-Zurhausen, M.,* Organisation, München 2002, S. 498 f.

4 Prozesse messen und beurteilen

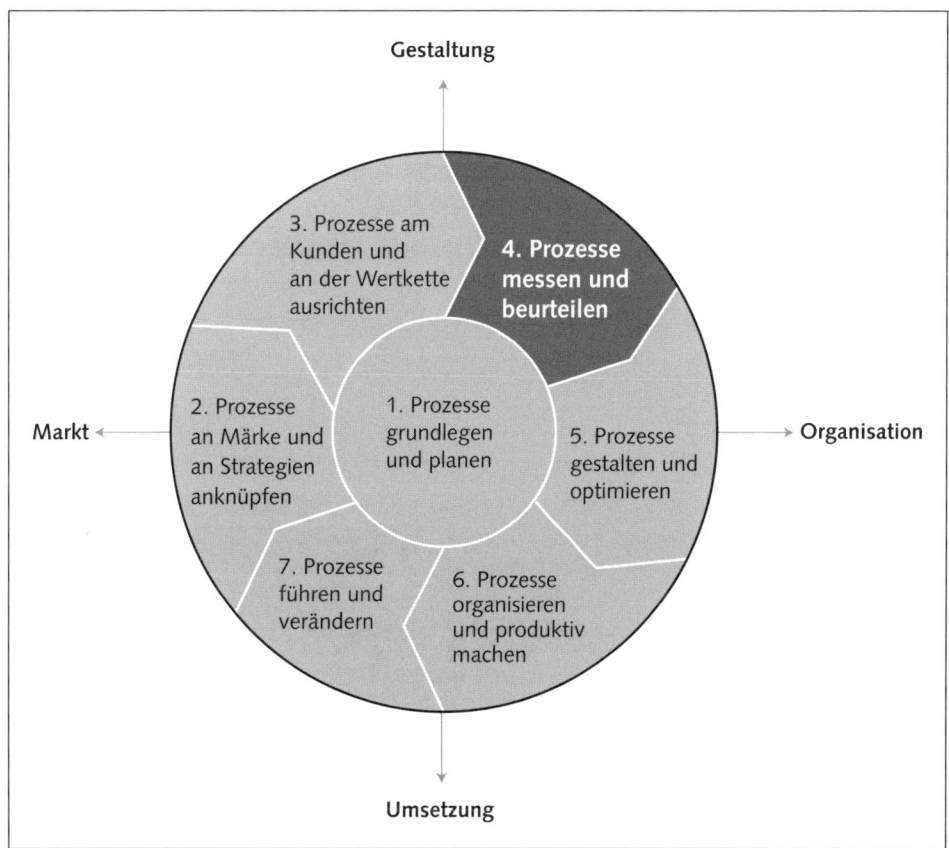

4.1 Modellierung und Darstellung von Prozessen

Prozessmanagement ist zu einem erheblichen Teil nichts anderes als solides Management **Handwerk**[1]. Zu jedem Handwerk braucht es Werkzeuge, die zu bearbeitenden Gegenstände müssen dargestellt und gemessen werden. Was für Tischler, Ärzte, Installateure oder Chemiker selbstverständlich ist, wird in der Managementlehre oft als zu banal oder zu wenig herausfordernd empfunden: der bewusste Einsatz von Werkzeugen. Im Management von Prozessen kommt es auf diese handwerklichen Fähigkeiten an und weniger auf Begabung, Visionen, Inspiration oder psychologische Spielereien. Die Darstellung und die **Messung**[2] von Prozessen und Prozessleistungen sind in der Analyse erforderlich, um sich ein klares Bild der Ausgangslage zu machen. In der Prozessgestaltung braucht man diese Werkzeuge, um die Prozesse nach Kundenanforderungen zu bauen und um Kriterien zur Beurteilung der Zielerreichung zu schaffen. Die Umsetzung von Prozessen funktioniert nur, wenn beurteilt werden kann, ob die Ziele erreicht wurden. Grundlage für diese Beurteilung sind einerseits Prozessdarstellung und andererseits Prozessmessung. In praktisch jeder Phase des Prozessmanagements braucht es Instrumente zur Darstellung eines Ist (Analyse), eines Soll (Gestaltung) und eines Soll-Ist-Vergleiches (Umsetzung). In der Praxis hat sich Folgendes bewährt:
1. Ergebnisgesteuerte Prozesskette
2. Stellengesteuerte Prozesskette
3. Prozessmanagement und IT

Es hängt von der spezifischen Situation im Unternehmen ab, welche Methodik verwendet wird. Wenn die Entscheidung für eine Methode fällt, dann soll diese auch durchgehalten werden. Wichtig ist, dass vorgängig ein klares Bild von der Prozesswelt herrscht, etwa eine Prozesslandkarte auf Grundlage der Wertkette. Jede Methode kann auf unterschiedlichen Detaillierungsstufen verwendet werden. Aus pragmatischen Gründen empfiehlt sich, ab der Prozesslandkarte maximal drei bis vier Stufen nach unten zu gehen. Im Zuge der Darstellung ergeben sich zahlreiche Verbesserungsvorschläge als Themenspeicher für die Gestaltungsphase oder als unmittelbare **Sofortmaßnahmen**. Verbesserungsvorschläge können mit einer Situationsanalyse oder mit der SWOT festgehalten werden.

1. Ergebnisgesteuerte Prozesskette
Diese Methodik geht von folgendem **Prozessmodell**[3] aus: Es gibt einerseits Aktivitäten, Funktionen, Entscheide und andererseits Ergebnisse, die jeden Prozess strukturieren. Im Fakturierungsprozess lautet eine Aktivität etwa »Rechnung schreiben«, das entsprechende Ergebnis dann »Rechnung liegt vor«. Anhand eines konkreten Beispieles wird die Grundlogik erläutert. Es geht um den Prozess des Einkaufes und der Materiallogistik in einem Industrieunternehmen, welches Spezialtüren für gewerbliche und industrielle Anwendungen produziert (Prozess »M3: Material einkaufen und bereitstellen«).

Die **ergebnisgesteuerte Prozesskette** geht vertikal von einer Abfolge aus Ergebnissen einerseits und Aktivitäten, Funktionen, Entscheide andererseits aus. In dieser Dimension wird der zeitliche Ablauf des Prozesses dargestellt. Der Ablauf orientiert sich an Ergebnissen, es gibt keinen Ablauf ohne ein entsprechendes Resultat. Horizontal werden Informationen, Input, Output und Verantwortlichkeiten dargestellt. In die Aktivität fließen normalerweise Inputgrößen ein und Outputgrößen heraus. In die Funktion »fehlendes Material beschaffen« geht beispielsweise als Input die Nettobedarfsliste ein und als Output folgt die im System erfasste Bestellung. Durch die vertikale und horizontale Dimension wird in der Prozessdarstellung nichts vergessen. Am Anfang und am Ende eines Prozesses steht ein Ergebnis. Bei Prozessen der Leistungserstellung lautet das Anfangsergebnis etwa »Bestellung ist in der Arbeitsvorbereitung« und das Endergebnis »Leistung ist hergestellt und an Vertrieb übergeben«.

Bei der Erarbeitung empfiehlt es sich, zunächst eine große ergebnisgesteuerte Prozesskette zu entwerfen. In dieser sind alle wesentlichen Schritte dargestellt. Im Wesentlichen entspricht diese der **Wertkette** eines Geschäftsfeldes oder einer Hauptfunktion. Basierend auf dieser Gesamtkette werden dann die einzelnen Prozesse vertieft. Als Faustregel sind eine bis vier Seiten pro beschriebenem Prozess anzusetzen. Innerhalb eines Prozesses kann der Verweis auf einen Teilprozess durch ein doppeltes Rechteck erfolgen – im Beispiel bei der Funktion »M3.2: fehlendes Material beschaffen«. Vor allem sollten die Aktivitäten, Funktionen, Entscheide durchnummeriert sein. Diese Nummerierung erleichtert es später, die Prozesse zu lokalisieren, sie in ein **ISO-Qualitätssystem**[4] einzubinden und Stellenbeschreibungen bzw. Arbeitsverfahren zu entwickeln.

Die Darstellungssymbolik verwendet üblicherweise für Ergebnisse Kreise und für Aktivitäten Vierecke. Entscheidungspunkte können, so wie im Beispiel, durch Rauten dargestellt werden. Zwischen den einzelnen Symbolen verlaufen Pfeile. Begrifflich gibt es eine klare Vorschrift. Resultate werden in der Gegenwartsform beschrieben, etwa »Bruttobedarf p.m. liegt vor«, während Aktivitäten, Funktionen und Entscheide im Infinitiv ausgedrückt sind, wie z.B. »fehlendes Material beschaffen«. Die Erarbeitung kann per PC erfolgen oder auf einem A2 Blatt mit Post-it. Letztere Methode sieht zwar antiquiert aus, ist aber enorm produktiv, weil die Post-it rasch verschoben werden können und für ein Arbeitsteam besser sichtbar sind. Die anschließende elektronische Dokumentation ist problemlos.

Ergebnisgesteuerte Prozesskette			**Werkzeug**	
Prozess:		Datum:	Blatt: Ersteller:	

Input	Prozessablauf	Beschreibung	Verantw.	Output

Ergebnisgesteuerte Prozesskette			**Beispiel Materialwirtschaft**	
Prozess:	**M3: Material einkaufen und bereitstellen (Logistik)**		**Datum: 26.03.200x**	**Blatt: M3/S. 1 Ersteller: Eder**

Input	Prozessablauf	Beschreibung	Verantw.	Output
Vertriebsdaten, Auflösung der Stücklisten auf Monatsbasis: – Montagelos – Lagermaterial	**Bruttobedarf p.m. liegt vor**	für Bruttobedarf/Stückliste zu planen: Beschläge, Dichtungen, Dämm- und Schäummaterial, Füllungen, Lichtöffnungen, Türmaterial, Zargenbestände	Material- wirtschaft	Bruttobedarfs- liste
	Ist Nettobedarf ermittelt? Ja / Nein	»Normalfall«: Nettobedarf wird vorgängig schon durch Materialwirtschaft erhoben		
Steuerinfos für Material- wirtschaft	**M3.1** **Nettobedarf ermitteln und abgleichen**	für Bedarfsermittlung prüfen: Kundenaufträge, Vorschlagliste, Vergangenheitsdaten, Reservationen (siehe Vorschlagliste »Nettobedarf«)	Material- wirtschaft	Nettobedarfs- liste
	Nettobedarf p.m. ist erhoben	Nettobedarf an Einkauf weiterleiten → Erfassung als Bestellformular im System (PR03) und Hinterlegung in Materialwirtschaft mit Kopie an Vertrieb	Material- wirtschaft (Bestellung durch Einkauf)	
Nettobedarfs- liste	**M3.2** **fehlendes Material beschaffen**	Parameter für den Einkauf: – Abruf über Rahmenverträge – bestehende Rahmenverträge entsprechend technischer Anforderungen verändern – Neuausschreibung **M3.2 wird als Teilprozess beschrieben**	Einkauf	Bestellung (PR03)
mit Nettobedarfs- liste geprüftes Material	**Material ist beschafft und eingelagert**	Einlagerungsvorgang umfasst: – abgeglichene Materialbestandsliste – Montagelos und monatlich abgeglichene Stücklisten	Material- wirtschaft	Lagerbestand als Basis für Abgleich des Brutto- mit dem Nettobedarf

2. Stellengesteuerte Prozesskette

Bei dieser Darstellungsmethodik wird ein zweidimensionaler Raum aufgespannt. Auf der Vertikalen sind die einzelnen am Prozess beteiligten Stellen aufgetragen. Die Reihenfolge ergibt sich aus dem Prozessfluss. Die zuerst involvierten Stellen stehen zuoberst und zuunterst die sich am Prozessende befindlichen Stellen. Kunden und Lieferanten sind auch in die Liste der Stellen aufzunehmen, ebenso wie die einzelnen Bausteine der involvierten **Systemwelt**. Die Horizontale ist die Zeitachse, auf welcher pro Stelle die wichtigsten Prozessschritte dargestellt sind. Das nachfolgende Beispiel illustriert den Gedanken anhand des Prozesses »Muster bestellen« (M01).

Die **stellengesteuerte Prozesskette** verbindet in diesem Fall die Stelle mit dem Prozess im zeitlichen Ablauf. Der Prozess geht im Prinzip von links oben nach rechts unten, wobei natürlich Feedbackschlaufen möglich sind, etwa im Beispiel »Auftragserfassung prüfen und gegenbestätigen« (M0104a). Am Anfang und am Ende der Kette steht jeweils ein Resultat und der Kunde der entsprechenden Prozessleistung. Mit Ausnahme des Starts und des Endes kann es keinen Prozessschritt ohne Inputpfeil und Outputpfeil geben. Auch in der stellengesteuerten Prozesskette werden die Prozesse nach einheitlichem Sprachmuster mit Substantiv und Infinitiv definiert, wie etwa im Beispiel »Lieferschein/Verladeauftrag erstellen«. Die Prozesse werden anhand eines einheitlichen Schemas durchnummeriert, im Beispiel ist »Auftrag etikettieren, Endverpackung und Versand erledigen« mit dem Code M0105 versehen. »M« betrifft alle Prozesse, die mit Mustern zu tun haben, »M01« ist der erste Prozess, »Muster bestellen« und »M0105« der fünfte Schritt. Die Symbolik ist denkbar einfach gestaltet. Die Stellen werden mit Kästchen versehen, ebenso die einzelnen Prozesse. Die zeitlich-logische Folge wird mit Pfeilen dargestellt. Es empfiehlt sich ein zusätzliches Erläuterungsblatt, auf dem pro Stelle oder Funktion noch weitere Informationen festgehalten werden können. Auf diesem Blatt sollten auch die Verantwortlichen für die Stellen und für die Prozessschritte definiert sein.

Bei der operativen Erarbeitung der stellengesteuerten Prozesskette sind dieselben Grundsätze einzuhalten wie bei der ergebnisgesteuerten Prozesskette. Vor allem ist auch hier mit unterschiedlichen Detaillierungsebenen zu arbeiten, weil der zur Verfügung stehende Platz auf ein Blatt begrenzt ist und keine fortlaufenden Prozess-Beschreibungen möglich sind, wie etwa in der ergebnisgesteuerten Prozesskette.

Stellengesteuerte Prozesskette   **Werkzeug**

Kunde

Systemwelt

Stelle   Zeit

Stellengesteuerte Prozesskette   **Beispiel Objektstoffe**

Ein Konfektionär für Objektstoffe stellt seinen Prozess für »Muster bestellen« (M01) dar. Die einzelnen Prozessschritte werden zusätzlich mit den entsprechenden Informationssystemen unterlegt.

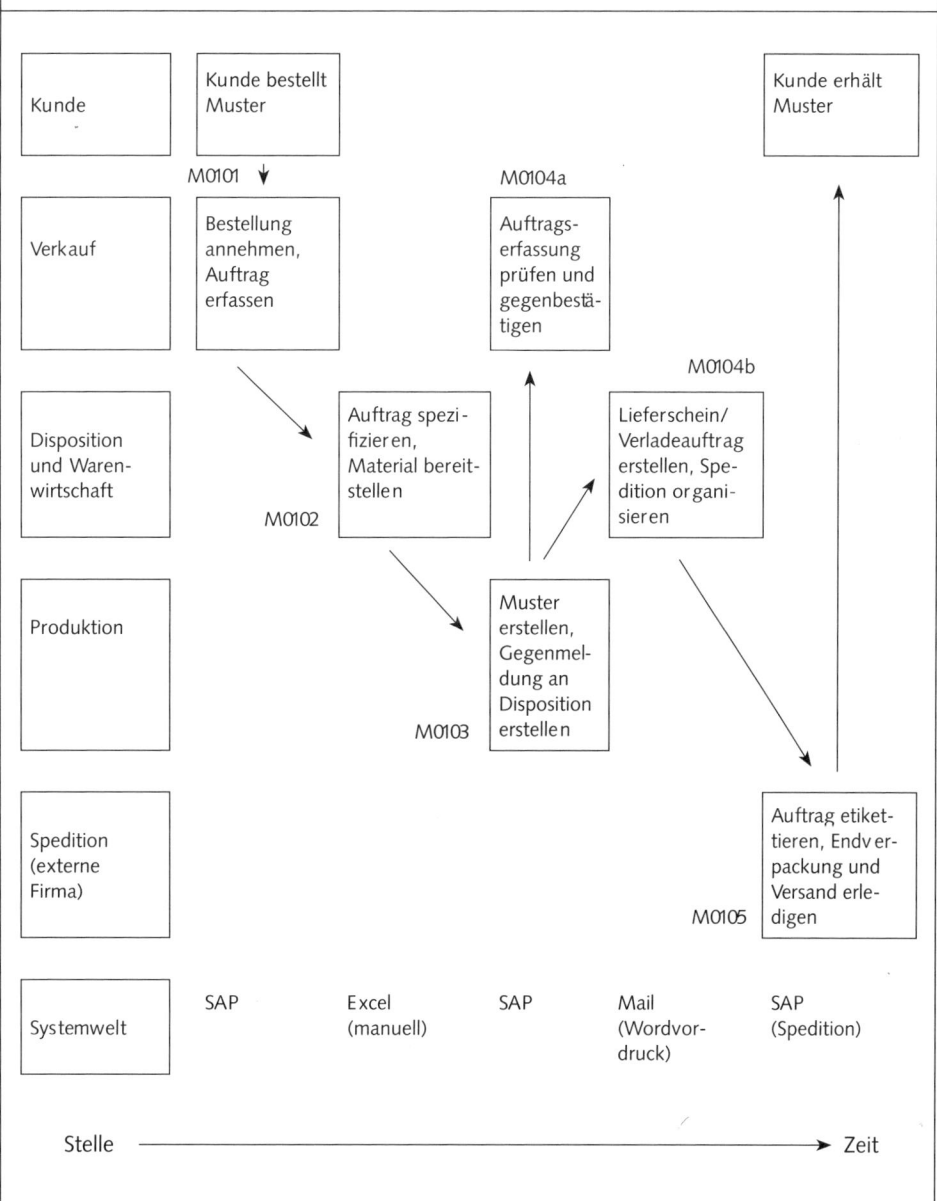

Liegt eine **Prozessmodellierung** vor, dann können die Resultate in Form von Arbeits-
und Verfahrensanweisungen[5] operationalisiert werden. Der Grundgedanke kommt
aus dem Qualitätsmanagement und versucht, die Ergebnisse von Modellierungen
direkt in die Stellen- und Bereichsgestaltung einfließen zu lassen. Die Arbeits- und
Verfahrensanweisung leitet sich direkt aus der ergebnis- oder stellengesteuerten
Prozesskette ab. Die **Arbeitsanweisung** ist eine Anleitung zur Erfüllung der Prozessaufgaben, die entsprechend dokumentiert sind. Eine solche Anweisung kann
komplett eine Stelle ausfüllen oder als Teil einer Stellenbeschreibung dienen. Unter
Verfahrensanweisung wird üblicherweise ein Hauptprozess verstanden, d.h. die
Verbindung von mehreren Arbeitsanweisungen im Sinn der Steuerung.

Kapitel in der Arbeits- und Verfahrensanweisung	Checkliste
1. **Titel/Verweis auf Prozess und Teilprozess**	• Name des Prozesses und Teilprozesses • Nummer des Prozesses und Teilprozesses
2. **Stand**	• Termin der Verabschiedung/Freigabe zur Umsetzung
3. **Ersteller/erstellende Abteilung**	• Name und Organisationseinheit des Verantwortlichen für die Erstellung
4. **Normprüfung**	• Name und Organisationseinheit des Verantwortlichen für die Prüfung
5. **Freigabe durch**	• Name und Organisationseinheit des Verantwortlichen für die Freigabe
6. **Ziel der Anweisung**	• Ziel (Resultat) des Prozesses und Teilprozesses
7. **Begriffe/Abkürzungen**	• Nennung der wichtigsten Abkürzungen
8. **mitgeltende Unterlagen**	• beiliegende Dokumente (Arbeitsformulare, Gesetzestexte, Organisationsanweisungen)
9. **Verteiler**	• alle zu informierenden Personen und Stellen
10. **Beschreibung der Anweisung**	• detaillierte Darstellung des Prozesses und Teilprozesses (als ergebnis- oder stellengesteuerte Prozesskette)

Arbeits- und Verfahrensanweisungen sollen grundsätzlich zur Formulierung oder
Ergänzung von Stellenbeschreibungen erarbeitet werden. Auch hier gilt die Einheitlichkeit der Form innerhalb einer Organisation und die Übereinstimmung mit
allfälligen ISO-Anforderungen.

3. Prozessmanagement und IT

Die Analyse und vor allem die Gestaltung bzw. Umsetzung von Prozessen hängt in der Praxis häufig mit **IT-Lösungen** zuammen. Bei allem Bekenntnis für elektronische Datenverarbeitung müssen aber für jede Art von Software-Applikation folgende Grundsätze gelten: Erstens sollte jede Lösung, jede Modellierung und jedes Werkzeug so einfach gehalten sein, dass es im Prinzip auch auf Papier funktioniert. Zweitens ist die Lösung in der Bedienung und im Alltag so zu gestalten, dass sie von allen Beteiligten verstanden und angewendet werden kann. Drittens muss die Erarbeitung einer Applikation auch die Akzeptanz bei allen Beteiligten beinhalten. Wahrscheinlich sind in der Praxis mehr »Verschlimmbesserungen« anzutreffen, die aus Prozessmanagement ein Spielfeld für DV-Spezialisten gemacht haben, als funktionierende Systeme. Dies hebelt den Grundgedanken aus, dass Prozessmanagement ein Werkzeug für alle Führungskräfte ist. Spezialistentum bedeutet meistens, dass nicht der Nutzen für das Geschäft und die Anwender im Mittelpunkt steht, sondern die Software selbst. Es kommt hinzu, dass für viele in der Abkürzung »IT« das »T« im Vordergrund steht und nicht das »I«.

Im Sinn des Vorgehens sind alle Instrumente zur Beurteilung der Ausgangslage und zur Darstellung der Prozessziele zu verwenden. Auch ist die Erarbeitung des Prozessmodells völlig unabhängig davon, ob die Sache IT-unterstützt ist oder auf Papier funktioniert. Werden Systemlösungen verwendet, müssen die Anforderungen klar aus den Prozessen und aus der Methodik heraus definiert sein. Die Anforderung an die **IT-Applikation** muss von den Verwendern und den Prozessverantwortlichen kommen. Nur so ist sichergestellt, dass IT-Spezialisten wissen, auf welche Anwendungswelt sie treffen und welche Themen fehlen. Gleichzeitig werden damit auch die Anwender gezwungen, ihre Bedürfnisse, den Nutzen und die Leitgedanken bezüglich Qualität-Zeit-Kosten darzustellen. In der Praxis eignen sich hier insbesondere die Prozessketten sehr gut, nachdem IT-Experten gerne auch in diesen Kategorien denken.

Professionelle Prozessmanager wissen um die Vorteile der **Informationstechnologie** für die Prozesse Bescheid und lassen sich nicht blenden oder zu Goldrand-Lösungen verleiten. Zuallererst steht der Nutzen für das Geschäft, für den Kunden und für den Anwender im Vordergrund.

Umsetzung der IT-Applikation von Prozessen — Checkliste

1. Sicherstellen des richtigen Verständnisses zum Thema Prozessmanagement und IT im Management und bei den Anwendern
2. klare Unterstützung von Seiten des Top-Managements bei Einführung und Umsetzung (Bsp. Lenkungskreise in den ersten Monaten der Konzeption und Umsetzung)
3. zuerst Nachdenken über die Anforderungen des Geschäftes, der Anwender und der Führungskräfte und erst nachher Spezifikation von Software
4. frühzeitige Berücksichtigung der Historie einzelner Geschäfte (bereits etablierte Systeme, Verfahren) und der entsprechenden Unternehmenskultur
5. Festschreiben von Zielen bei der IT-Applikation: Woran wollen wir messen, ob wir die Ziele erreicht haben? (Qualität, Zeit, Kosten)
6. Detaillierung der Prozessanforderungen mit einer Prozesslandkarte und einem Prozessmodell (z. B. mit der ergebnis- oder der stellengesteuerten Prozesskette)
7. Festschreiben der Benutzeranforderungen an eine IT-Lösung
8. Transparenz über die notwendigen Schnittstellen der Prozesse
9. Sicherstellung, dass Applikation mit bereits bestehenden IT-Systemen logisch verknüpft werden können (Bsp. Business-Intelligence-Lösungen etc.)
10. Definition der aus der Applikation ableitbaren Aggregationen (Auswertungen, Zusammenfassungen) und entsprechender Berichte für das Management
11. frühzeitiges Planen und Anstoßen des »Rollout«-Prozesses inkl. Identifizieren der Stakeholder und der internen Kommunikationserfordernisse
12. Ableitung des erstmaligen und laufenden Anwendungstrainings unter Berücksichtigung unterschiedlicher Ausbildungsstände, Historien und kultureller Unterschiede
13. Definition des Pflege- bzw. Betreuungsaufwandes für interne IT-Abteilungen bzw. einen externen IT-Service (technisch und konzeptionell)
14. Transparenz bzgl. des Aufwands für Softwarepflege (Aktualisierung, Versionierung), die Konsequenzen für die Hardware und den allfälligen Aufwand für Weiterentwicklung
15. Klarheit über die Konsequenzen in ERP und Datenstamm/Stammdaten (Aufträge/ Projekte, Kunden, Artikel/Leistungen…)
16. Festschreiben allfälliger Audit-Auflagen hinsichtlich der IT-Applikation (Lieferung notwendiger Protokolle…)
17. Ausweis aller Systemkosten: Planung und Spezifikation, Programmierung, Einführung, Pflege, Training (inkl. aller internen Manntage)
18. Definition der »methodischen Oberhoheit« bei Pflege, Veränderung, Training

4.2 Prozessleistungen und Erfahrungskurve

1. Messung von Prozessleistungen

Das Messen von Prozessleistungen ist eine Grundvoraussetzung für die Wirksamkeit von Organisationen. Jede Organisation hat strategische und operative **Ziele**[6], die einmal entschieden worden sind. Damit die Ziele geprüft werden können, müssen die entsprechenden Resultate bewertet, also gemessen werden. Mit dem Abgleich von Ist- und Soll-Leistung können gegebenenfalls neue Entscheide über Ziele getroffen und Maßnahmen eingeleitet werden. Dieser **Führungskreislauf**[7] ist seit jeher in erfolgreichen Organisationen bekannt – in den Finanzgeschäften der Medici, im Handelsgeschäft der Jesuiten, im Industriegeschäft von Siemens oder im Informationsgeschäft der Microsoft. Immer dann, wenn eine Organisation produktiv sein will, wird die Performance gemessen. Im Sport (Zeiten, Weiten, Höhen), in der Schule (mündliche und schriftliche Benotung), beim Spiel im privaten Kreis (Punkte, Treffer, Stiche): Überall ist das Messen von Leistung eine Selbstverständlichkeit zur Einschätzung der eigenen Situation.

Im Prozessmanagement ist dieser Zusammenhang die einzige Voraussetzung für eine wirksame Steuerung. Die Prozesse sind produktiv tätig und liefern Ergebnisse. Diese Ergebnisse werden gemessen. Vor allem die Fragen der Zielgrößen, der Qualitätstreiber und der Kennzahlen sind relevant. Prozessmanagement ist schließlich für den Abgleich des Ist mit dem Soll verantwortlich und für die Einleitung von Korrektur- bzw. Verbesserungsmaßnahmen. Was relativ banal klingen mag, ist in der Praxis nicht selten mit Widerständen verbunden. Viele Menschen weigern sich schlichtweg, die Prozesse, in denen sie mitwirken, **messen** zu lassen. Häufig wird argumentiert, dass dies altmodisch sei, gegen den Vertrauensgrundsatz verstößt, Kreativität hemmt oder das Tagesgeschäft behindert. Man kann und soll diesen Leuten zuhören und mit ihnen darüber diskutieren. Es kann aber keinen Zweifel geben, dass in Organisationen, die im **Wettbewerb** stehen, Leistungen gemessen werden müssen, um die Aktivitäten und Produktivkräfte zu bündeln[8]. Jeder Verantwortliche für einen Prozess oder einen Teilprozess ist angehalten, für das Messen der Leistung, für den entsprechenden Report und für Verbesserungsmaßnahmen zu sorgen. Dies kann unterstützt werden durch Schulungsmaßnahmen für Mitarbeiter, effiziente Reportingsysteme, prozessbezogene Stellenbeschreibungen und Zielvereinbarungen. Die Verbindung von Prozess, Leistung und Verantwortung ist der Kern des Prozessmanagements. Wird die Verbindung unterbrochen, liegt ein schwerer **Systemfehler** vor. In diesem Fall ist das Top-Management aufgerufen, für eine wirksame Steuerung zu sorgen.

Der fast wichtigste Punkt ist das Verwenden von bereits bestehenden Kennzahlen oder Messgrößen[9]. Dadurch wird nicht nur Mehrarbeit vermieden, sondern Respekt vor den bisherigen Aktivitäten vermittelt. Bei **Kennzahlen** ist grundsätzlich zwischen quantitativen (z. B. Durchlaufzeiten) und qualitativen (z. B. Bedeutung von Durchlaufzeiten für Kunden) zu unterscheiden. Zur Identifikation braucht es das

Urteilsvermögen von guten und erfahrenen Leuten. Externe oder Algorithmen können höchstens einen methodischen Beitrag leisten. Nachfolgende Checkliste unterstützt die Messung von Prozessleistungen.

Prozessleistungen messen	Checkliste

1. Warum messen wir? Herrscht Einsicht in die Notwendigkeit des Messens?

2. Welche Ziele sollen durch das Messen erreicht werden?

3. An welche Kunden und kaufentscheidende Kriterien wird beim Messen angeknüpft?

4. Welche Wettbewerber oder andere Branchen können als Benchmark eingebaut werden?

5. Warum sind Wettbewerber/andere Firmen besser? Was kann daraus gelernt werden?

6. Wie wird die eigene Leistung qualitativ und quantitativ gemessen?

7. Welches bereits bestehende Zahlenmaterial liegt vor?

8. Sind die am Prozess Beteiligten und die Prozess-Verantwortlichen beim Messen eingebunden?

9. Ist sichergestellt, dass die Detailsicht nicht überwiegt?

10. Werden Vorgehen und Resultat verstanden?

11. Werden aus dem Messprozess auch Maßnahmen abgeleitet?

12. Beeinflussen die Messergebnisse die künftige Festlegung von Zielen?

13. Gibt es Gremien, die sich mit den Messresultaten verbindlich auseinandersetzen?

14. Werden die Ziele und der Fortschritt auf dem Weg zur Zielerreichung regelmäßig mit den Mitarbeitern besprochen und diskutiert?

Das Messen der Prozessleistung knüpft direkt an die Basis des Prozessgedankens an – an den **Kundennutzen** und die damit zusammenhängende Wertschöpfung. In einem ersten Schritt werden die kaufentscheidenden Kriterien aufgelistet und in einer Matrix mit dem jeweiligen Prozess verbunden. Aus dieser Verbindung leitet sich die entscheidende Frage ab: Mit welcher Kennzahl und **Messvorschrift** kann der Beitrag des Prozesses zum kaufentscheidenden Kriterium erfasst werden? Die Kennzahl ist vorgängig als Ziel definiert worden und stellt das Soll für die zu messende Performance des Prozesses dar. Für jede Kennzahl ist ein Verantwortlicher für die Messung zu bestimmen und der Takt der Messung bzw. des Berichtes anzugeben.

Die **Qualitätsmessung**[10] von Prozessen erfolgt nicht einmalig und nur selten fallbezogen, sondern in regelmäßigen Abständen. Zur Steuerung von Prozessen empfiehlt es sich, Zeitreihen aufzubauen und den Sollwert mit den entsprechenden Zielwerten zu verbinden. Dadurch wird die Leistung in Beziehung zu den Zielen gesetzt, Abweichungen werden dokumentiert und produzieren einen »Zwang zur Auseinandersetzung«. Üblicherweise nimmt die menschliche Wahrnehmung die negative Abweichung als erstes und am intensivsten wahr. Wenn etwa Auftragseingänge unter Plan oder Vertriebsniederlassungen bezüglich DV nicht freigeschaltet sind, dann wird mit Akribie nach Ursachen und Lösungen gesucht. Dieser negative Abweichungsfilter ist sinnvoll und Zeichen von Verantwortung für Ziele. Festzustellen ist in vielen Fällen, dass positive Abweichungen nicht oder mit nur marginaler Gewissenhaftigkeit geprüft werden. Dies liegt an einer gewissen Zufriedenheit oder Selbstverständlichkeit solcher Resultate. An dieser Stelle ist in gleicher Weise nachzuprüfen, warum eine Leistung so gut war, ob man die Sache ausbauen kann oder ob ein Fehler in der Planung vorliegt, dass die Messlatte so leicht übersprungen wurde.

Durch das Messen von Prozessleistungen wird ein deutliches Feedback zur **Leistungsfähigkeit** gegeben. Dieses Feedback ist eine Grundvoraussetzung für das Verbessern der Prozesse in ihrer inneren Logik, in den Aufgaben, Kompetenzen und Verantwortlichkeiten. Messen ist die wohl intensivste und objektivste Form der Auseinandersetzung aller Beteiligten mit dem, was sie tun und für einen Kunden leisten. Werden die Messergebnisse in den Managementkreislauf eingebracht, **Maßnahmen** abgeleitet und umgesetzt, so entsteht ein positiver Sog in Richtung Verbesserung.

Qualitätsmessung eines Prozesses				Werkzeug
Prozess:				
kaufentschei- dendes Kriterium	**Kennzahl/Ziel**	**Messvorschrift**	**Verantw.**	**Takt**

Qualitätsmessung eines Prozesses	**Beispiel Telematik**

Ein Telematikunternehmen für Softwaredienste in LKWs, Schiffen und Frachtflugzeugen misst konsequent seine Qualitätsperformance. Für den Schlüsselprozess »Auftrag abarbeiten« sehen die Kennzahlen/Ziele, Messvorschriften und Verantwortlichkeiten wie folgt aus:

Prozess:	**Auftrag abarbeiten**			
kaufentscheidendes Kriterium	**Kennzahl/Ziel**	**Messvorschrift**	**Verantw.**	**Takt**
wirtschaftlicher Betrieb	Nutzungsintensität der Software-Dienste Ziel: 90%	qualifizierte Nutzung der Zugriffe in Prozent	Meier	mtl.
	Produktivitätsfortschritt pro Fahrzeug Ziel: 3 bis 5%	Nachweis produktiverer Nutzung pro Fahrzeug pro 1 000 km (in Euro)	Schmidt	mtl.
Bedienungs-freundlichkeit/ Kompatibilität	Suchqualität Ziel: 10 bis 15 sec.	durchschnittliche Zeit pro Suche einer Information (in Sec.)	Müller	...
	Exportqualität Ziel: 90%	Export von Systemdaten auf Kundensysteme (in Prozent)	Müller	...
	Anbindungsquote Ziel: 80%	Anbindung der Dienste an die Systeme des Kunden (in% der effektiven Nutzung)	...	...
Verfügbarkeit	Durchlaufzeit Ziel: drei Wochen	timelag zwischen Order und Bestellung (in Wochen)	...	...
	...	...	...	...

2. Erfahrungskurve und Prozesse

Die **Erfahrungskurve**[11] ist eines der klassischen Management-Werkzeuge und seit fünfzig Jahren im praktischen Einsatz. Die Grundlage für die Erfahrungskurve liegt in der Rüstungs- und Transportmittelproduktion der USA im Zweiten Weltkrieg. Damals wurde ein erstaunlicher Effekt entdeckt: Mit steigendem Output einer Losgröße (Panzer, Frachtschiffe…) sanken die Stückkosten der eigenen Wertschöpfung. In späteren Jahren wurden zahlreiche empirische Untersuchungen gemacht, die alle zu ähnlichen Resultaten kamen und sich als Erfahrungs- oder **Lernkurve** zusammenfassen lassen: Mit jeder Verdoppelung der kumulierten Menge ergibt sich ein Kostensenkungspotenzial der eigenen Wertschöpfung von zwanzig bis dreißig Prozent.

Diese Kernaussage hat mehrere Implikationen: Zunächst steht nicht die absolute jährliche Mengenleistung im Fokus, sondern die Kumulation, d.h. die Summe des Ausstoßes über die Zeit. Ein hoher Marktanteil ist ein guter Indikator für vorhandene Erfahrungspotenziale. Auch gilt, dass Erfahrungseffekte am Beginn eines Zyklus groß sind und sich dann aufgrund der Kumulationswirkung abflachen. Zweitens ist eine gewisse Kontinuität der Leistung erforderlich, um Erfahrungseffekte zu heben. Ob es sich dabei um Frachtschiffe, Software-Module, Antriebsstränge, Kreditverträge oder Seminare handelt, ist unerheblich. Wichtig ist die Möglichkeit, Erfahrung zu sammeln und aus dem Gelernten entsprechende Schlüsse für die **Produktivität** zu ziehen. Drittens geht es um die inflationsbereinigten Kosten der eigenen Wertschöpfung und nicht um diejenigen der Lieferanten. Viertens handelt es sich immer um Potenziale, nie um Automatismen. Das Management muss diese Potenziale erst heben, nachdem sich diese nicht von alleine einstellen.

Mit beiliegendem Werkzeug und Beispiel wird eine einfache Methode vorgestellt, Berechnung und Nutzung der Erfahrungskurve vorzunehmen. Der erste Schritt besteht in der Auswahl der Leistung (Produkt, Dienstleistung). Damit das Verfahren funktioniert, muss diese Leistung über den Zeitablauf im Großen und Ganzen konstant bleiben. Kleinere Veränderungen, etwa im Design oder der Funktionalität, können akzeptiert werden. Schritt zwei sind die Bestimmung der Jahre, die Erfassung der Jahres- und der kumulierten Menge und den Ausweis der Verdoppelungszeit. Als drittes werden die Stückkosten der eigenen **Wertschöpfung** im IST und anschließend mit den Potenzialen bei zwanzig und dreißig Prozent dargestellt. Die eigentliche Führungsarbeit ist im vierten Schritt gefordert. Gefragt sind die Identifikation der wichtigsten Kostentreiber pro Wertschöpfungs-Stufe, die Ermittlung des Potenzials in Wertschöpfungskosten pro Stück und Ansatzpunkte für die Umsetzung. Ohne diesen Schritt bleibt die Erfahrungskurve ein mathematisches Konstrukt. Mit dem Entscheid für die Umsetzung der erarbeiteten Ansatzpunkte wird aus dem Potenzial der Erfahrungskurve auch ein tatsächlicher Nutzen.

Die Prozesse sind der eigentliche Hebel hinter den **Erfahrungseffekten**. Erfahrung und Lernen sind nichts anderes als die Anwendung von Erkenntnissen aus der Vergangenheit in die Leistungserstellung der Gegenwart und Zukunft. Dies kann sich auf die Nutzbar-Machung von Wissen beziehen, auf die optimierte Anordnung von Fertigungsstraßen, auf die Vertriebsabläufe bei Versicherungsprodukten oder auf die Versorgung von Patienten in Tageskliniken. Immer stehen die Prozesse auf dem Prüfstand. Jeder Prozess verursacht Kapital-, Personal- oder Sachkosten. Diese Kosten sind Werteinsatz zur Leistungserstellung und fließen über die Wertschöpfungskosten in die Kalkulation ein. Die Erfahrungskurve ist vor diesem Hintergrund der permanente Zwang, bestehende Leistungen zu optimieren, die Abläufe zu hinterfragen und alle Potenziale der Produktivität zu heben[12]. Daher gilt die »Botschaft« der Erfahrungskurve prinzipiell für alle Branchen und alle Unternehmensgrößen und nicht – wie oft behauptet – nur für die Industrie.

Die Grenzen der Erfahrungskurve liegen dort, wo Kontinuität in der Leistung selbst oder in der Leistungserstellung fehlt. Die Erfahrungskurve setzt eine gewisse Vergleichbarkeit über die Zeit voraus. Jede echte Leistungs- oder Verfahrensinnovation beendet eine alte und lässt eine neue Erfahrungskurve beginnen. Allerdings existieren auch in diesen Fällen nach wie vor Erfahrungseffekte. So verändern sich Softwarelösungen rasend schnell und scheinen nicht geeignet für eine Prüfung durch die Erfahrungskurve. Die grundlegenden Prozesse der Spezifikation, der Modularisierung und der Applikation verändern sich diesbezüglich aber nicht oder nur marginal. Mit Hilfe der Erfahrungskurve können auch hier Produktivitätspotenziale geortet und gehoben werden.

Erhebung und Nutzung der Erfahrungskurve					Werkzeug	

1. Erhebung der Erfahrungskurve

Jahr	Menge pro Jahr	Menge kumuliert	kumulierte Verdoppelung	Wertschöpf. Kosten IST	Erfahrungs-effekt (bzgl. Jahr 1)	
					20%	30%
1						
2						
3						
4						
5						
6						
7						
8						
9						
10						

2. Nutzung der Erfahrungskurve

Wertschöpfungs-Stufe	Kosten-treiber	Potenzial WS-Kosten pro Stück	Ansatzpunkte für die Umsetzung

Erhebung und Nutzung der Erfahrungskurve	**Beispiel Kartonagen**

Ein Hersteller von Kartonagen und anderen Verpackungen bzw. Gebinden errechnet zweimal jährlich die Erfahrungseffekte. Die Erhebung erfolgt nach einem einfachen, groben Verfahren und bezieht sich auf die Wertschöpfungskosten pro Einheit. Die Ansatzpunkte zur Nutzung der Erfahrungskurve orientieren sich konsequent und präzise an den wichtigsten Prozessen. Im Beispiel handelt es sich um Groß-Kartonagen für Ernte-Kunststoffgebinde.

1. Erhebung der Erfahrungskurve

Jahr	Menge pro Jahr	Menge kumuliert	kumulierte Verdoppelung	Wertschöpf. Kosten IST	Erfahrungseffekt (bzgl. Jahr 1)	
					20%	30%
1	6 500	6 500		120		
2	7 000	13 500	X	102	96	84
3	6 800	20 300		95		
4	6 700	27 000	X	86	77	57
5	7 200	34 200		80		
6	7 900	42 100		75		
7	7 100	49 200		73		
8	7 500	56 700	X	69	62	40
…	…					

2. Nutzung der Erfahrungskurve

Wertschöpfungs-Stufe	Kostentreiber	Potenzial WS-Kosten pro Stück	Ansatzpunkte für die Umsetzung
Produktion	fehlende Modularität	3 bis 5	• Modulbau für alle Sortimente • Modularisierung für Ecken/ Kantentypen
	Sortiments-Vielfalt	5 bis 7	• Sortimentsbegrenzung (z. B. über Rabatt-Anreize) • definierte Varianten bzgl.: Stärke, Kanten, Farben…
	Summe	8 bis 12	
Logistik	…		

4.3   Qualität – Zeit – Kosten und Situationsanalyse in Prozessen

Die große Menge an Analysewerkzeugen soll in diesem Kapitel auf zwei pragmatisch einsetzbare komprimiert werden:
1. Qualität – Zeit – Kosten
2. Situationsanalyse

1. Qualität – Zeit – Kosten
Ein »Klassiker« in der Analyse von Prozessen ist das Dreieck »Qualität – Zeit – Kosten«. Dieses Analyseraster geht davon aus, dass sich jeder Prozess in den drei genannten Dimensionen beschreiben, analysieren und beurteilen lässt. Die Qualitätsdimension betrifft den Kunden (intern und extern) und die anvisierten Resultate. Hier ist auch die Frage der Steuerung des Prozesses relevant. Die Zeitdimension bezieht sich auf die Leistungsfähigkeit des Prozesses bezogen auf die vom Kunden geforderte, wettbewerbsrelevante Zeit. Die Kostendimension ist nichts anderes als der wertmäßige Einsatz in einem Prozess. Qualität, Zeit und Kosten sind relativ zur Konkurrenz zu beurteilen. Die grundsätzliche Annahme lautet, dass es immer eine Alternative zum aktuell vorliegenden Prozess gibt. Die **Alternative** kann direkt von einem Konkurrenten, durch ein neues Verfahren oder durch den gänzlichen Verzicht auf einen Prozess kommen. Gerade Letzteres wird in der Praxis gerne übersehen. Der Verzicht auf einen Prozess oder auf Teilschritte in einem Prozess ist genauso eine Variante.

Mit der Beurteilung von Qualität – Zeit – Kosten liegt auch eine Basis für das **Benchmarking**[13] vor. Pro Prozess oder Prozessschritt kann mit diesen Kriterien geprüft werden, wo eine jeweils qualitativ bessere, schnellere oder produktivere Prozessalternative existiert. Das kann bei Konkurrenten der Fall sein oder auch bei branchenfremden Unternehmen, die in dem jeweiligen Prozess aber eine optimale Leistung bieten. So benchmarken beispielsweise viele Handelsunternehmen ihre Logistikprozesse nicht mit unmittelbaren Konkurrenten aus dem Handel, sondern mit den Prozessen von Spediteuren.

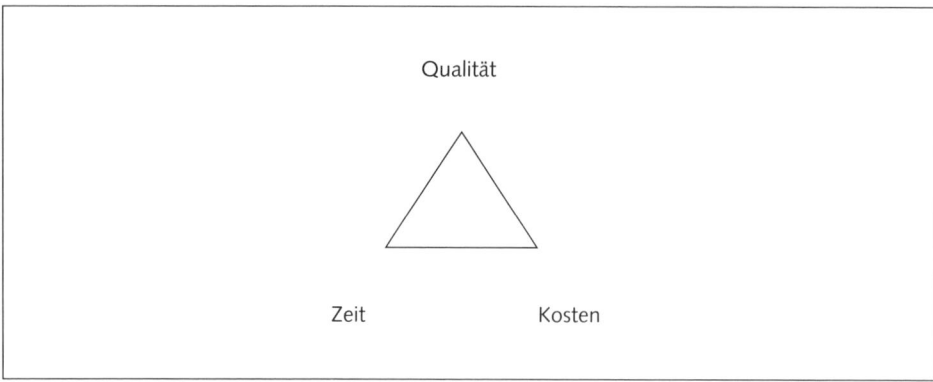

Abb. 6: »Qualität – Zeit – Kosten«

Qualität – Zeit – Kosten	Checkliste
Qualität	1. Kenntnis der Kunden und der angestrebten Resultate des Prozesses 2. Qualitätsanforderungen der produktbezogenen Merkmale – jeweils aus Sicht des Kunden 3. Qualitätsanforderungen der dienstleistungsbezogenen Merkmale – jeweils aus Sicht des Kunden 4. Kenntnis des Kundennutzens (relative Qualität im Verhältnis zum relativen Preis) 5. Stabilität/Sicherheit/Strukturierung der Prozesse 6. Qualität des Managements bei der Steuerung der Prozesse 7. Transparenz/Nachvollziehbarkeit der Prozesse 8. Definition und Weiterentwicklung der Kernprozesse 9. Prüfung einzelner Prozesse bzgl. Sourcing (In-, Outsourcing) 10. Zielfestlegung, Messung der Performance, Kommunikation und Beurteilung der Resultate 11. klare Aufgaben, Kompetenzen und Verantwortlichkeiten in den Abläufen (AKV) 12. kritisches Know-how in den Prozessen 13. personenbezogene Abhängigkeit (Know-how) 14. typische Fehler und Fehlerhäufigkeiten
Zeit	1. Durchlaufzeit in der Prozesskette (inkl. kritischer Wege) 2. Durchlaufzeit in einzelnen Prozessen und Teilprozessen 3. Häufigkeit des Durchlaufens des Prozesses und der Teilprozesse 4. »on time delivery« (Liefertreue – bezogen auf Zeit) 5. »time to market« 6. »time to customer« 7. »time to money« 8. »time to break even« 9. Antwortzeit und Antwortqualität für Kunden und Händler 10. Umstellzeiten bei Produkten und Dienstleistungen 11. Umsetzungsstärke und Umsetzungszeit bei Veränderungen in den Prozessen 12. Zurechnung von Arbeitszeit auf die Prozesse bzw. auf die Teilprozesse
Kosten	1. zurechenbare Kosten der gesamten Wertkette (Personal-, Sachkosten) 2. Investmentintensität – bezogen auf die gesamte Wertkette (Investment durch Wertschöpfung) 3. zurechenbare Kosten pro Prozess (Personal-, Sachkosten) 4. relative Kostenposition (Kostenarten im Verhältnis zum Wettbewerber) insgesamt und pro Prozess 5. Kosten in der Steuerung der Prozesse (Sitzungsaufwand…) 6. Produktivität (Wertschöpfung pro Vollzeit-Arbeitskraft) in der gesamten Wertkette und in einzelnen Prozessen 7. Kapazitätsauslastung 8. Grad der Komplexität im Sortiment (Varianten) und auf Abnehmerseite (Kunden- und Händlermix) 9. Reduktion nicht direkt wertschöpfender Aktivitäten (Kontrolle, Wartezeiten) 10. Nutzung der bisher bekannten Kostensenkungspotenziale 11. Nutzung von Größendegression (geringere Stückkosten durch Verteilung der Fixkosten auf mehr Absatz) 12. Lerneffekte in den Prozessen (durch Wiederholung, Routine) versus »alles immer neu erfinden« 13. Automatisierungsgrad/Einsatz von technischen und DV-gestützten Verfahren im Akquisitions-, Leistungserstellungs-, Vertriebs- und Abrechnungsprozess

2. Situationsanalyse

Die **Situationsanalyse**[14] ist eine Verbindung von Analyse, Beurteilung und Handlungsorientierung. Vorweg sind diejenigen Prozesse oder Teilprozesse zu definieren, die geprüft werden sollen.

In einem ersten Schritt werden diejenigen Faktoren pro Prozess erarbeitet, welche die Situation am besten beschreiben. Dabei können selbstverständlich auch schon Wertungen einfließen, wie etwa »zeitlich verzögertes Cashmanagement«. Pro Prozess oder Teilprozess sollen nur die wichtigsten Faktoren dargestellt werden, die die größte Hebelwirkung haben. Es geht nicht um Vollständigkeit, sondern um den erzielten Abdeckungsgrad. Bei der Erarbeitung empfiehlt es sich, die beteiligten Personen einzubeziehen. Sie liefern das notwendige Sach- und Situationswissen. Zudem wird die Akzeptanz der Resultate um ein Vielfaches gesteigert.

Im zweiten Schritt werden pro Faktor konkrete Verbesserungsmaßnahmen aufgelistet. Vorschläge sind sofort als Maßnahmen festzuhalten, weil das zu einer produktiveren Diskussion führt. Außerdem wird über ein solches Verfahren klar, wer wirklich umsetzen will und wer lieber bei guten Ideen stehen bleibt (im Sinn von »man müsste«, »es sollte«). Die Verbesserungsmaßnahmen sind der Angelpunkt für die Prozessgestaltung. Wenn in einer Analysephase schon sehr viele Verbesserungsmaßnahmen erarbeitet sind, wird die Gestaltungsphase erheblich beschleunigt. Was den Start der Umsetzung dieser Maßnahmen betrifft, muss zwischen echten Sofortmaßnahmen und so genannten »Themenspeicher-Maßnahmen« differenziert werden. Sofortmaßnahmen können unverzüglich umgesetzt werden, weil sie die Prozessgestaltung nicht oder nur periphär betreffen. In diese Kategorie von Maßnahmen gehören etwa das Weglassen von überflüssigen Dokumenten. Nebenbei weiß die Mannschaft, dass es bereits in der Prozessanalyse um die Umsetzung geht. Das ist die wirksamste Art der **Kommunikation**. Themenspeicher-Maßnahmen sind solche, welche auf die weitere Gestaltung der Prozesse erheblichen Einfluss haben. Es empfiehlt sich, diese Maßnahmen noch nicht zu starten, sondern in die Gestaltungsphase einzubauen. Das Eliminieren ganzer Prozessschritte oder die tief greifende Veränderung von Verantwortlichkeiten sind Beispiele für **Themenspeicher**-Maßnahmen. Diese bereits jetzt zu starten, wäre zu früh.

Mit der Situationsanalyse werden die wesentlichen Inhalte auf den Punkt gebracht und schon sehr griffig formuliert. Die Umsetzung kann auf Grundlage der Maßnahmen gestartet werden, wobei es sich empfiehlt, nach der Erarbeitung aller Maßnahmen noch einmal über die Inhalte zu gehen, kritisch auszumisten und vor allem Ressourcen freizuschaufeln.

Situationsanalyse				Werkzeug
Nr.	Situation/Faktor für Prozess:	Verbesserungsmaßnahmen	Termin	Verantw.

| Situationsanalyse | | | | **Beispiel Anlagenbau** |

In einem Industrieunternehmen des Anlagenbaus wurden die wesentlichen Prozesse analysiert und pro Prozess in eintägigen Workshops Verbesserungsmaßnahmen erarbeitet. Für den Prozess »Abrechnung erstellen« sieht das Resultat wie folgt aus (Auszug):

Nr.	Situation/Faktor für Prozess: Abrechnung	Verbesserungsmaßnahmen	Termin	Verantw.
1	Verbesserungsfähige Leistungsmeldung/Rechnungsstellung durch Projektleiter	• Leistungsmeldungen aktueller gestalten (ein Mal wöchentlich) • jährliche Schulung von PL für: Leistungsmeldung/Rechnungsstellung • Einheitliche Gestaltung der Leistungsmeldungen • Nebenbuchhaltungen abstellen (keine Akzeptanz mehr in der Buchhaltung) • Arbeitsmappe übersichtlicher gestalten (Analyseblatt) • xls.-Makros schreibschützen (keine kreativen Inseln mehr)	…	…
2	Fehlende Nachkalkulation	• Einführen einer durchgängigen Nachkalkulation für alle Gewerke • echte Nachkalkulation mit Bewertung (»Wo liegen die Wurzeln für schlechte Ergebnisse?«) • Einführung eines verbindlichen Phasenabschlussgespräches (mit entsprechender Meldung); Themen: – Bewertung von Lieferanten – Analyse des Projektergebnisses – Rückmeldung über Leistungswerte – Bewährung der Kalkulationsansätze – Verbesserungspotenzial	…	…
3	Fehlendes Projektabschlussgespräch	• Einführen eines verbindlichen Projektabschlussgespräches mit allen Beteiligten	…	…

Nr.	Situation/Faktor für Prozess: Abrechnung	Verbesserungsmaßnahmen	Termin	Verantw.
4	Nicht optimale Rechnungsprüfung (kfm. Schnittstelle Niederlassung – Zentrale)	• durchgängige Nutzung des DV-Modules »Financial X« (mit entsprechender Schulung und Wirksamkeitskontrolle) • Verbesserung der Informationsbasis seitens Technik: z. B. Sicherstellung der Dokumentation für die Weiterverrechnung • kein Verschieben von Positionen zwischen den Projekten	…	…
5	Fehlende Bündelung der Controlling-Aufgaben	• Controlling-Bereiche: – Akquisition: Treffer-Quote, Volumen, Auftragsstruktur – Personal: Krankheit, qualitative und quantitative Personalplanung – Einkauf: Preise, Lieferanten – Auftragsabwicklung: Projektcontrolling, Gewährleistung, Nachtrag, Qualität • Festschreibung von Zielwerten • Festlegung von Berichtwesen und Festlegung des Umsetzungsprozesses bei Abweichungen	…	…
…	…	…	…	…

Ein einfaches und wirksames Verfahren in der Analyse ist der so genannte **Fehler-baum**. Die Grundidee kommt aus den Ingenieurswissenschaften und untersucht alle möglichen – und unmöglichen – Fehlerursachen in einem Prozess oder einer Marktleistung. Im Zentrum stehen dabei die Funktionalität und das Resultat für den Kunden. Die Vorgehensweise ist bewusst negativ getrieben und orientiert sich am Dreieck »Qualität-Zeit-Kosten«.

Bei der Anwendung des Fehlerbaums ist als erstes der entsprechende Prozess aufzunehmen. Dieser wird anschließend in so genannte »Fehleräste« untergliedert. Im Beispiel lautet der Prozess »Vorlesungsräume disponieren«, seine Äste »Raum«, »Medien« usw. Für jeden Ast werden detailliert Fehlermöglichkeiten ausgewiesen. Die Quellen können persönliche Erfahrungen, Reklamationen, Kundenbefragungen, Experten- bzw. Qualitätsaudits oder Kundenzufriedenheitsstudien sein. Pro **Fehler** werden Vorschläge zur Fehlerbeseitigung gemacht. Diese stellen gleichzeitig das Anforderungsprofil zur Verbesserung der Prozesse dar. Die Prozessgestaltung, insbesondere KVP, kann darauf Bezug nehmen.

Fehlerbaum als Analyseinstrument		Werkzeug
Nr./Prozess		
Fehlerast	**Fehlermöglichkeit**	**Fehlerbeseitigung/ Anforderung an Prozess**

Fehlerbaum als Analyseinstrument	**Beispiel Fachhochschule**

Eine Fachhochschule prüft die wichtigsten Prozesse mit der Methodik des Fehlerbaums. Beiliegend findet sich das Beispiel für den Prozess »Vorlesungsräume disponieren«. Die häufigsten Fehler wurden systematisch aufgezeigt. Die Resultate der Fehlerbeseitigung werden als Anforderung an die Prozessgestaltung übernommen.

Nr./Prozess	**02-04/Vorlesungsräume disponieren**	
Fehlerast	**Fehlermöglichkeit**	**Fehlerbeseitigung/ Anforderung an Prozess**
1. Raum	1.1 fehlende mediale Ausstattung	Medienstandard (bzw. spezielle Anforderungen) regelmäßig kontrollieren
	1.2 zu groß oder zu klein für Veranstaltung	Raumgröße in LV-Spezifikation aufnehmen
	1.3 falsche Zuordnung zu Lehrveranstaltung (Überschneidungszeiten...)	Dispo-Software vereinheitlichen, durchgängig 10 Minuten Pufferzeiten einbauen
	1.4 schmutzige Räume (insbesondere im Winter)	bei hochfrequentierten Räumen: zwei Mal tägliche Grundreinigung (mit Prüfliste)
	1.5 ...	...
2. Medien	2.1 fehlende Funktionstauglichkeit	regelmäßige Prüfung der Funktionstauglichkeit (tägliche Prüfliste)
	2.2 falsche Spezifikation/ nicht veranstaltungsgemäße Medien	Aufnahme der Standard-Medien bzw. spezieller Medien in die LV-Spezifikation
	2.3 keine rasche Disposition neuer Medien bzw. Fehlerbehebung der vorhandenen Medien	...
	2.4 ...	...
3. ...	...	

4.4 Zusammenfassung und Beurteilung der Ausgangslage

Zusammenfassung und **Beurteilung der Ausgangslage** klingt einfach, ist in der Praxis aber alles andere als leicht. Zunächst muss man sich die Funktion dieses Schrittes vergegenwärtigen. Gerade bei Prozessen ist die Versuchung sehr groß, sofort und unmittelbar die Lösungen zu formulieren und in die Umsetzung zu gehen. Bei den Beteiligten herrscht ein Gefühl subjektiver Gewissheit über Stärken bzw. Schwächen der Prozesse und über entsprechende Lösungen vor. Der methodische Ansatz, zunächst sauber die Ausgangslage zu beurteilen, stößt dann häufig auf Kritik, vor allem mit dem Argument, dass die Dinge sowieso klar seien und keine Zeit für unproduktive Analysen vorhanden wäre. Natürlich ist es so, dass Analysephasen von Beratern und internen Stabsmitarbeitern gerne dazu verwendet werden, Umsätze zu maximieren oder sich in Szene zu setzen. Daher ist eine gewisse Skepsis von Führungskräften verständlich. Allerdings gibt es genügend Fälle, bei denen auf die Klärung und Beurteilung der Ausgangslage verzichtet wurde und man später schmerzhaft zweierlei feststellen musste: Erstens war die Gewissheit zwar innerhalb einer Person vorhanden, nicht aber zwischen den Akteuren. Die Folgen waren Uneinigkeiten über Ziele und mangelndes Commitment in der Umsetzung. Zweitens wurden neue Perspektiven und zusätzliche Potenziale vergeben, indem man nur auf das gerade jetzt Augenscheinliche geachtet hat. Eine vernünftige **Analyse**[15] dauert nicht lange und liefert die Basis für Gestaltung und Umsetzung. Vor allem erfüllt sie zwei Zwecke.

Erstens geht es um die Einigkeit über die Ausgangslage, die wesentlichen Problemfelder und die **Herausforderungen**[16]: Es macht einen erheblichen Unterschied, ob das Kernproblem in den Prozessen in operativen, qualitätsbezogenen Faktoren liegt, wie z. B. der Servicegrad, oder ob das Qualitätsniveau prinzipiell in Ordnung ist, aber kostenseitig eine Verbesserung herbeigeführt werden muss.

Zweitens ist es entscheidend, **Überblick** und Zusammenhänge der wesentlichen »Baustellen« herzustellen. Am Anfang werden die Themen, die »Hauptkapitel« des Prozessmanagements formuliert. Dieser Schritt ist wichtig, weil sich die Entscheidungsträger darin wiederfinden und alle späteren Phasen Antworten auf diese Herausforderungen liefern müssen.

Erst wenn diesbezüglich Klarheit herrscht, können die nächsten Schritte zur Gestaltung und Umsetzung getan werden. Wenn Uneinigkeit besteht, sind die Gründe zu identifizieren und zu diskutieren. Sollte immer noch keine Einigkeit über die Ausgangslage, die Herausforderungen und »Baustellen« bestehen, dann liegt kein Prozessproblem mehr vor, sondern ein Führungsproblem, das für eine Organisation bedrohlich werden kann.

Bezüglich **Informationsbeschaffung**[17] sind die Quellen fast unendlich. Die wichtigsten sind stichwortartig im Folgenden genannt.

Informationsquellen zur Beurteilung der Ausgangslage in Prozessen	Checkliste

1. Sichtung, Zusammenfassung und Bewertung bestehender Unterlagen aus der Organisation: Strategie, Organigramme, bestehende Kundenzufriedenheits-Studien, Qualitätsaufzeichnungen, ISO-Dokumentationen...

2. Workshops mit klaren Methoden der Informationsbeschaffung und Verarbeitung: Situationsanalyse, SWOT, relative Qualität, Wertkette, Prozessdokumentation und Prozessmessung, Benchmarking, Szenario, Erfahrungskurve...

3. Gruppendiskussionen mit Lieferanten, Kunden und internen Abnehmern: anhand der Methoden relative Qualität oder Wertkette...

4. externe Quellen über Text: über Internet, Fachliteratur, Auskunfteien, Branchenerhebungen, Verbandsdaten, Fachexperten...

Der entscheidende Punkt bei der Auswahl und beim Mix der Informationsquellen ist die Frage, ob echte Informationen vorliegen, die dann konkret auf die Prozesse heruntergebrochen werden können im Sinn der Frage »Was heißt das jetzt für den betrachteten Prozess und für die Wertkette?« Eine gute **Information** liegt erst dann vor, wenn in einem nächsten Schritt eine Beurteilung erfolgen kann. Die Beurteilung ist klar von der Faktenlage zu unterscheiden. Während das Faktum einen Zustand beschreibt, gibt die Beurteilung ein **Werturteil** ab. Dieses ist notwendig, wenn der Schritt von der reinen Information zur Aktion getan wird – hin zur Gestaltung und letztlich zur **Umsetzung**. Die Information »Die eigenen Herstellkosten liegen bei etwa 45 Prozent des Verkaufspreises« ist wertvoll, braucht aber noch mehr, um für eine Beurteilung zu taugen. Erst bei der Konfrontation mit einem Wettbewerber wird die Sache spannend: »Die eigenen Herstellkosten liegen bei etwa 45 Prozent und damit etwa 10 Prozent über den besten Konkurrenten.« Auf der Grundlage einer solchen Beurteilung können Herausforderungen formuliert werden, wie etwa »Ein Ziel liegt darin, in den Herstellkosten der Leistungserstellung im ersten Schritt auf das Niveau der besten Wettbewerber zu kommen. Und zwar innerhalb von sechs Monaten.«

Beim Analysieren und Bewerten der Ausgangslage können viele unterschiedliche Werkzeuge eingesetzt werden. Wahl und Einsatz der Werkzeuge hängen vom Anwendungszweck, vom jeweiligen Umfeld und von der Unternehmensgröße ab. Unabhängig von den eingesetzten Werkzeugen sind am Schluss die Resultate bündig zusammenzufassen. Hierbei hat sich eine Technik sehr bewährt, die einerseits kurz ist, andererseits die Diskussion auf die wesentlichen Punkte bringt – die **SWOT**[18]. Der Name ist eine englische Kurzbezeichnung und leitet sich ab aus den Worten: strengths – Stärken, weaknesses – Schwächen, opportunities – Chancen, threats – Gefahren.

Zuerst werden die mit den Analysewerkzeugen identifizierten Stärken und Schwächen auf Prozessebene herausgefiltert. In gleicher Weise sind anschließend die Chancen und Gefahren zu identifizieren. Bei der Erarbeitung und Darstellung geht es nicht um eine endlose Liste, sondern um eine Zusammenfassung der wichtigsten Faktoren. Bewährt hat sich eine Zahl von sieben plus/minus zwei Faktoren. Der Umfang einer SWOT sollte im Idealfall nicht eine Seite übersteigen, weil es sich um ein Darstellungsinstrument handelt. Wird viel Information verarbeitet, kann man natürlich zu den einzelnen Punkten in der SWOT einen Anhang gestalten. Wenn die SWOT soweit erstellt ist, sind in einem letzten Schritt noch die Herausforderungen für die Prozesse abzuleiten. Diese Herausforderungen betreffen folgende Fragen: Wo liegt der Handlungsbedarf für die Prozesse? Welche **Schlüsselfragen** müssen durch die Prozessgestaltung beantwortet werden? Gibt es jetzt schon Gestaltungs- und Umsetzungsideen, die in einem Themenspeicher festzuhalten sind? Wo sind gegebenenfalls **Sofortmaßnahmen** einzuleiten?

Mit einer SWOT können die wesentlichen Fragestellungen und Herausforderungen in einem Prozess herausgearbeitet werden. Sie begleitet als Zusammenfassung[19] die Prozessgestaltung bzw. die Prozessumsetzung und stellt quasi ein Lastenheft dar. Am Ende sollten die Stärken ausgebaut, Schwächen vermieden, Chancen genutzt und Gefahren ungeschehen gemacht sein.
Eine gute Prozessanalyse ist eine wesentliche Voraussetzung für die Gestaltungs- und Umsetzungsphase. Ob in einer solchen Analyse viel oder wenig Papier produ- ziert wird, ist nicht das Entscheidende. Wichtiger ist die Frage, wie konkret und brauchbar die Ergebnisse sind. In einem Fall genügt eine Seite Prozessanalyse, in einem anderen Fall muss ein umfangreicher Bericht verfasst werden. Entscheidend sind in beiden Fällen die Erkenntnisse, der Themenspeicher und die abgeleiteten Maßnahmen.

Zusammenfassung/SWOT	Werkzeug
S (strenghts – Stärken)	**W (weaknesses – Schwächen)**
O (opportunities – Chancen)	**T (threats – Gefahren)**

Herausforderungen aus der SWOT

Themenspeicher für die nächsten Phasen

Sofortmaßnahmen

Nr.	Sofortmaßnahme	Termin	Verantw.

Zusammenfassung/SWOT	Beispiel Versicherung

Ein Versicherungsunternehmen prüft den Rekrutierungsprozess »Führungskräfte auswählen«. Die Zusammenfassung der Ausgangslage sieht wie folgt aus.

S (strenghts – Stärken)	W (weaknesses – Schwächen)
• bislang hohe »Treffsicherheit« bei der Auswahl (von außen und von innen) • gute bis sehr gute Potenzialbeurteilung im Gesundheits- und Lebensversicherungs-SGF • geringe Fluktuation – v.a. im Top-Management • klare Anforderungsprofile/Assignments	• keine langfristige Planung des Führungskräftebedarfes • zu große Dezentralität bei der Führungskräfteentwicklung • verbesserungsfähige Testmethoden (AC)

O (opportunities – Chancen)	T (threats – Gefahren)
• Verfügbarkeit von qualitativ guten Führungskräften für das mittlere Management intern und v.a. extern • hohe Qualität von externer Management-Ausbildung	• teilweise schlechtes Image des Unternehmens in der Branche • Vertagung dieses Themas aufgrund relativ guter Geschäftsentwicklung seit drei Jahren

Herausforderungen aus der SWOT

- stärkere »Top-Management-Attention« für dieses Thema
- stärkere Systematisierung der Planung
- Arbeit am Image des Unternehmens (vgl. auch Projekt »Mission 2010«)

Themenspeicher für die nächsten Phasen

- zwingender Einbau in den Prozess: aus der Gesamtstrategie abgeleiteter Führungskräftebedarf und Managemententwicklungsplanung
- Gestaltung eines einheitlichen Prozesses für alle SGF

Sofortmaßnahmen

Nr.	Sofortmaßnahme	Termin	Verantw.
1	Überarbeitung des bisherigen AC und der Fördergespräche	31.03.	Müller
2	Erarbeitung eines einheitlichen Führungskräfte-Ausbildungskonzeptes (Inhalte, Prozess, Teilnehmer...)	30.06.	Lechner

Literatur

1　*Malik, F.*, Führen Leisten Leben, Frankfurt 2006, S. 25 f.
2　*Frei, U.*, Prozessmanagement als Optimierungs- und Frühwarnsystem, in: io management, Nr. 5/2001, S. 79 ff.; *zur Mühlen, M.*, Workflow-based Process Controlling – or: What you can measure, you can control, in: *Fischer, L. (Hrsg.)*, Workflow Handbook, Lighthouse Point 2001, S. 61 ff.
3　*Van der Aalst, W./Desel, J./Oberweis, A. (Hrsg.)*, Business Process Management: Models, Techniques and Empirical Studies, Berlin 2000, S. 30 ff.
4　Vgl. die Persiflage der häufig schlechten Anwendung des an sich richtigen Prinzips »ISO« in: *Adams, S.*, The Dilbert principle, New York 1996, S. 240 ff.
5　Vgl. *Thommen, J.*, Allgemeine Betriebswirtschaftslehre, Zürich 1991, S. 596 f.
6　Vgl. *Gälweiler, A.*, Strategische Unternehmensführung, Frankfurt 2005, S. 27 ff.
7　*Ulrich, H.*, Gesammelte Schriften, Band 2, Bern 2001, S. 127.
8　Vgl. *Malik, F.*, Führen Leisten Leben, Frankfurt 2006, S. 63.
9　Vgl. zur Bedeutung von Kennzahlen: *Remer, D.*, Einführen der Prozesskostenrechnung, Stuttgart 1997, S. 87.
10　Vgl. *Hinterhuber et al.*, Kundenzufriedenheit durch Kernkompetenzen, München 1997, S. 61 ff.
11　Eine ausführliche Darstellung der Erfahrungskurve findet sich in: *Hax, A./Majluf, N.*, Strategisches Management, Frankfurt/New York 1991, Kap. 6.
12　Vgl. *Müller-Stewens, G./Lechner, C.*, Strategisches Management, Stuttgart 2003, S. 263 ff.
13　Vgl. *Grant, R.*, Contemporary strategy analysis, Malden 2002, S. 270 ff.
14　*Becker, J. et al.*, Prozessmanagement, Berlin 2003, S. 322, S. 556.
15　Vgl. *Finkeissen, A./Forschner, M./Häge, M.*, Werkzeuge zur Prozessanalyse und -optimierung, in: Controlling, 8/1996, S. 58 ff.; vgl. *Remer, D.*, Einführen der Prozesskostenrechnung, Stuttgart 1997, S. 86 ff.
16　Vgl. *Staehle, W.*, Management, München 1999, S. 592.
17　Vgl. *Malik, F.*, Führen Leisten Leben, Frankfurt 2006, S. 175, 209.
18　*Müller-Stewens, G./Lechner, C.*, Strategisches Management, Stuttgart 2003, S. 224 f.
19　Vgl. den Aspekt der Zusammenfassung bzw. des Überblicks in der Startphase des Prozessmanagements in: *Hammer, M./Champy, J.*, Business Reengineering, Frankfurt 1996, S. 190 ff.

5 Prozesse gestalten und optimieren

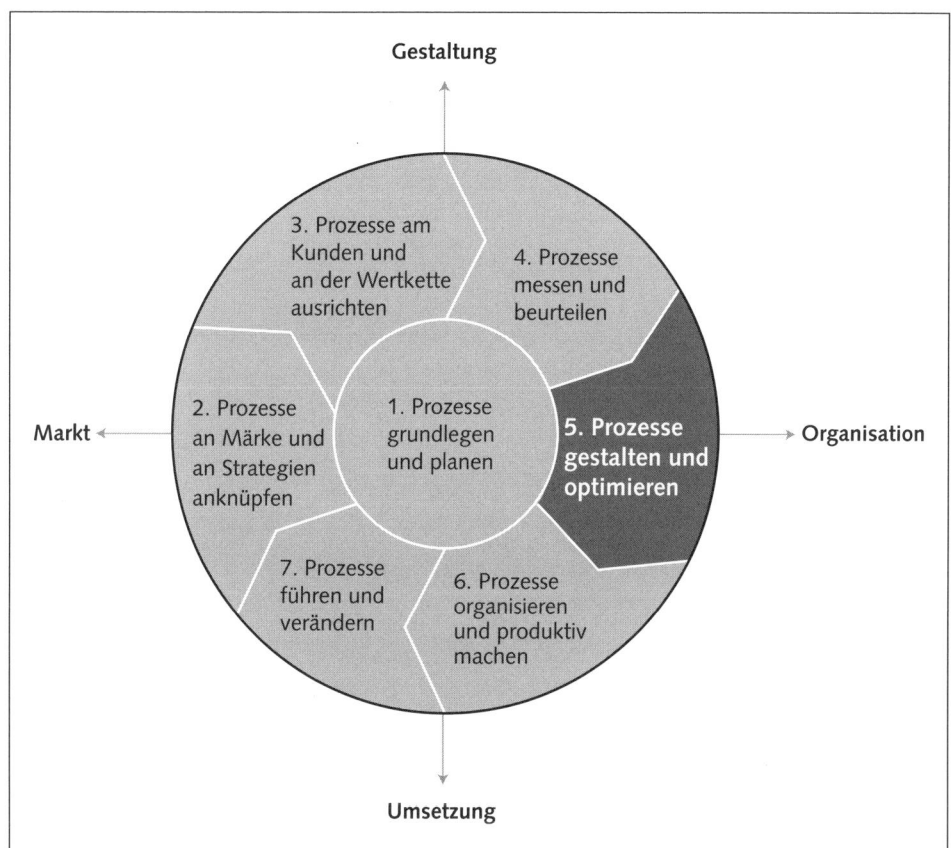

5.1   Prozessziele und Kernkompetenzen

1. Prozessziele

Nach der Beurteilung der Ausgangslage folgt das Gestalten der Prozesse. Beide Phasen sind nicht isoliert voneinander zu sehen, sondern durch die Prozessziele miteinander verbunden. In jeder Analyse von Prozessen werden Schlussfolgerungen für die Gestaltung der Prozesse gezogen. Die Qualität der ersten Phase bemisst sich darin, ob präzise Aussagen über ein Soll aus der Beurteilung des Ist abgeleitet werden können. Die Arbeit in der **Gestaltungsphase**[1] wird durch das Vorliegen von Zielen gelenkt. Die Schwierigkeit besteht darin, dass zumeist noch keine Erfahrungswerte und Echtzeit-Informationen über die neuen Prozesse vorliegen. Es fehlen Routine, Struktur, Ressourcen und Mitarbeiter. Gerade dann ist es aber notwendig, sich an Zielen zu orientieren.

Ziele sind die einzige Möglichkeit, den Erfolg der Gestaltungsphase zu messen. Dadurch entsteht Druck, sich mit der Zukunft auseinanderzusetzen. Ziele sind die Basis für die wirksame Realisierung und der rote Faden von der Gestaltung bis zur Implementierung sowie zum Controlling. Weiter definieren Prozessziele den Beitrag der Beteiligten und schaffen so Verbindlichkeit. Dadurch bilden sie den Rahmen für die zeitliche Planung und transformieren allgemeine Absichten in konkrete Handlungen[2].

Bei der Erarbeitung und Formulierung von Prozesszielen gibt es einige Grundsätze, die sich in der Praxis bewährt haben. Zum Glück sind keine langen Checklisten, Punktbewertungen oder Nutzwert-Analysen[3] erforderlich, sondern lediglich die Bereitschaft zur kritischen und offenen Diskussion. Es braucht in Summe fünf Grundsätze, die mit der Formel »Smart« abgekürzt werden:
1. Spezifische Zielsetzung
2. Messbarkeit
3. Ableitbarkeit und aktive Beeinflussbarkeit
4. Realistische Zielsetzung
5. Terminierung

1. Spezifische Zielsetzung

Die Anforderung bei diesem Prinzip lautet, dass das Ziel konkret und ergebnisorientiert formuliert ist. Klare Prozessziele nehmen das Resultat der Prozessgestaltung vorweg. Ein Ziel im Prozess »Reklamationen bearbeiten« lautet etwa »Reklamationen sind monatlich ausgewertet und konkrete Anforderungen an alle kundenrelevanten Arbeitsschritte abgeleitet«. Ein Ziel muss so konkret und anschaulich sein, dass man später prüfen kann, ob es umgesetzt worden ist. Nur so entsteht Feedback und der notwendige Führungskreislauf. Wenn ein unklares Prozessziel vorliegt, bestehen nur drei Möglichkeiten: sich weiterhin zu verzetteln, die Prozessgestaltung zu beenden oder das Ziel zu konkretisieren.

2. Messbarkeit

Jede Prozessgestaltung läuft auf ein überprüfbares Resultat hinaus. Voraussetzung sind die Messbarkeit und die Nachvollziehbarkeit von Zielen. Die alte englische Handwerkerweisheit steht stellvertretend für diese Forderung: »Only what can be measured, gets done«. Interessant ist an dieser Aussage ein sprachlicher Aspekt. »Measure« heißt sowohl »messen«, als auch »Maßnahme«. Beides verweist auf das Messen von Zielen und auf abgeleitete **Maßnahmen** zur Umsetzung. Im Akquisitionsprozess eines Leasing-Unternehmens heißt es beispielsweise »Pro Verkäufer liegen monatlich rollierend 250 000 Euro an Angeboten im Markt (im Minimum mit 50 Prozent Erfolgswahrscheinlichkeit).« Durch die Angabe von messbaren Zielen sind auch die jeweiligen Entscheidungsträger in der Pflicht, sich zu einem Ziel zu bekennen oder dieses begründet abzulehnen und einen Alternativvorschlag zu machen.

3. Ableitbarkeit und aktive Beeinflussbarkeit

Jedes Prozessziel sollte im Idealfall einen Anknüpfungspunkt an strategische Zielfelder haben. Dadurch wird einerseits eine Strategie umsetzungsfähig, andererseits werden Prozesse vermieden, die im strategiefreien Raum schweben. Das Prozessziel »Jedes Neuprodukt ist zwingend bezüglich ihrer relativen Qualität bereits im Entwicklungsstadium geprüft« verweist auf die strategische Forderung der »kompromisslosen Marktorientierung«. Mit der Ableitbarkeit ist auch die Frage verbunden, ob ein Ziel von den Verantwortlichen aktiv beeinflusst und umgesetzt werden kann. Wenn die Entwicklungsingenieure im eben genannten Beispiel nicht befähigt oder berechtigt sind, eine solche Prüfung der relativen Qualität durchzuführen, liegt kein echtes Ziel vor, sondern nur eine Absicht.

4. Realistische Zielsetzung

Aus der Formulierung des Ziels soll sofort erkennbar sein, wie dieses bezüglich Methodik, Verfahren, Ressourcen etc. umgesetzt werden kann. Dazu gehört auch die Einschätzung der Umsetzungsverantwortlichen, dass ein Ziel erreichbar und herausfordernd ist. Andernfalls läuft die Prozessgestaltung Gefahr, zwar wohlklingende Bekenntnisse zu haben, aber keine Mannschaft, die mit Ernst hinter der Sache steht. Eine wichtige Forderung in diesem Zusammenhang ist, möglichst wenige Ziele zu verfolgen. Es ist in der Praxis viel schwieriger, sich nicht auf viele, sondern auf wenige Ziele zu konzentrieren und diese dafür umso klarer herauszuarbeiten.

5. Terminierung

Zu jedem Prozessziel gehört ein »Vorlage-Termin« als Zeitpunkt, an dem das Ergebnis erreicht ist. Im Prozess »DV bereitstellen« lautet beispielsweise ein Ziel »Bis Jahresende sind alle zwölf Vertriebsgesellschaften systemkompatibel geschaltet.« Ergebnisorientiertes Arbeiten setzt voraus, dass sich alle an Zwischenständen (»Meilensteinen«) und an einem Endpunkt orientieren können.

Die Grundvoraussetzung für die Prozessgestaltung sind klare Zielsetzungen, die entsprechend den Anforderungen von »Smart« formuliert sind. Wenn die Orientierung offen bleibt, dann sind Mehrdeutigkeiten, Missverständnisse, Mikropolitik und **Misstrauen**[4] vorprogrammiert. Kommunikationsmaßnahmen, Feedback-Runden, Teamentwicklung oder Empowerment nützen in solchen Fällen nichts. Professionelles Prozessmanagement bedeutet die frühzeitige und kompromisslos geradlinige Festlegung von Zielen, die das Lastenheft für die Gestaltungsphase darstellen.

Beurteilung von Zielen in Prozessen	Werkzeug
Prozess/Ziel	**Beurteilung der Ziele des Prozesses (»Smart«)**

Beurteilung von Zielen in Prozessen	Beispiele für gute und schlechte Zielformulierungen

Nachfolgend finden sich einige Beispiele von Zielformulierungen in Prozessen. Mit dem Anforderungsprofil »Smart« werden diese Ziele geprüft.

Prozess/Ziel	Beurteilung der Ziele des Prozesses (»Smart«)
1. Prozess »Unternehmen führen« Ziel: »Die Organisation ist mit dem Prozessgedanken durchdrungen.«	• völlige Beliebigkeit bei der Beurteilung, ob dieses Ziel erreicht wurde • keine Quantifizierung und kein Messverfahren • Verweis auf eine Forderung aus der Strategie, die aber nicht operationalisiert ist • kein Termin
2. Prozess »Außendienst steuern« Ziel: »Bis Jahresende verwenden alle Vertriebsmitarbeiter das neue Leistungserfassungssystem und wenden die Auswertungstools an.«	• Beurteilung der Zielerreichung möglich • Messbarkeit (Zahl der Vertriebsmitarbeiter, die das System verwenden, Anzahl und Qualität der verwendeten Auswertungstools) • aus Strategie abgeleitet (»Produktivitätssteigerung«) • Endtermin
3. Prozess »Innovationen managen« Ziel: »Der Releaseplan wird regelmäßig geprüft und pro neuer Leistung wird eine bestehende gestrichen.«	• Beurteilung des Zieles möglich (Prüfung des Releaseplans, Aufnahme und Streichung von Leistungen) • Messbarkeit • kein Termin (Was bedeutet »regelmäßig«?)
4. Prozess »Vertriebsleistungen zum Kunden hin entwickeln« Ziel: »Die Freischaltung des Auftragseingangs im e-Shop bewirkt 5% mehr Umsatz und 15% weniger Zeitaufwand im Auftrags- und Vertriebsservice.«	• kein Endtermin • konkret und spezifisch (Wirkung am Markt und intern) • messbar (5% und 15%) • Beeinflussbarkeit: Kann ein kausaler Zusammenhang zwischen Freischaltung und Umsatzsteigerung hergestellt werden?

2. Kernkompetenzen

Seit den neunziger Jahren gehören **Kernkompetenzen** zum Standard-Vokabular und zur Standard-Diskussion im Management. Sowohl in Strategie- als auch in Strukturfragen werden Kernkompetenzen verwendet. Für die Prozessgestaltung sind sie insofern relevant, als es hier um Unterstützung der Kernkompetenzen durch Prozesse geht.

Das Konzept der Kernkompetenzen ist in einer Zeit entstanden, als Marktsättigung, Outsourcing und Druck durch Shareholder immer stärker wurden. Vor allem aber waren Kernkompetenzen eine Antwort auf die Diversifikations-Euphorie in vielen Geschäften. Nach Jahren des ziellosen Ausprobierens und unreflektierten Wachstums standen wieder Konzentration auf das Kerngeschäft und Rückbesinnung auf die wirklichen **Stärken** auf der Tagesordnung.

Kernkompetenzen leisten einen überdurchschnittlichen Beitrag auf den Kundennutzen, sie sind schwer imitierbar und brauchen üblicher Weise lange Zeit zum Aufbau[5]. Eine Kernkompetenz ist eine Fähigkeit, die in einem Prozess geliefert wird. Sie darf nicht gleichgesetzt werden mit einem Produkt, einer Organisationseinheit oder einer Person. Beispielsweise hat ein japanisches Unternehmen eine Kernkompetenz aufgebaut, um einen Beitrag zur Überwindung von Raumnot zu leisten: die Fähigkeit zur Miniaturisierung. Die Überwindung von Raumnot ist das lösungsunabhängige Kundenanliegen, die konkreten Produkte aus der Kernkompetenz sind Mini-Hifi-Anlagen, kleine Kochgeräte bzw. Elektro-Geräte des täglichen Bedarfs. Die Kernkompetenz der Miniaturisierung wird geliefert durch funktionierende Prozesse in der Entwicklung, der Fertigung, des Marketing und der Ausbildung.

Kernkompetenzen sind eine Grundlage zur Ableitung von Prozesszielen. In einem ersten Schritt wird für eine Marktleistung der **Kundennutzen** über die Qualitätskriterien definiert. Zweitens sind anhand dieser Kriterien die entsprechenden Kernkompetenzen zu bestimmen. Diese sollten eine Anzahl von zwei bis vier nicht überschreiten, einen konkreten Bezug zum Kundennutzen haben und eine Alleinstellung im Wettbewerb besitzen[6]. Nachdem die Kernkompetenzen vorliegen, werden als drittes die entsprechenden Ziele für Prozesse abgeleitet. Diese liefern das Anforderungsprofil für das Prozessdesign. Prozessneugestaltung und Prozessoptimierung haben gleichermaßen darauf Bezug zu nehmen.

Kernkompetenzen	Checkliste
Strategie	• Worin besteht Kundennutzen heute und künftig? • Auf welchen Stärken können Kernkompetenzen aufsetzen? • Baut die Strategie auf Kernkompetenzen und den dahinter liegenden Prozessen?
Struktur	• Sind Aufbau- und Ablauforganisation an den Kernkompetenzen ausgerichtet? • Werden die Prozessleistungen bezüglich der Kernkompetenzen gemessen und systematisch gesteuert? • Heben sich die hinter den Kernkompetenzen liegenden Prozesse vom Wettbewerb ab (schwere Imitierbarkeit…)?
Kultur	• Sind Kernkompetenzen und die entsprechenden Prozesse Teil der Unternehmenskultur? • Werden Leistungs- und Kundenorientierung durch die Kernkompetenzen gefördert? • Entsteht so etwas wie »Sinn« durch die Kernkompetenzen für Mitarbeiter und Führungskräfte?
Management	• Sind Aufgaben, Kompetenzen und Verantwortlichkeiten hinsichtlich der Kernkompetenzen klar geregelt? • Finden sich Kernkompetenzen und die abgeleiteten Prozessziele in den Zielvereinbarungen? • Sind Kernkompetenzen Teil der Führungskräfte-Entwicklung?

In der Praxis hat das Konzept der Kernkompetenzen häufig zu Worthülsen ohne tiefere Bedeutung und Konkretisierung geführt. Klar ist, dass Kernkompetenzen Orientierung geben und am Kunden ausgerichtet sein müssen. Sie sind kein Ersatz für ein Leitbild und kein Instrument für PR. Nur wenn es gelingt, Kernkompetenzen durch Prozesse zu hinterlegen, entstehen **Wettbewerbsvorteile** und ein Rahmen für die Umsetzung.

Kernkompetenzen und Prozessziele		Werkzeug
Kundennutzen	dahinter liegende Kernkompetenz	Ziele bzw. Anforderungen an die Prozesse

Kernkompetenzen und Prozessziele		Beispiel Telefonie

Ein Anbieter von Groß-Telefonanlagen prüft seine Kernkompetenzen auf Basis des Kundennutzens. Daraus werden Ziele für die Prozesse abgeleitet. Bei der Prozessgestaltung dienen diese dann als Anforderungen für die Umsetzung. Zwei Kernkompetenzen werden identifiziert: »konsequente Ausrichtung auf Spezifikationen« und »Perfektion in der Umsetzung für den Kunden«. Diese Kernkompetenzen sind am Markt getestet und erweisen sich als Alleinstellungs-Merkmal für das Unternehmen.

Kundennutzen	dahinter liegende Kernkompetenz	Ziele bzw. Anforderungen an die Prozesse
1. kompetente Erfüllung der technischen Anforderungen	• konsequente Ausrichtung auf Spezifikationen	• »null Fehler«-Toleranz • absolute Zuverlässigkeit • keine Reklamationen • durchgängige Funktionstests
2. fehlerlose Instandsetzung und Inbetriebnahme	• konsequente Ausrichtung auf Spezifikationen • Perfektion in der Umsetzung für den Kunden	• kurze Installationszeiten bzw. Auftragsabwicklung • Betriebssicherheit • absolute Pünktlichkeit • entsprechende Funktions-Versicherung • transparente Rechnungsqualität
3. kompetenter Service nach Installation	• Perfektion in der Umsetzung für den Kunden	• kurze Antwortzeiten • unmittelbare Klärung des Problems • konstante Ansprechpartner • Kompetenz und Freundlichkeit
...	...	...

5.2   Prozessneugestaltung und Business-Process-Reengineering

Es gibt eine unendliche Anzahl von Werkzeugen, mit denen Prozesse neu gestaltet werden können. Von Werkzeug wird dann gesprochen, wenn Prozesse durchleuchtet, Vorschläge zur Verbesserung erarbeitet und umgesetzt werden können. An entsprechenden Fachtermini mangelt es nicht. So wird etwa von Business-Design oder Process-Restruction-Program gesprochen. Der am weitesten verbreitete Begriff ist derjenige des BPR – **Business-Process-Reengineering**[7]. Die Fülle von Ansätzen und **Gestaltungswerkzeugen** lässt sich auf fünf Themenfelder verdichten. Ziel ist es zunächst, **Varianten** für einen Prozess zu erarbeiten:
1. Den gesamten Prozess streichen
2. Teilschritte in einem Prozess streichen
3. Prozessschritte parallelisieren oder zusammenlegen
4. Prozesse durch Triage unterschiedlich behandeln
5. Prozesse hinzufügen

1. Den gesamten Prozess streichen
Die Prozessliteratur ist voll von Vorschlägen zur Gestaltung neuer Prozesse. Das Effektivste wird allerdings nur selten angesprochen, nämlich der Verzicht auf einen Prozess.

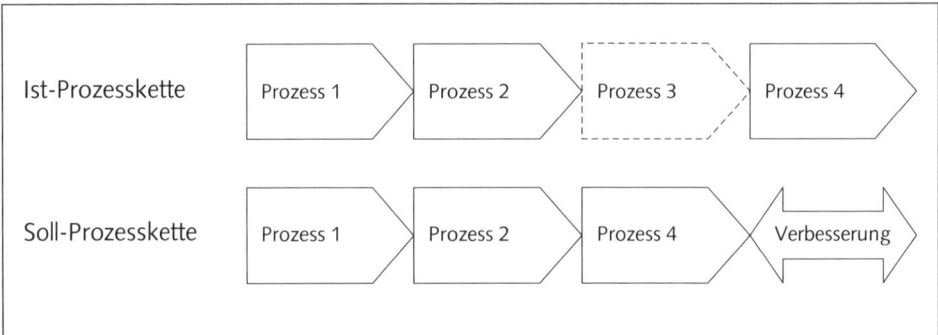

Abb. 7: Den gesamten Prozess streichen

In der Praxis findet dieser Ansatz in zweifacher Weise statt. Erstens verzichten Organisationen auf Prozesse, indem sie diese an andere Organisationen auslagern und nur mehr für ein Resultat bezahlen. Dieses Vorgehen wird als **Outsourcing**[8] bezeichnet und hat zwei Vorteile. Die Fixkosten werden durch variable Kosten ersetzt und die Organisation kann sich auf die eigenen Kernfähigkeiten konzentrieren. So hat beispielsweise ein Industriekonzern sämtliche seiner Prozesse rund um die eigene Immobilien- und Facilitybewirtschaftung an einen Bestandsverwalter übergeben. Eine Bank etwa betreibt nicht mehr selbst den Prozess der Eintreibung von Debitoren, sondern vergibt diesen nach außen. Die zweite Möglichkeit ist das Streichen eines Prozesses, ohne dass eine andere Organisation diese Funktion übernimmt. Ein Ingenieurbüro gibt zum Beispiel die Kontrolle der Angebote auf und verzichtet völlig auf diesen Schritt.

Bevor Optimierungsüberlegungen stattfinden, empfiehlt es sich, ganz gezielt die sehr grundsätzliche Frage zu stellen, ob denn der gerade vorliegende Prozess notwendigerweise durchzuführen ist. Es verlangt **Mut**, vor allem aber eine genaue Kenntnis des Geschäftes und der Märkte, um Prozesse zu eliminieren. In jedem Fall sind gestrichene Prozesse die wirksamste Form von Prozessgestaltung[9].

2. Teilschritte in einem Prozess streichen

Dieser Ansatz orientiert sich an der Grundidee des vorher genannten, ist aber weniger »radikal«. Der Prozess wird bezüglich seiner Sinnhaftigkeit nicht in Frage gestellt, die Resultate werden nach wie vor als notwendig erachtet.

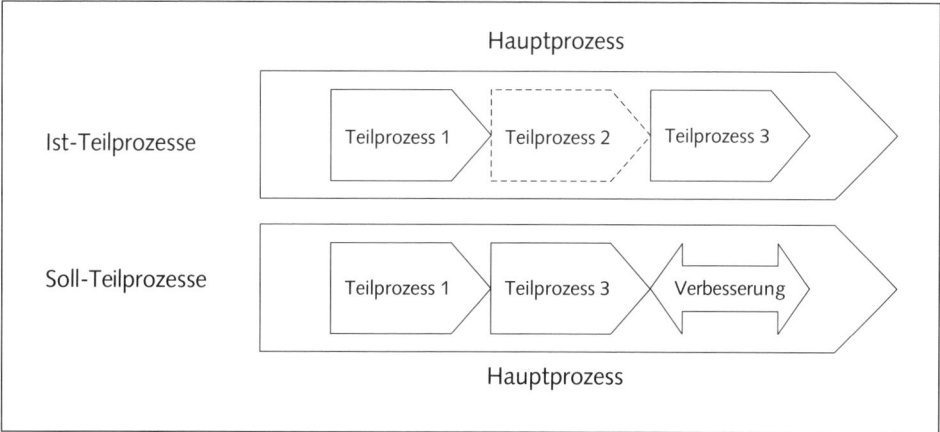

Abb. 8: Teilschritte in einem Prozess streichen

Allerdings sind sämtliche Teilschritte im Prozess auf dem Prüfstand. Voraussetzung ist, dass das Ziel und der **Kundennutzen** im Prozess erkannt ist. So wird zum Beispiel der Servier- und Inkassoservice in einer Hotelkette komplett gestrichen und nur mehr über Selbstbedienung und Zahlung per Hotelkartenschlüssel abgewickelt. Diese unscheinbar klingende Eliminierung brachte im Service eine Kostenreduktion von knapp 25 Prozent.

Das **Streichen von Teilprozessen** ist die verbreitetste Form von »radikalen« Prozessverbesserungen. Es ist vielfach mit einer Entschlackungskur zu vergleichen, in der die über Jahre oder Jahrzehnte aufgebauten Teilprozesse systematisch auf ihren Beitrag überprüft werden. Durch das Streichen werden diejenigen **Ressourcen** frei, welche in anderen Prozessen benötigt werden, um im Wettbewerb zu bestehen.

3. Prozessschritte parallelisieren oder zusammenlegen

Hier wird nicht die Sinnhaftigkeit eines Prozesses oder eines Prozessschrittes in Frage gestellt, sondern die Produktivität[10] der Durchführung. Ein möglicher Ansatz besteht in der **Parallelisierung von Prozessen**. Beispielsweise legt ein Anlagenbauer die Prozesse »Anlage fertig stellen und abnehmen lassen« und »Rechnung stellen« zeitlich zusammen. Dadurch wird die gesamthafte Durchlaufzeit verkürzt, nachdem das Prozedere der Rechnungstellung nicht mehr nach der Abnahme beginnt, sondern zeitlich simultan läuft. Diese Verkürzung bewirkt neben dem Zeit- vor allem einen positiven Zinseffekt.

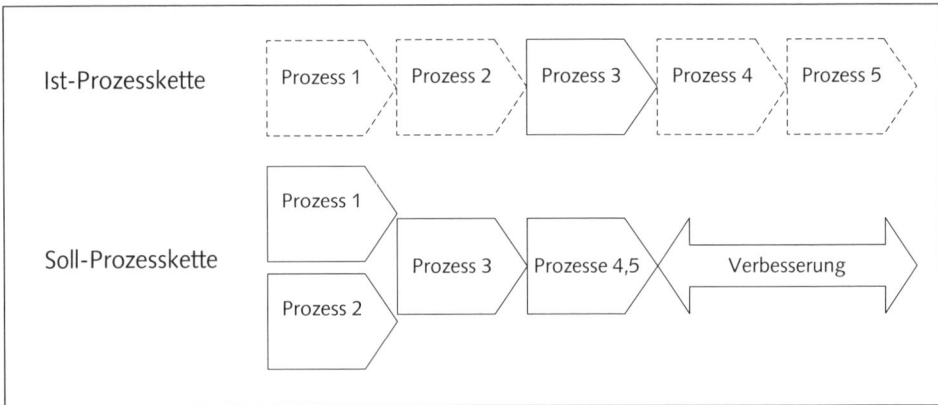

Abb. 9: Prozessschritte parallelisieren oder zusammenlegen

Das **Zusammenlegen von Prozessen** ist eine Steigerung des Ansatzes der Parallelisierung. Besonders bei zeitlich verzögerten und sequenziellen Prozessschritten bewirkt die Zusammenfassung eine Verringerung der Durchlaufzeit, unmittelbareren Wissensaustausch und folglich geringeren Koordinationsaufwand. Auf dieser Grundüberlegung fußen die Ansätze von Fertigungs-, Vertriebs- und Beschaffungsinseln. Im öffentlichen Sektor werden zunehmend Genehmigungsverfahren nach diesem Prinzip organisiert, etwa Betriebsbewilligungen mit den Teilprozessen des Bau-, Gewerbe-, Umweltverfahrens und des Arbeitsinspektorats. Alle Interessenten, Wissens- und Entscheidungsträger sitzen an einem Tisch und behandeln die Materie simultan anstatt sequenziell.

4. Prozesse durch Triage unterschiedlich behandeln

Dieser Ansatz stammt ursprünglich aus der Militär- und Katastrophenmedizin. Wenn zur gleichen Zeit viele Verletzte zu versorgen sind, macht es keinen Sinn, diese sequenziell zu behandeln. Stattdessen wird in einem Schnellverfahren bei allen Verletzten entschieden, wer sofort operiert werden muss und wer gegebenenfalls noch warten kann. Dieses Verfahren nennt man **Triage** (frz. »triage« – auslesen, sortieren). Der allerbeste Mediziner ist in diesem Fall nicht in der Versorgung tätig, sondern selektiert am Anfang ohne operativ tätig zu werden.

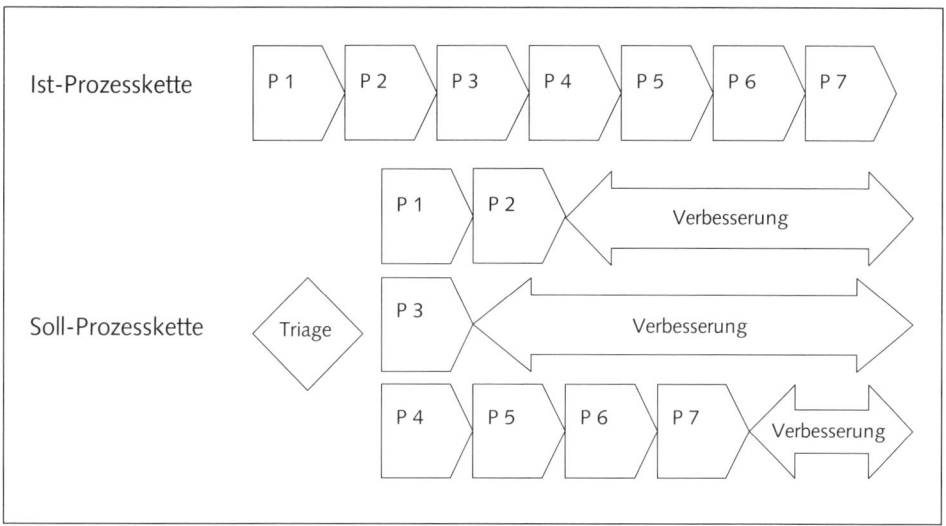

Abb. 10: Prozesse durch Triage unterschiedlich behandeln

In Übertragung auf die Prozessgestaltung bedeutet diese Idee, unterschiedliche Varianten in der Bearbeitung ein und desselben Prozesses zu bilden[11]. Banken wenden dieses Verfahren etwa im Privatkundengeschäft bei der Kreditprüfung und -bewilligung an. Durch spezifische Kriterien werden die Bedeutung des Kunden geprüft und die Prozesse »Kredit prüfen« und »Kredit bewilligen« unterschiedlich abgewickelt, z. B. über eine Schnellprüfung bis hin zu umfangreichen Verfahren mittels Auskunfteien. Der Start- und Endpunkt des Prozesses ist in beiden Fällen aber immer derselbe, nämlich »Kunde reicht Kreditantrag ein« bis hin zu »Kreditantrag ist genehmigt« (oder »Kreditantrag ist begründet abgelehnt«).

In der Triage wird nichts an der Grundlogik der Prozesse verändert, sondern die Prozessarbeit unterschiedlich gestaltet. Die Vorteile liegen klar auf der Hand: Vereinfachung der Verfahren und dadurch größere Prozess-Autonomie, Zwang zum unterschiedlichen Behandeln der Prozessschritte, Prozessbeschleunigung und größere **Produktivität**.

5. Prozesse hinzufügen
Bei den bisherigen Ansätzen wurde davon ausgegangen, Prozesse schneller, einfacher und überschaubarer zu gestalten. Wenn aus Kunden-, Lieferanten- oder interner Sicht triftige Gründe vorliegen, kann es auch notwendig sein, zusätzliche Prozesse oder Teilprozesse aufzunehmen. So hat ein Bauunternehmen eine Subunternehmerprüfung und eine gemeinsame Ressourcenkalkulation eingeführt, nach-

dem im Schnitt bis zu dreißig Prozent der Subunternehmer während eines großen Bauprojektes ausfallen. Der kurzfristige Effekt ist bezüglich Kosten und Zeit negativ. In der längerfristigen Perspektive hilft dieser Schritt allerdings, die Bauvorhaben wirtschaftlicher und zeiteffizienter zu gestalten.

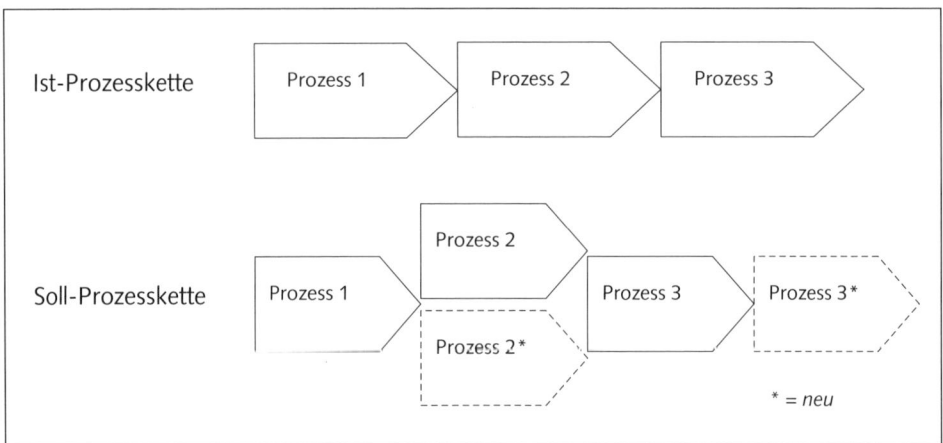

Abb. 11: Prozesse hinzufügen

Das Streichen von Prozessen oder Teilschritten, das Parallelisieren, Zusammenlegen und die Triage von Prozessen sind in der Praxis mit Mühe, viel Überzeugungsarbeit und vielfach mit Risiko verbunden. Wenn die Sache professionell durchgezogen wird, sind die Effekte nachhaltig und bezüglich Kosten und Zeit positiv. Beim **Hinzufügen von Prozessen** oder Teilprozessen ist es genau umgekehrt. Im Laufe der Zeit kommen mehr Abläufe und Aktivitäten hinzu. Hingegen sind die Wirkungen auf Kosten und Durchlaufzeiten meistens negativ. Diese Effekte kommen fast automatisch. Daher darf das Management die Aufnahme von Prozessen nur in Ausnahmefällen zulassen und jährlich prüfen, welche zusätzlichen Abläufe in die Prozesslogik des Geschäftes gekommen sind. Nur so werden die negativen Effekte vermieden. Wenn ein Prozess oder Teilprozess in die Prozesslandkarte hinzukommt, müssen von Beginn an die Qualitäts-, Zeit- und Kostenvorgaben festgeschrieben sein, damit sich die Gesamtproduktivität nicht verschlechtert.

In Summe sind die Ansätze zur Neugestaltung von Prozessen dadurch gekennzeichnet, dass sie das **Prozessmodell** in Frage stellen und Varianten generieren, die sehr grundsätzliche Veränderungen bewirken. Es geht um **Effektivität**[12], also um die Frage »Wird das Richtige getan?« und »Worin besteht das Richtige?« Dies ist mit höherem Risiko und höheren Kosten in der Analyse, Gestaltung und Implementierung verbunden. Die Wirkung bei professioneller Umsetzung ist dafür umso größer. Das Ziel der Prozessgestaltung ist die Schaffung von mindestens zwei bis drei **Varianten**, weil nur so echte Entscheide getroffen werden können.

Prüfpunkte bei der Formulierung von Varianten in der Prozessgestaltung **Checkliste**	
1. Hauptprozess und Prozessnummer 2. Variante und Variantennummer 3. Beschreibung der Ziele für alle Varianten (Was sollen die Varianten leisten?) 4. Beschreibung der Variante (Grobdarstellung des Prozesses und der wichtigsten Teilschritte)	5. Bewertung: Vorteile und Nachteile (bzgl. Marktstellung, Qualität, Kostenposition, Image...) 6. Voraussetzung für die Umsetzung (Personalaufwand, Investment, Zeit bis zum Vorliegen von Ergebnissen...) 7. Entscheid über die Variante

Die Prozessanalyse hat die Basis geliefert, indem Ausgangslage, Herausforderungen und Themenspeicher klar dargestellt sind. Die Prozessgestaltung nimmt nun die Erkenntnisse der Analyse auf und geht in die Veränderung. All das ist notwendig für die Optimierung der Prozesse, bleibt aber völlig unwirksam, wenn das Management keine Entscheidungen trifft. Am Ende der Gestaltungsphase müssen daher klare Entscheide über die erarbeiteten Varianten vorliegen: In welche Richtung sind die Prozesse zu verändern? Welche Ressourcen werden zur Verfügung gestellt? Wie müssen die Aufgaben, Kompetenzen und Verantwortlichkeiten bei der Umsetzung verteilt werden? Gerade an diesem Punkt erkennt man die Fähigkeit des Managements. Endlosschlaufen in Analysephasen und nicht entschiedene Prozessveränderungen sind untrügliche Zeichen von Inkompetenz.

Prozessneugestaltung	**Checkliste**
Ansatz	**Vorteile**
1. den gesamten Prozess streichen	• Verlagerung der Prozessverantwortung auf Dritte • Ersatz von Fixkosten durch variable Kosten • Konzentration auf Kernprozesse möglich
2. Teilschritte in einem Prozess streichen	• Optimierung bezüglich Qualität, Zeit und Kosten im Gesamtprozess • Konzentration auf die Kernleistungen im Prozess
3. Prozessschritte parallelisieren oder zusammenlegen	• Verkürzung der Durchlaufzeiten • Qualitätssteigerung durch Wissensaustausch • geringerer Koordinationsaufwand
4. Prozesse durch Triage unterschiedlich behandeln	• Vereinfachung der Verfahren und größere Prozessautonomie • unterschiedliche Behandlung der Geschäftsfälle • Kosten- und Zeitersparnis
5. Prozesse hinzufügen	• ggf. mehr Nutzen für Kunden, Lieferanten oder interne Abnehmer (Nachweis erbringen!) • Achtung: Gefahr von Mehrkosten und Zeitverzug

5.3   Prozessoptimierung und kontinuierliche Verbesserung

Die Neugestaltung von Prozessen nimmt ihren Ausgangspunkt bei der **Effektivität**. Bei der Prozessverbesserung geht es nicht um die fundamentale Rekonstruktion von Prozessen, sondern um die Optimierung der bestehenden Logik. Im Gegensatz zur Effektivität handelt es sich an dieser Stelle um **Effizienz**[13], also um die Kernfrage »Werden die Prozesse richtig betrieben?« (und nicht: »Werden die richtigen Prozesse betrieben?«). Die Tragweite der Veränderungen durch die Prozessverbesserung ist überschaubar und auf Teilschritte bezogen, während die Prozessneugestaltung grundsätzlich und umfassend ist. Entsprechend ist das Risiko bei der Verbesserung niedrig, dafür ist die Erfolgswahrscheinlichkeit hoch.

Gegenüberstellung »Neugestaltung der Prozesse vs. Verbesserung der Prozesse«		Checkliste
Kriterium	**Neugestaltung der Prozesse**	**Verbesserung der Prozesse**
1. Bezugspunkt	Effektivität (»doing the right processes«)	Effizienz (»doing the processes right«)
2. bisherige Prozesslogik	fundamentales Infragestellen (Rekonstruktion)	im Prinzip beibehalten (Optimierung)
3. Veränderungen	grundsätzlich und umfassend	auf Teilschritte bezogen
4. Risiko (Kosten) und Abstand zum Erfolg (Zeit)	hoch	niedrig
5. Wirkung	hoch	überschaubar
6. Erfolgswahrscheinlichkeit	niedriger als bei der Effizienz	höher als bei der Effektivität
7. typische Ansätze	BPR, Process-Restruction-Program, Business-Design	KVP, ISO, QFD, Moments of Truth, TQM

Die gängigen Ansätze in der Verbesserung von Prozessen sind so alt wie die Wirtschafts- und insbesondere die Industriegeschichte. Die ersten weltweit bekannten Arbeiten von Taylor[14] (»**Taylorismus**«) um die Wende vom neunzehnten auf das zwanzigste Jahrhundert optimieren sehr konsequent die Prozesse im produzierenden Gewerbe und sind nachgerade berühmt-berüchtigt geworden. Nach dem Zweiten Weltkrieg findet eine neue Welle der Prozessverbesserung statt, vor allem auch aufgrund der Knappheit von Arbeitskräften. Mit dem Übergang von der Industrie-

zur Wissensgesellschaft und dem Reifegrad vieler Märkte bekommt die Prozessverbesserung in den neunziger Jahren plötzlich einen neuen Stellenwert. Ansätze wie
Kontinuierlicher Verbesserungsprozess (KVP), Qualitätsmanagement (ISO), Moments
of truth, Kaizen, Total-Quality-Management (TQM), House of Quality oder Quality-
Function-Deployment (QFD) stellen die Bedeutung der Prozesse in den Vordergrund
der Wertschöpfung von Organisationen. Nicht zuletzt hat die **Balanced Scorecard**
(BSC)[15] eine fundamentale Prozesskomponente, nachdem die Umsetzung der strategischen Ziele vor allem über die Abläufe und die entsprechende Messung der
Prozessleistung geschieht. Die meisten der genannten Instrumente lassen sich im
Kern auf einige wenige Grundüberlegungen zusammenfassen:
1. Ausrichtung der Prozesse am Kunden
2. Prüfung des Prozesses auf Zeit- und Kostenfallen
3. Verkürzung der Durchlaufzeiten
4. Selbststeuerung

1. Ausrichtung der Prozesse am Kunden
Sämtliche Tätigkeiten in einem Prozess werden konsequent an den Qualitätskriterien des externen und internen Kunden ausgerichtet. Dies setzt voraus, dass heu-
tige wie auch künftige Kunden sowie Wettbewerber bekannt sind und dass Klarheit über die Qualität, die so genannten kaufentscheidenden Kriterien, besteht.
Die Prozesse werden nun konsequent an diesen Kundenanforderungen ausgerichtet. Dies hat zur Folge, dass der Kunde letztlich die Leistungen der Organisation
definiert, prüft und abnimmt. Jeder Prozess wird anhand der für den Kunden relevanten Resultate »gebaut« und relativiert damit rein funktionale und generell hie-
rarchische Organisationsformen. Damit wird der Markt in die Prozesse integriert
und eine reine Innensicht vermieden. Zusätzlich führt dieser Ansatz zu einer gewissen Objektivierung, nachdem die Qualität aus Kundensicht messbar und vom Kunden aus beurteilbar ist. Somit schließt sich der Kreislauf von außen (Kunde definiert Anforderung) nach innen (Leistung durch Prozesse) und wieder nach außen
(Kunde nimmt Resultat ab). Das Instrument »**Moments of Truth**« stellt eine solche
kundenorientierte Prozesssicht her.

Die Grundidee der Moments of Truth besteht darin, die wichtigsten Schritte in einem
Prozess darzustellen und die Qualitätsanforderungen des Kunden pro Schritt zu
erheben. Anschließend werden mögliche Störungen geprüft und Maßnahmen zur
Vermeidung dieser Störungen erarbeitet. Dieses Verfahren bringt in kurzer Zeit den
Fokus auf die wesentlichen Punkte: die Prozesssicht, die Qualitätserwartungen sei-
tens des Kunden und das Sicherstellen einer friktionsfreien Erfüllung des Prozesses.

Moments of Truth			Werkzeug
Prozess aus Kundensicht (Prozess-Schritte)			
Qualitäts-anforderungen			
mögliche Störungen			
Maßnahmen			

Moments of Truth			Beispiel Logistik

Eine Spedition bringt Ware in Außenläger einer Einzelhandelskette. Der Kunde ist die Logistik vor Ort. Mit den Moments of truth wird der Prozess »Ware anliefern« verbessert.

Prozess aus Kundensicht (Prozess-Schritte)	01. LKWs andocken	02. Ware ausladen	03. Bezeichnung der Ware prüfen und Lieferung ab-zeichnen
Qualitäts-anforderungen	• Pünktlichkeit der Lieferung • Sattelschlepper (keine Hänger) ...	• vereinbarte Pa-lettenmasse und Kundengebinde • richtige Andock-masse ...	• richtige Ausschil-derung • Abnahme des Disponenten ...
mögliche Störungen	• unpünktlich (zu früh, zu spät) • Kunde verändert Anlieferzeit ohne Kontaktnahme mit Spediteur • Hänger (keine Schlepper) ...	• falsche Masse bzw. Gewichte bei Paletten und Ge-binden • falsche Rampen und Auslade-Vorrichtungen ...	• falscher Ausweis der Ware (Art, Menge...) • Disponent ist nicht da ...
Maßnahmen	• alle LKWs mit Mobil-Telematik ausstatten • Anlieferzeit mit Kunden nochmals gegenprüfen • Beladungsprü-fung: nur Schlep-per ...	• verpflichtende Maßprüfung beim Einladen (mit Si-gnatur auf Fracht-brief) ...	...

2. Prüfung des Prozesses auf Zeit- und Kostenfallen

Es geht darum, im Prozess alle Faktoren zu kontrollieren, die Zeit und Kosten[16] verursachen. Zum einen beginnt das bei der Analyse von Überproduktion in Prozessen. Prinzipiell sollen Prozesse produktiv und leistungsfähig sein. Dies stößt jedoch dann an die Grenzen, wenn nicht unmittelbarer Bedarf besteht und Selbstbeschäftigung stattfindet. So banal dies klingt, so verbreitet sind die Symptome. Beispiele sind etwa Leistungserstellung auf Vorrat, Sicherheitsbestände, Sicherheitszeiten oder ein überbordendes Berichtwesen. Alleine eine »Ausmistaktion« in einer öffentlichen Gesundheitskasse hat eine Reduktion der Formulare um über zwanzig Prozent bei gleichem Informationsgehalt gebracht. Die Kostenwirkung in den betroffenen Prozessen durch Wegfall von Erfassung, Prüfung, Weitergabe, Gegenzeichnung etc. betrug fast vierzig Prozent. Das Zulassen von Fehlern und von ungesteuerter Kreativität in der Kultur einer Organisation birgt ebenso enorme Zeit- und Kostenfallen. Der alte Prozessmanagementgrundsatz des »first pass yield« setzt an diesem Punkt an. Pro Prozess wird geprüft, wie viele Aktivitäten und Leistungen beim ersten Mal richtig durchgeführt werden. Jeder erneute Versuch erhöht Kosten und Zeit erfahrungsgemäß um fünfzig bis hundert Prozent.

Ein weiteres Gestaltungsfeld ist die Prüfung der Transportwege. In einem Prozess werden unter den transportierten Gütern Waren, Papier, Menschen und Daten verstanden. Der Transportaufwand erhöht sich automatisch dann, wenn etwa Zwischenlager, zu weit entfernte Büros, zu viele Bearbeitungsschritte oder nicht kompatible Informationssysteme verwendet werden.

3. Verkürzung der Durchlaufzeiten

Eng mit der Prüfung des Prozesses auf Zeit- und Kostenfallen verbunden ist die Verkürzung von Durchlaufzeiten. Ein Prozess ist ein Bündel von Aktivitäten und Resultaten auf der zeitlichen Achse. In jeden Prozess werden Kosten und Zeit investiert. Demgemäß ist es notwendig, in regelmäßigen Abständen die Durchlaufzeiten zu prüfen und zu verbessern.

Verkürzung Durchlaufzeiten				Werkzeug
Prozess-Schritt	Dauer IST	Situation/Problem	Ansätze zur Verbesserung	Potenzial
Summe: IST (durch-schnittlich)			Summe: Potenzial durch Prozessverbes-serung	

Dauer IST (durchschnittlich)		Dauer SOLL (durchschnittlich)	
Potenzial durch Prozessverbesserung		Verkürzungseffizienz	

| Verkürzung Durchlaufzeiten | Beispiel Softwareconsulting |

Der Prozess »Rechnung erstellen« wird in einem Systemhaus für Software-Consulting geprüft. Das Ziel lautet dabei, die durchschnittliche Bearbeitungszeit um dreißig bis vierzig Prozent zu verkürzen. Die beteiligten Stellen sind: Fakturierung (F), Projektleiter (PL). Durch die Verbesserung wurde schließlich eine Verkürzungseffizienz von ca. fünfzig Prozent erreicht.

Prozess-Schritt	Dauer IST	Situation/Problem	Ansätze zur Verbesserung	Potenzial
F: auf Rechnungsvorschlag des PL warten und PL zur Abgabe auffordern	5 d (nach Projektabschluss)	• Rechnungsvorschläge zu spät und zu individuell erstellt • PL vergessen den Rechnungsvorschlag	• Abgabe des Vorschlages bei Vorstellung des Abschlussberichtes • Daten des Projektendes frühzeitig an F geben	3 d
PL: alle relevanten Informationen sammeln und fehlende einfordern (Spesen, Zeiterfassung...)	3 d (nach Projektabschluss)	• Informationen liegen teilweise noch nicht vor (Spesen werden erst gesammelt...) • PL »vertagen« die Sammlung	• Spesen erst bei Rechnungsstellung auszahlen • Sekretariate als »Wadelbeißer«	1 d
PL: Informationen prüfen	2 d	• Informationen teilweise falsch (bzgl. Datum, Kosten, Zeit...)	• vorgängige Prüfung durch Projektsekretariate	1 d
PL: falsche Informationen korrigieren	5 d	• PL »vertagen« diese Prüfung gerne	• Korrekturen durch Projektsekretariat	3 d
PL: Rechnungsvorschlag schreiben	0,1 d	• keine Standards, hohe »Kreativität«	• Vordrucke und Muster für Vorschlag	–
PL: Rechnungsvorschlag an F weitergeben	0,1 d	• keines	• keiner	–
F: Rechnung schreiben und versenden	3 d	• nochmalige Prüfung aller Angaben • viele Rückfrage-Schleifen	• keine Prüfung mehr durch F	1 d
Summe: IST (durchschnittlich)	18,2 d		Summe: Potenzial durch Prozessverbesserung	9 d

Dauer IST (durchschnittlich)	18,2 d	Dauer SOLL (durchschnittlich)	9,2 d
Potenzial durch Prozessverbesserung	9 d	Verkürzungseffizienz	50%

Bei der Verkürzung der **Durchlaufzeiten** wird der Prozess in die wichtigsten Prozess-Schritte aufgeteilt. Dies betrifft alle Planungs-, Bearbeitungs-, Kontroll-, aber auch Warte- und Rückfrageaktivitäten. Anschließend werden die einzelnen Schritte grob quantifiziert und bezüglich Situation und Probleme bewertet. Zum Schluss sind noch konkrete Ansätze zur Verbesserung zu erarbeiten und die daraus abgeleiteten Zeitpotenziale zu bestimmen. Wichtig bei diesem Verfahren ist es, ein klares Ziel zur Verkürzung der Durchlaufzeiten zu finden. Ein solches Ziel muss herausfordernd, also »groß« sein, weil nur so entsprechende Ansätze zur Verbesserung kommen. Bei einer Forderung nach Verkürzung um nur zehn Prozent werden nur kosmetische Korrekturen vorgenommen. Erst wenn deutliche Verkürzungsziele vorhanden sind, liegt ein Antrieb für echtes Infragestellen und Verbessern vor.

Zu lange Durchlaufzeiten entstehen automatisch. Wenn ein Prozess lange läuft, schleichen sich oft Zeitkomponenten ein, die in Summe einen Prozess ausufern und nicht mehr wettbewerbsfähig sein lassen. Solche **Treiber von Durchlaufzeiten** können technischer, organisatorischer oder psychologischer Natur sein. Nachfolgend sind einige genannt.

Treiber für Durchlaufzeiten	Checkliste
1. Rückfragen, Unklarheiten	13. ungeplante, überraschende Aufgaben
2. Warteschleifen	14. große Kreativität bei der Aufgabenerledigung/jedes Mal alles neu erfinden
3. viele Schnittstellen/hoher Grad an Arbeitsteilung	15. lange Rüst- und Vorbereitungszeiten
4. viele Berichts- und Genehmigungsstufen	16. Vielfacheingabe von Daten
5. nicht akkordierte Kapazitäten	17. ungeeignete und nicht kompatible Informationssysteme
6. vorgehaltene Kapazitäten, die beschäftigt werden wollen	18. mangelhaft ausgebildetes Personal
7. lange Suchzeiten	19. unklare Aufgaben, Kompetenzen und Verantwortlichkeiten
8. viele Sitzungen mit vielen Leuten	20. komplizierte Organisationen
9. schlechtes Sitzungsmanagement	21. fehlende Qualitäts-Messung
10. entscheidungsschwache Manager	22. selbstgefällige Personalvertretungen
11. rasch sich ändernde Spielregeln auf Märkten und in Organisationen	23. viele Koordinatoren und Controller
12. mangelnde Arbeitsmethodik	24. mangelhafte schriftliche Reports

4. Selbststeuerung

Eine Möglichkeit der Prozessverbesserung »von unten« stellt das Prinzip der **Selbststeuerung**[17] dar. Die Grundidee liegt darin, dass autonome Teams voll für die Erfüllung ihrer Qualitätsziele in den Prozessen verantwortlich sind. Die Überprüfung und Kontrolle der entsprechenden Prozessleistungen werden subsidiär von diesen Teams übernommen. Dies setzt selbstverständlich eine Kultur des Vertrauens voraus und Führungskräfte bzw. Mitarbeiter, die mit der Selbstkontrolle umgehen können und wollen. Beispielsweise wurde die Angebots- bzw. Vertragsprüfung in einer Versicherung aufgegeben und in die Hände der verantwortlichen Einheiten übertragen. Flankierend war dies mit einer Prämienregelung auf Umsätze und niedrige Reklamationsquoten verbunden.

Die Vorteile dieses Ansatzes sind leicht nachvollziehbar. Erstens braucht es keine übergeordneten Instanzen, Stabstellen oder Externe, um die Prozessverbesserung anzustoßen. Damit liegt eine direkte, positive Kostenwirkung vor. Zweitens wird der **Führungskreislauf** in den autonomen Einheiten geschlossen. Die permanente Verbesserung in den Prozessen obliegt der Führung dieser Teams. Es sind die Prozesse selbst und die Qualitätsanforderung aus Kundensicht, die das Team steuern, und nicht andere Instanzen. Aufgaben, Kompetenzen und Verantwortung liegen dort, wo im Prozess gearbeitet wird. Zusätzlich führt dieser Ansatz zu einer Verkürzung von Durchlaufzeiten, nachdem beträchtliche Zeitkomponenten wegfallen, wie etwa externe Qualitätsprüfungen oder Unterschriften anderer Stellen zur Freigabe. In selbst gesteuerten Prozessen zeigt sich auch, dass die verantwortlichen und beteiligten Personen relativ rasch ihre Arbeitsbedingungen umstellen. Dies betrifft Fragen der Arbeitszeit (Pausen, Vertretungen), der Arbeitsergonomie und der Raumgestaltung.

Die Selbststeuerung ist nicht nur ein Instrument in der Verbesserung von Prozessen, sondern kann auch zu einem Organisationsprinzip werden. Wenn ein Unternehmen wächst und die Entwicklung auf den Märkten eine hohe **Komplexität** des Geschäftes mit sich bringt, dann ist das Prinzip der Selbststeuerung das einzige Mittel, um überhaupt aktionsfähig zu bleiben. In solchen Situationen ist eine zentrale Instanz völlig überfordert, das Geschehen zu überblicken und zu steuern. Ist die Selbststeuerung bereits in den Prozessen verankert und Teil der Kultur geworden, liegt eine wesentliche Voraussetzung vor, diesen Schritt zur **Selbstorganisation**[18] zu gehen.

Prozessverbesserung und Qualitätsmanagement gehören zu den wichtigsten Instrumenten im Prozessmanagement. Für viele sind die angesprochenen Methoden unspektakulär, mit wenig akademischem Tiefgang oder fast schon banal. Sie sind aber das Grundinstrumentarium der echten Prozessprofis und stellen eine wichtige Basis für eine gute Marktstellung und für Produktivität dar.

Prozessverbesserung	Checkliste
Ansatz	**Vorteile**
1. Ausrichtung der Prozesse am Kunden	• Fokus auf die kaufentscheidenden Kriterien und auf den Kunden • Integration des Kunden in die Prozesse (Qualität aus Kundensicht) • eindeutige Mess- und Beurteilbarkeit
2. Prüfung des Prozesses auf Zeit- und Kostenfallen	• Identifikation von Zeit- und Kostentreibern • Klarheit der Wirkungen über »first pass yield« (»beim ersten Mal richtig«) • Transparenz aller Transportaufwände (bzgl. Informationen, Material)
3. Verkürzung der Durchlaufzeiten	• Zeiteffizienz • Identifikation der Zeittreiber und Sensibilisierung durch das Messen • hohe »Seitenwirkung« auf Kosten
4. Selbststeuerung	• positive Kostenwirkung durch Wegfall kontrollierender Instanzen • Stärkung der Selbstverantwortung (Deckung von Aufgabe, Kompetenz und Verantwortung) • Verkürzung von Durchlaufzeiten

Für die Umsetzung der genannten Ansätze bietet sich ein Verfahren an, das sehr häufig unter dem Stichwort **KVP (kontinuierlicher Verbesserungsprozess)** Verwendung findet. Mitarbeiter und Führungskräfte werden aufgefordert, systematisch Verbesserungsvorschläge zu liefern. Diese können sich auf Marktleistungen, auf Prozesse oder andere Themen beziehen. Aufzunehmen sind neben dem Vorschlag, dem Autor und dem Vorgesetzten vor allem die von dem Vorschlag betroffenen Organisationseinheiten. Anschließend werden Ziel, Ausgangslage, Mittel, Maßnahmen, Termine und Verantwortlichkeiten spezifiziert. Dies dient letztlich der Vorbereitung des Entscheides (mit entsprechender Begründung). Für den Umsetzungsprozess wichtig sind noch das Nominieren eines Auftraggebers für die Umsetzung und regelmäßige Umsetzungsmeldungen. In beiliegendem Beispiel wird dies aufgezeigt. Wichtig ist die Konkretisierung von Anfang an. Dadurch entsteht ein gesunder Zwang zu einer klaren Sprache und zur Verständlichkeit.

Es gibt viele Organisationen, die positive Erfahrungen mit KVP gemacht haben. Wahrscheinlich existieren aber noch mehr Unternehmen, bei denen KVP in einer Berichtsbürokratie versunken oder nach anfänglicher Euphorie eingeschlafen ist. Wenn dieses Instrument eingeführt wird, so muss dies von den Führungskräften getrieben sein. Koppelungen an Entlohnung oder Karriereplanung mag sinnvoll scheinen, führt in der Praxis aber meist zu Pseudo-Vorschlägen, um eine gewisse »Quote« zu erreichen. Gelingt es, KVP in die bestehenden Führungsprozesse einzubauen und im Sinn kleiner Workshops regelmäßig durchzuführen, entsteht ein wirksamer Hebel für Qualität, Zeit und Kosten.

KVP (kontinuierlicher Verbesserungsprozess)	Werkzeug
KVP-Vorschlag	
Vorschlag durch	
Organisationseinheit	
Leiter Organisationseinheit	
betroffene Organisationseinheiten	
Datum	

Ziel	
Ausgangslage	
Mittel	
Maßnahmen	
Termin	
Gesamtverantwortung	

Entscheid	
Begründung	
Auftraggeber der Umsetzung	
Umsetzungsmeldung an/bis	

KVP (kontinuierlicher Verbesserungsprozess)	**Beispiel Versorger**

Ein lokaler Energieversorger (Stadtwerke) erstellt jährliche Wasser-, Gas-, Fernwärme- und Stromabrechnungen für die Kunden. Nachdem die Gemeinde als Eigentümer sich zu den Kyoto-Energiesparzielen bekannt hat, wurden mit Mitarbeitern und ausgewählten Kunden KVP-Zirkel gegründet. Ein Mitarbeiter des Kundenservice hat dabei eine interessante Idee entwickelt…

KVP-Vorschlag	**Transparenz und »Benchmarking« in der Wasser-, Gas-, Fernwärme- und Stromabrechnung**
Vorschlag durch	P. Berger
Organisationseinheit	Kundenservice
Leiter Organisationseinheit	A. Gebauer
betroffene Organisationseinheiten	Kundenservice Abrechnung/Inkasso
Datum	17.02.200x

Ziel	**Eine Sensibilisierung für Einsparungen bei den Endkunden wird durch transparente Abrechnungen mit einem einfachen Benchmarking (Mehrjahresvergleich, Quervergleich mit strukturgleichen Haushalten oder Unternehmen, konkrete Spartipps…) hergestellt.**
Ausgangslage	Die aktuellen Abrechnungen sind kundenunfreundlich – sowohl bzgl. Verständlichkeit als auch bzgl. Sensibilisierung für Energiesparen
Mittel	• Programmierung der neuen Rechnungsformate in allen Systemen und Anwendungen: 5 000 Euro • kleine PR-Kampagne in Regionalzeitungen…: 2 000 Euro
Maßnahmen	• Umstellung der aktuellen Rechnungsformate: Aufnahme von Mehrjahresvergleichen des eigenen Verbrauchs bzw. eines »best practice« mit strukturgleichen Haushalten oder Unternehmen • Errechnung eines automatischen Sparziels aufgrund der genannten Inputs • Controlling der effektiven Einsparungen
Termin	• Umsetzung der neuen Formate: bis 10.04. • Erstmalige Ausgabe anlässlich Halbjahresabrechnungen: 30.06. • Abgeschlossene PR-Kampagne: 31.07. • Controlling der effektiven Einsparungen: 31.12.
Gesamtverantwortung	P. Berger

Entscheid	**Die Maßnahme wird wie vorgeschlagen unverzüglich umgesetzt. Die Geschäftsleitung bekennt sich zu dieser Maßnahme und unterstützt die Umsetzung wo immer notwendig.**
Begründung	• Klarer Beitrag des Unternehmens zu den Kyoto-Zielen • Positive PR-Wirkung für das Unternehmen/ positive Wirkung auf das Image (»Sparen«, »Bürgerfreundlichkeit«…) • Insgesamt: überschaubarer Aufwand bei großer Wirkung
Auftraggeber der Umsetzung	W. Fellinger, kfm. Geschäftsführer
Umsetzungsmeldung an/bis	Bericht an die Geschäftsführung bei folgenden GL-Sitzungen (durch P. Berger): 04.07.: Umsetzung/erste Resultate 21.12.: Controlling der Einsparungen, Resümee bzgl. PR und Image

5.4   Kostengestaltung durch Prozesse

Viele Organisationen sind heute mit dem Thema der **Produktivität** und der Kostengestaltung konfrontiert. Dies liegt vor allem an der Tatsache weitgehend gesättigter Märkte, an aus Kundensicht vergleichbaren Qualitätsniveaus und dem daraus folgenden Preiskampf. Der Hebel zur nachhaltigen Optimierung der Produktivität sind die Prozesse[19]. Produktivität bedeutet zweierlei: Entweder die Kosten unterhalb des üblichen Wettbewerbsniveaus bei gegebenem Output zu senken oder bei gleich belassener Kostenstruktur den Output über Wettbewerbsniveau zu erhöhen (und auch absetzen zu können). In jedem Prozess werden Ressourcen eingesetzt – Kapital, Arbeit, Wissen und Zeit. Eine Organisation und deren Prozesse bestehen zunächst nur aus Kosten. Zeitlich steht damit vor der **Wertschöpfung** eine **Kostenschöpfung**. Ob aus den eingesetzten Kosten ein Wert entsteht, entscheidet nur der Kunde durch den Kaufpreis, den er bereit ist zu zahlen. Der Kaufpreis multipliziert mit der Menge der entsprechenden Leistung ergibt den Umsatz. Und über diesen Umsatz müssen die Kosten der Wertschöpfung und aller eingekauften Vorleistungen abgedeckt sein.

Im Prozessmanagement gibt es zwei bewährte Ansätze zur Optimierung der Kostenposition. Wie bei der Prozessneugestaltung und bei der Prozessverbesserung geht es darum, **Varianten** zu erarbeiten und zur Entscheidung zu bringen:
1. Gestaltung der Kostentreiber
2. Systematische Müllabfuhr

1. Gestaltung der Kostentreiber

Die Beeinflussung der **Kostentreiber** setzt direkt an der Wurzel aller Kosten an, nämlich an der Frage, welche Faktoren die Kosten in Bewegung bringen, also antreiben. Zunächst werden die wichtigsten Prozesse der Wertschöpfung einer Organisation identifiziert. Dabei empfiehlt sich das Konzept der Wertschöpfungskette, weil hier die primären und sekundären Stufen im Sinn des Wertschöpfungsprozesses identifizierbar sind. Auf einer Matrix werden anschließend die Prozesse in den Spalten eingetragen und zeilenweise die kritischen Kostentreiber herausgearbeitet. Klar unterschieden werden muss zwischen einem Kostentreiber und der Kostenart, wie sie in der Kostenrechnung abgebildet ist. Auf die Frage »Was ist der größte Kostentreiber in Ihrer Organisation?« hört man meistens die Antwort »Natürlich die Personalkosten!« Dieser Zusammenhang ist aber grundlegend falsch. Bei den Kostentreibern geht es um die Frage, was dafür verantwortlich ist, dass eine Kostenart, wie etwa die Personalkosten, so hoch ist. Dies kann viele Gründe haben, von schlechter Führung über Tarifbestimmungen oder ungenügende Aus- und Weiterbildung. Genau das sind die Kostentreiber im Geschäft. Eine nachhaltige Kostengestaltung setzt an diesen Hebeln an und nicht an pauschalen Kostensenkungs-Schnitten[20], die vielleicht in Notlagen sinnvoll sind, auf Dauer aber nichts an den Treibern des Kostenniveaus ändern.

Wenn die Kostentreiber identifiziert sind, muss die Wirkung dieser Treiber auf die Prozesse beurteilt werden. Dies geschieht durch ein einfaches Quantifizierungsraster von »0« (keine Wirkung auf Prozess) bis »3« (sehr starke Wirkung auf Prozess). Die jeweiligen Summen pro Spalte (Prozess) und pro Zeile (Kostentreiber) ergeben in weiterer Folge eine Priorisierung der erfolgskritischen Prozesse und Kostentreiber. Dieses mechanistische Verfahren muss natürlich abgeglichen werden mit einem kritischen **Plausibilitäts-Check** aus der Erfahrung des Geschäftes. Im letzten Schritt werden die Wirkung der wichtigsten Kostentreiber auf die Prozesse und entsprechende Potenziale und Maßnahmen herausgearbeitet. Nur über diesen Schritt werden die Kostentreiber gestalt- und umsetzbar.

Bei der Verwendung des Werkzeugs der Kostentreiber sind einige Punkte zu berücksichtigen. Zunächst sei noch einmal auf den Unterschied zwischen Kostenarten und Kostentreibern verwiesen. Nicht der Schnitt in der Kostenart ist die Basis für eine grundsätzliche Produktivitätssteigerung, sondern nur die Veränderung in der Wurzel – im Kostentreiber.

Das Verfahren zeigt kompromisslos auf, welche Kostentreiber von der jeweiligen Führungskraft beeinflussbar sind und welche nicht. Gerade in großen Organisationen sind viele Führungskräfte der zweiten, dritten und vierten Ebene damit konfrontiert, dass sie zwar Budget- und Kostenverantwortung tragen, viele Kostentreiber aber gar nicht beeinflussen können. Beispielhaft genannt seien hier Tarifbestimmungen oder Varianten in der Leistungspalette. Gerade dies führt dann dazu, dass bei linearen **Kostensenkungsprogrammen**, »alles minus zehn Prozent«, nur bei den unmittelbar beeinflussbaren Kostentreibern angepackt wird. Erfahrungsgemäß sind es aber die nicht direkt beeinflussbaren Kostentreiber, in denen die großen Potenziale liegen.

Die Frage der Wirkung eines Kostentreibers auf einen Prozess ist das eine. Darüber hinaus interessant ist die Frage, wer den Kostentreiber verursacht. In der Industrie entstehen beispielsweise Varianten im Vertrieb (»happy sales«) und in der Entwicklung (»happy engineering«). Dieser Kostentreiber schlägt aber überproportional in der Leistungserstellung und im Kundenservice auf[21]. Der Ansatzpunkt muss folgerichtig beim Verursacher liegen und nicht dort, wo die Kosten dann ablesbar sind.

Sind Maßnahmen und Potenziale identifiziert, muss die Umsetzung geprüft werden. Spätestens an dieser Stelle ist Führungsarbeit gefordert. Ohne die konsequente Umsetzung, etwa durch Aufnahme von Schlüsselmaßnahmen in die **Zielvereinbarung**, werden Potenziale nicht zu einem Hebel für Produktivität.

Gestaltung der Kostentreiber (1)							Werkzeug
Prozesse ↗ Kostentreiber							Summe
Summe							

Legende:

0   keine Wirkung auf Prozess   2   hohe Wirkung auf Prozess
1   schwache Wirkung auf Prozess   3   sehr starke Wirkung auf Prozess

Gestaltung der Kostentreiber (2)				Werkzeug
Kostentreiber	Wirkung	Maßnahme/Potenzial	Termin	Verantw.

| Gestaltung der Kostentreiber (1) | | | | | | **Beispiel Großhandel** |

Die Logistik eines Bekleidungsartikel-Großhändlers will die Kostenposition langfristig wettbewerbstauglich machen und setzt operativ bei den Kostentreibern in Prozessen an.

Prozesse ↗ Kostentreiber	Ware beschaffen	Ware disponieren	Ware annehmen/bearbeiten	Ware ausliefern	Retoure bearbeiten	DV sicherstellen	Summe
Belieferungshäufigkeit	0	3	1	3	2	2	11
ungleiche Auslastung	0	2	3	3	0	0	8
mangelndes Warenwirtschaftssystem	1	3	2	3	2	3	14
Nachbestellungen, unvorhergesehene Aufträge	0	2	2	3	1	2	10
Sortimentsbreite und -tiefe	3	2	3	1	3	3	15
Sonderwünsche des Kunden	0	2	3	3	0	2	10
mangelndes Entscheidungsverhalten	0	3	2	3	0	1	9
Betriebsvereinbarungen	0	0	3	3	0	1	7
mangelnde Qualifikation der Mitarbeiter	0	2	3	3	1	0	9
Summe	4	19	22	25	9	14	

Legende:

0	keine Wirkung auf Prozess	2	hohe Wirkung auf Prozess
1	schwache Wirkung auf Prozess	3	sehr starke Wirkung auf Prozess

Gestaltung der Kostentreiber (2)				**Beispiel Großhandel**

Die Führung der Logistik stellt über Maßnahmen sicher, dass die Potenziale gehoben werden und zu einer Verbesserung der Produktivität führen.

Kostentreiber	Wirkung	Maßnahme/ Potenzial	Termin	Verantw.
Sortimentsbreite und -tiefe	• Komplexität bei Bewirtschaftung und im Handling • hohe Bestandskosten (Kapitalbindung)	Sortimentsreduktion von derzeit 850 auf 600 Artikel 2 Mio. € jährlich	Analyse/ Gestaltung: 30.06. Umsetzung: 31.12.	Weber
mangelndes Warenwirtschaftssystem	• mangelnde Auftragssteuerung • nur händische Inventurerfassung • schwierige Bearbeitung von Reklamationen	Umstellung des Warenwirtschaftssystems auf WWS-2 3 Mio. € einmalig 4 Mio. € jährlich	31.10.	Huber
Belieferungshäufigkeit	• zwei- bis dreifacher Kommissionier- und Fahraufwand • Mehrkosten durch Mautgebühr (jährlich ca. 1,5 Mio. €)	Prüfung: Reduktion der Belieferungshäufigkeit (je nach Geschäftstyp von 30 bis 60 Prozent) 3 Mio. € jährlich	31.03.	Karsten
		Test im Logistikbereich Süd	31.08.	Koller
Nachbestellungen, unvorhergesehene Aufträge	• permanentes Chaos in Disposition und Bearbeitung • schlechte Qualitätswerte (Pünktlichkeit...)	Schaffung eines Auftragsleitstandes mit Verantwortlichkeiten pro Disponent 0,5 Mio. € jährlich	31.01.	Peters

Kostentreiber	Checkliste

Funktion	Kostentreiber

Einkauf	1. Lieferantenzahl und -vielfalt 7. Eilaufträge/-beschaffungen
	2. unterschiedliche 8. mangelhafte Spezifikation
	   Vertragstypen 9. geringe Modularität und
	3. Spezifikationsaufwand Standardisierung
	4. mangelhafte Verträge 10. fehlende Abstimmung
	5. Distanz zum Kunden mit Entwicklung und
	6. Kaufteilpositionen Leistungserstellung
	  11. Zahl Verhandlungsgespräche

Entwicklung	1. Eigenentwicklung 9. fehlende Modularität
	2. fehlender Marktbezug 10. Einarbeitungszeit
	3. »happy engineering«/ 11. Dokumentationsaufwand
	   Überbetonung technischer 12. Dokumentationsfehler
	   Verkaufsargumente 13. Technologie- und
	4. Änderungsrate Verfahrensänderungen
	5. ungesteuerte Inventionen 14. kurze Lebenszyklen bei
	6. Anzahl Versuche Leistungen
	7. Floprate 15. mangelnde Lernkurve
	8. Distanz zum Kunden 16. Bonus nach Kreativität

Leistungserstellung/ Produktion	1. Sortimentsbreite/Varianten 8. zu wenig Modularität
	2. Anzahl Standorte 9. mangelhafte
	3. Sortimentstiefe/Varianten Standardisierung
	4. unvollständige Produkt- und 10. Ausschuss
	   Projektspezifikation 11. zu hohe/zu niedrige
	5. Einarbeitungszeit Kapazität
	6. Schwankungen bzgl. Saison 12. Unterbrüche/Umrüstungen
	   oder Kundengruppe in Leistungserstellung
	7. fehlende Nutzung der 13. gesetzliche Normen
	   Erfahrungskurve 14. hohe Investment-Intensität
	  15. kurze Lebenszyklen

Logistik	1. gesetzliche Normen 7. fehlende Rationalisierung
	2. mangelnde Lieferbereitschaft (Routen, Läger...)
	3. mangelnde Spezifikationen 8. Anzahl Artikel
	   bzgl. Zeit/Lieferqualität 9. Fehlerrate/Defektrate/Anzahl
	4. niedriger Umschlag Rückholungen
	5. Lieferfrequenz 10. fehlendes On-Time-Delivery
	6. mangelnder Forecast 11. mangelhafter
	   Informationsfluss

Funktion	Kostentreiber	
Vertrieb und Service	1. Anzahl Vertriebskanäle 2. mangelnde Standardisierung bzgl. Vertriebsbetreuung 3. Einarbeitungszeit 4. Rückläufe und Reklamationen 5. Vielfalt der Kunden 6. kompliziertes Preissystem 7. Anzahl Handelsstufen 8. Sortimentsbreite/Varianten	9. mangelhafter Reifegrad der Leistungen im Markt 10. kurze Lebenszyklen 11. außerplanmäßige Anfragen, »Noteinsätze« 12. rel. wenige Stammkunden, rel. viele Neukunden 13. spezifische Dokumentationen 14. Sortimentsänderungen
Personal	1. gesetzliche/ interne Vorschriften (Betriebsvereinbarungen) 2. Fluktuation, Fehlzeiten, Krankenstand 3. hohe Jobrotation 4. fehlender Wissenstransfer 5. mangelnde Führung	6. zu junges/zu altes Personal 7. zu hohe oder fehlende Spezialisierung 8. fehlende Anreize zur Standardisierung 9. mangelhafte Qualifikation und Personalentwicklung 10. fehlende Personalplanung
Informationssysteme	1. unterschiedliche Standards bei Hard- und Software 2. unterschiedliche Systeme 3. mangelhafte Stammdaten 4. Schulungsaufwand Benutzer	5. Insellösungen 6. Verschlüsselungen, Sperrungen 7. Verfügbarkeit von Systemen 8. mangelnde Kompatibilität 9. wenig Echtzeitinformationen
Controlling/ Rechungswesen	1. falsche Buchungen, Falscheingaben 2. zu viel Kreativität beim Erfinden von Systemen 3. falsche Rechnungen 4. Controller mit zu viel Zeit	5. fehlende Systematik 6. niedrige Automatisierung 7. Anzahl und Tiefe von Kalkulationen 8. Belegkontrollen (Vollerhebung)
Führung und Organisation	1. unklare Aufgaben, Kompetenzen und Verantwortlichkeiten 2. Zahl Entscheidungsebenen 3. Doppelunterstellungen 4. falsche Führungsspanne (zu große oder zu kleine) 5. Management-Modewellen	6. schlechtes Sitzungsmanagement 7. fehlende Arbeitsmethodik 8. unklare Zielvereinbarungen 9. mangelnde Entscheidungsbereitschaft/ Entscheidungsabläufe 10. Geld- und Machtdenken

2. Systematische Müllabfuhr

Die **systematische Müllabfuhr**[22] ist nicht nur ein Ansatz für Produktivitätssteigerung im Prozessmanagement. Sie ist als Management-Werkzeug eine Daueraufgabe wirksamer Führung. Der Grundgedanke setzt an den Dimensionen von Effektivität und Effizienz an.

Effektivität: Abbau von Leistungen	Effizienz: produktivere Leistungserbringung
1. Wegfall einer Leistung (Bsp. Produkt, Dienstleistung, Reports, Kontrollen)	1. Standardisierung und Straffung der Prozesse (Bsp. pauschale Spesen, Angebotsvorlagen)
2. Wegfall von Kunden (-gruppen)	2. Delegation auf andere Stellen (Bsp. Reklamationsbearbeitung durch Produktion, Angebotserstellung durch Akquisiteur bzw. Abwickler)
3. Senkung der Frequenz (Bsp. Besuche, Berichtsrhythmus, Sitzungen)	
4. Abbau von Qualität (Bsp. 12- statt 24-Stunden-Service, Wegfall von Service)	3. Outsourcing (Bsp. Betriebsverpflegung, Logistikdienste)
5. Senkung des Umfanges (Bsp. Stichproben statt Totalerfassung, Trennung von Leistungen und gesonderte Bezahlung)	4. Optimierung der Kapazitäten (Bsp. Leistungsspitzen ausgleichen, Flexibilisierung von Arbeitszeit)
6. zeitliche Verlangsamung (Bsp. Verlängerung von Liefer- und Servicerhythmen, Verzögerung von Bearbeitungen)	5. Entscheidungs- und Informations-Optimierung (Bsp. kompatible DV-Systeme, Sitzungsmanagement)

Abb. 12: Systematische Müllabfuhr

Die **Effektivität** betrifft die Frage »Welche Leistungen können abgebaut werden, ohne deswegen den Gesamtnutzen für Kunden und für die eigene Organisation zu verringern?« Im Kern ist eine fundamentale Aufgabenkritik angesprochen. Gelingt es, die Anzahl von Aufgaben zu senken, muss über Kostenoptimierung nicht mehr gesprochen werden. Wenn etwas wegfällt, braucht nichts mehr optimiert zu werden. Damit geht der Ansatz der Effektivität zeitlich vor der Ausnutzung von Potenzialen durch Effizienz.

Der Abbau von Leistungen kann vielfältig erfolgen und nach verschiedenen Dimensionen gegliedert werden. Die Ansätze reichen vom kompletten Wegfall einer Leistung über die Senkung der Frequenz bis hin zum Abbau von Qualität, zur Senkung des Umfanges und zur zeitlichen Verlangsamung.

Der Ansatz der **Effizienz** setzt bei den Leistungen an, die nicht gestrichen werden. Die Fragestellung lautet »Wie kann das Leistungsniveau bei geringerem Aufwand gleich belassen bzw. wie kann bei gleichem Aufwand mehr Leistung erzielt werden?« Diese Frage knüpft direkt an das **ökonomisches Prinzip**[23] an, d.h. an die Optimierung der Prozesse und der eingesetzten Ressourcen. Die produktivere Gestaltung der Prozesse kann wiederum unterschiedlich sein: Die Ansätze reichen von Standardisierung der Prozesse über Delegation auf andere Stellen, Outsourcing, Optimierung der Kapazitäten bis hin zur Entscheidungs- und Informationsoptimierung. Das Verfahren der systematischen Müllabfuhr beinhaltet beide Ansätze. Als erstes werden die relevanten Prozesse festgelegt und die Ist-Situation quantifiziert. Eine Strukturierung entlang der Wertkette bietet sich an. Mit den Fragestellungen von Effektivität und Effizienz werden anschließend diese Prozesse geprüft und Maßnahmen oder Potenziale erarbeitet. Diese Maßnahmen sind in weiterer Folge mit einem Termin und einem Verantwortlichen zu hinterlegen und zu starten. Methodisch ist zu beachten, dass die Erarbeitung und Umsetzung nur mit den Betroffenen erfolgen soll. Gleichzeitig bedarf es einer anspruchsvollen Zielsetzung, die vorgegeben sein muss, etwa »Worauf ist zu verzichten, wenn zwanzig Prozent der Personalkosten gestrichen werden müssten?« oder »Was wird abgestellt, wenn der Umsatz auf siebzig Prozent einbricht?«[24] Nur über eine sportliche Vorgabe entstehen Bereitschaft und Druck zur grundsätzlichen Hinterfragung der Aktivitäten und Aufgaben. Wichtig ist die Gesamtsicht der Prozesse über die einzelnen Abteilungen und Personen hinweg.

Über Prozesse kann das Instrument der systematischen Müllabfuhr am besten eingesetzt werden, weil an dieser Stelle der Schnittpunkt von Geschäft, Aufgaben und Ressourcen vorliegt. Organisationen werden »entschlackt«, gewinnen an Geschwindigkeit und schaffen Platz für Neues.

Systematische Müllabfuhr				Werkzeug
Prozess	Ist	Maßnahme/Potenzial	Termin	Verantw.

Systematische Müllabfuhr			Beispiel Automatenverteiler	

Ein Hersteller und Verteiler von Automaten überprüft die wichtigsten Prozesse mittels der systematischen Müllabfuhr. Die Ausgangsfrage lautete: »Was wird nicht mehr getan bzw. wo muss größere Produktivität entstehen, wenn zwanzig Prozent der Personalkosten wegfallen?«

Prozess	Ist	Maßnahme/Potenzial	Termin	Verantw.
Automaten beschildern	15 Mannjahre	künftig nur mehr Beschilderung durch Auftraggeber (Werber), nicht mehr durch das eigene Unternehmen **Potenzial: 15 Mannjahre**	31.01.	Müller
Automaten befüllen und Inkasso sicherstellen	27 Mannjahre	Optimierung durch: • Auslagerung der Befüllung auf Vertragspartner (v.a. bei Neuverträgen) • Akkordsystem bei Befüllung und Inkasso **Potenzial: 5 Mannjahre**	31.03.	Bacher
Geld zählen	11 Mannjahre	Vereinheitlichung der Geldzählfunktion durch: Zusammenlegung der Regionen A und B bzw. C und D **Potenzial: 1,5 Mannjahre**	31.05.	Hofer
Automaten servicieren	14 Mannjahre	Verbesserung der Rate »Automat pro Techniker« durch • Erhöhung der Automaten in den Zielvereinbarungen um 5% • Abschaffung des alten Gehaltsystems/Einführung eines neuen Prämiensystems (Basis: servicierte Automaten) **Potenzial: 2 Mannjahre**	31.12.	Burger
...	...	...	...	...

Literatur

1 *Al-Ani, A.,* Continuous Improvement als Ergänzung des Business Reengineering, in: zfo, 65/1996, S. 142 ff.; *Hammer, M./Champy, J.,* Business Reengineering, Frankfurt 1996, S. 47.
2 Vgl. *Malik, F.,* Führen Leisten Leben, Frankfurt 2006, S. 208.
3 Vgl. *Bamberg, G./Coenenberg, A.,* Betriebswirtschaftliche Entscheidungslehre, München 1991; vgl. *Luczak, H./Eversheim, W. (Hrsg.),* Produktionsplanung und -steuerung, Berlin 1999, S. 296.
4 Vgl. *Malik, F.,* Führen Leisten Leben, Frankfurt 2006, S. 140 ff.
5 Vgl. dazu den wegbereitenden Artikel von *Hamel, G./Prahalad, C.,* The core competence of the corporation, in: Harvard Business Review, Vol. 68, Nr. 3, S. 79 ff.
6 Vgl. *Friedrich, F.,* Was ist »core«, und was ist »non-core«?, in: io management 4/2000, S. 18 ff.
7 Vgl. *Hammer, M./Champy, J.,* Business Reengineering, Frankfurt 1996, S. 11 ff. und S. 18 ff.
8 Zu den Themen Fertigungsansätze, Produktivität und Outsourcing vgl. *Drucker, P.,* Die Zukunft managen, Düsseldorf 1992, S. 150 und S. 209 ff.
9 Vgl. *Malik, F.,* Führen Leisten Leben, Frankfurt 2006, S. 192 ff.
10 Vgl. *Porter, M.,* Wettbewerb und Strategie, München 1999, S. 170 f.
11 Vgl. *Remer, D.,* Einführen der Prozesskostenrechnung, Stuttgart 1997, S. 131 ff.
12 Vgl. *Malik, F.,* Führen Leisten Leben, Frankfurt 2006, S. 15, 21.
13 *Malik, F.,* Führen Leisten Leben, Frankfurt 2006, S. 62, 303.
14 Vgl. folgenden Buchklassiker: *Taylor, F.,* The Principles of Scientific Management, New York 1911.
15 Vgl. *Kiesel, M./Neuser, G./Auerbach, H.,* Balanced Scorecard als strategisches Steuerungsinstrument im kundenorientierten Veränderungsprozess, in: Informationsmanagement & Consulting, 15/2000, S. 68 ff.; vgl. *Wiese, J.,* Implementierung der BSC, Wiesbaden 2000, S. 78.
16 Vgl. *Remer, D.,* Einführen der Prozesskostenrechnung, Stuttgart 1997, S. 118 ff., S. 144 f.
17 Vgl. zur Selbststeuerung die Struktur lebensfähiger Systeme in: *Malik, F.,* Strategie des Managements komplexer Systeme, Bern 1996, S. 80 ff.
18 Vgl. *Malik, F.,* Systemisches Management, Evolution, Selbstorganisation, Bern 1993, S. 195 ff.; vgl. *Malik, F.,* M.o.M.-letter, Malik on Management, Nr. 09/04.
19 Vgl. *Malik, F.,* Führen Leisten Leben, Frankfurt 2006, S. 192 ff.
20 Vgl. die Persiflage zum Thema »Kostensenkung« in: *Adams, S.,* The Dilbert principle, New York 1996, S. 244 ff.
21 Vgl. *Ulrich, H.,* Gesammelte Schriften, Band 1, Bern 2001, S. 137 f.
22 Vgl. *Malik, F.,* Führen Leisten Leben, Frankfurt 2006, S. 359 ff.
23 *Thommen, J.,* Allgemeine Betriebswirtschaftslehre, Zürich 1991, S. 31.
24 Vgl. *Malik, F.,* Führen Leisten Leben, Frankfurt 2006, S. 378 ff.

6 Prozesse organisieren und produktiv machen

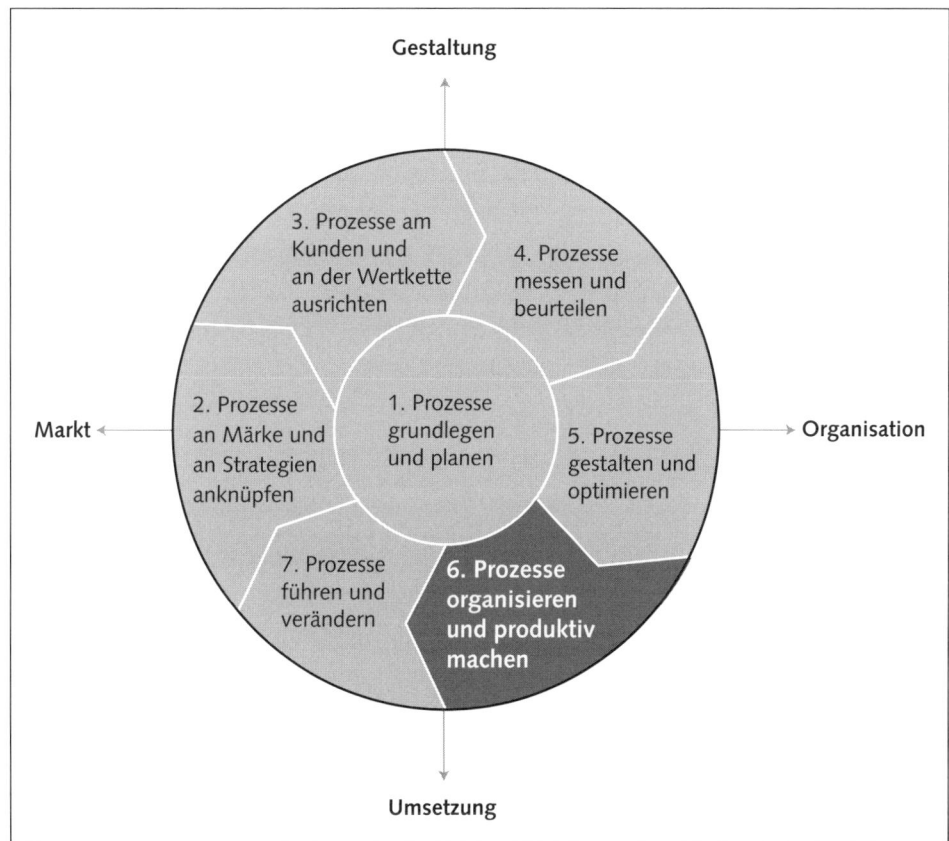

6.1 Grundfragen und Grundsätze der Prozessorganisation

Das Prozessthema ist im Zusammenhang mit anderen Führungsaspekten zu sehen. Dies betrifft zunächst die Strategie. Der berühmte Ausspruch »structure follows strategy« bezeichnet diesen Zusammenhang und drückt auch eine klare Priorität aus. Zusätzliche Aspekte sind Personalentwicklung, persönliche Wirksamkeit und Kultur. Ganz wesentlich ist die Organisationsfrage berührt, wobei hier bereits ein erstes Paradoxon auftaucht. Prozesse bilden einen integralen Bestandteil der Organisation, müssen aber selbst organisiert werden. Unter **Organisation** werden alle strategie- und resultatbezogenen, hierarchischen, verfahrenstechnischen und operativen Regeln verstanden, die ein System produktiv werden lassen[1]. Klassischerweise trifft man auf Spannungsfelder, die es beim Thema Organisation immer schon gegeben hat und weiterhin geben wird.

Das erste Spannungsfeld betrifft die Frage von **Zentralisation** und Dezentralisation. Jede Organisation, unabhängig von der Branche, pendelt zwischen diesen beiden Polen hin und her. Die jeweilige Ausgestaltung hängt von den Wettbewerbsverhältnissen, von den gewählten strategischen Stoßrichtungen und selbstverständlich auch von mikropolitischen Überlegungen ab. Massiv betroffen ist die Diskussion, ob die dezentralen, operativen Einheiten – die Strategischen Geschäftsfelder (SGF) – die Organisation bestimmen oder zentrale Funktionen. In zentralisierten Einheiten haben traditionell die Stäbe ein stärkeres Gewicht, in dezentralen muss die Linie dominieren. Letztlich lässt sich die Frage von Zentralisation und Dezentralisation nicht abschließend lösen, sondern nur entsprechend der Situation beantworten.

Das zweite Spannungsfeld verweist auf die Anzahl von **Führungsebenen**. Die Organisationen pendeln zwischen einer steilen Ausgestaltung mit vielen Ebenen und einer flachen Ausgestaltung mit wenig Ebenen. Die angesprochenen Aspekte der Führungsbreite und -tiefe hängen mit der Frage von Zentralisation und Dezentralisation zusammen und lassen sich ebenso nicht mit richtig oder falsch beurteilen. Es gibt nur eine zweckmäßige, eine der Situation und der Notwendigkeit des Systems entsprechende Anzahl von Führungsebenen.

Das dritte Spannungsfeld betrifft die Gegenüberstellung von **Ablauforganisation** (Prozesse) und **Aufbauorganisation** (Organigramm). Die Grundlogik beider Dimensionen ist grundverschieden, obwohl Ablauf- und Aufbauorganisation gleichermaßen Struktur- und Organisationsthemen sind. Dies zeigt sich schon im Grundprinzip. Prozesse werden an Resultaten ausgerichtet, Organigramme an Hierarchien. Prozesse stellen damit die Geschäftslogik dar, Organigramme die Machtlogik. Prozesse nehmen Bezug auf den Kunden, Organigramme auf den Chef. Die Prozesse müssen und können nur unabhängig von Personen richtig funktionieren, die Organigramme sind zumeist ein Kompromiss zwischen Personenunabhängigkeit und konkreten Interessen. Entsprechend kann sich die Führung in Prozessen nur an Resultaten für den Kunden, am Ganzen[2], ausrichten. Die Führung in Organigrammen entspricht den Anforderungen des Chefs im Verhältnis zu den Mitarbeitern. Der Spannungsbogen zwischen Ablauf- und Aufbauorganisation ist nachfolgend zusammenfassend dargestellt.

Ablauforganisation (Prozess)	Aufbauorganisation (Organigramm)
Ausrichtung an einem Resultat	Ausrichtung an der Hierarchie
Darstellung der Geschäftslogik, Betonung des Ganzen	Darstellung der Machtlogik, Herunterbrechen in Teile
Orientierung am Kunden	Orientierung am Chef
Kontrolle, Messung, Beurteilung von Resultaten	Kontrolle, Messung, Beurteilung von Zeitleistung und Verhalten
Unabhängigkeit von Personen	Abhängigkeit von Personen
Verantwortlichkeit abhängig von der Aufgabe	Verantwortlichkeit abhängig vom formalen Status
Führung durch die Anforderungen des Prozesses (im Sinn der Resultate)	Führung durch die Anforderungen des Chefs (im Sinn von Hierarchie)

Abb. 13: Gegenüberstellung von Ablauforganisation und Aufbauorganisation

Die vorgenommene Unterscheidung ist bewusst zugespitzt. Es geht explizit nicht um die Verurteilung von Aufbauorganisation oder um die naive Forderung nach deren Abschaffung. Nach wie vor werden Hierarchien, Chefs, Organigramme und dergleichen benötigt, um Organisationen zu steuern. Bevor aber die Prozessorientierung in einer Organisation eingeführt wird, sollte ein Check gemacht werden, wo sich die Ablauforganisation von der Aufbauorganisation abheben will. Mit Prozessmanagement soll keine parallele Führungswelt zu den Hierarchien aufgebaut werden. Die Herausforderung besteht darin, beides zu verbinden und die Hierarchien klar in den Dienst der Prozesse zu stellen. Die beste Methode, Organisationen im Sinn der Prozesslogik zu strukturieren, ist die Beantwortung folgender drei Grundfragen nach Peter Drucker[3]:

1. Wie müssen wir uns organisieren, damit das, wofür der Kunde bezahlt, im Zentrum der Prozesse steht und von dort nicht wieder verschwinden kann?
2. Wie müssen wir uns organisieren, damit das, wofür wir unsere Mitarbeiter bezahlen, von diesen in den Prozessen auch wirklich getan werden kann?
3. Wie müssen wir uns organisieren, damit das, wofür die Führungskräfte in den Prozessen bezahlt werden, auch wirklich getan werden kann?

1. Wie müssen wir uns organisieren, damit das, wofür der Kunde bezahlt, im Zentrum der Prozesse steht und von dort nicht wieder verschwinden kann?

Diese Frage setzt dort an, wo die beste und einzige Existenzberechtigung von Organisationen liegt, nämlich beim **Kunden**[4]. Ein Prozess läuft auf ein Resultat für einen Kunden hinaus. Interessanterweise fehlt in vielen Prozessplänen und selbstverständlich auch in Organigrammen der Kunde. In der »Prozessmanagement-Szene« gibt es Menschen, die glauben, dass Prozesse zuerst den Mitarbeitern dienen sollen. Faktoren wie Spaß oder Selbstverwirklichung werden hervorgehoben. Diese Orientierung ist grundlegend falsch. Eine gute Prozessorganisation stellt kompromisslos den Bezug zu den internen wie externen Kunden her. Prozesse, die das Controlling sicherstellen, dienen nicht den Mitarbeitern des Controllings, sondern den Verwendern der Informationen, also den Führungskräften, die mit dem Zahlenmaterial arbeiten und Entscheide treffen. Binden Entwicklungsprozesse für Produkte oder Dienstleistungen nicht frühzeitig aktuelle oder potenzielle Kunden ein, wird das Ganze sehr spannend für Entwickler, aber nicht für einen Anwender, der eine Rechnung für diese Leistung bezahlen soll.

Wenn sichergestellt ist, dass alle Aktivitäten und Abläufe stringent auf einen Kunden zulaufen und dieser Kunde auch das Resultat bewertet und abnimmt, dann löst sich die Frage nach der richtigen Organisation (fast) von selbst.

2. Wie müssen wir uns organisieren, damit das, wofür wir unsere Mitarbeiter bezahlen, von diesen in den Prozessen auch wirklich getan werden kann?

Eine solide Prozessorganisation muss sicherstellen, dass die Mitarbeiter Klarheit über ihre **Schlüsselaufgaben** haben und sich voll darauf konzentrieren können. Sie werden dabei nicht vom Chef oder von Kollegen gestört[5]. Alle Aktivitäten richten sich nicht am Arbeitsaufwand, sondern an Ergebnissen aus. Die Mitarbeiter haben geschlossene Jobs, sie kennen die erwarteten Ergebnisse und können eigenständig darauf hinarbeiten. Wenn die Prozesse laufen, stellt sich die Frage nach der richtigen Organisation gar nicht. Oft wird allerdings das Grundverkehrte gemacht. Zuerst konstruiert man eine Aufbauorganisation, Kästchen und Pfeile werden gemalt, mit Namen gefüllt und dadurch eine Rangordnung festgelegt. Meistens sind Fragen von Prestige, Status und Einfluss damit verbunden. Erst später wird geklärt, worin die Schlüsselaufgaben liegen. Eine brauchbare Prozessorganisation beginnt mit der Frage, was die Resultate für Kunden sind und welche Abläufe und Aufgaben daraus folgen. Erst anschließend kann eine Aufbauorganisation im Sinn von Hierarchie konstruiert werden.

Als pragmatisches Instrument erweist sich das **Funktionendiagramm**. Dort werden als erstes zeilenweise die Aufgaben entlang von Prozessen und spaltenweise die mitarbeitenden Personen notiert. Dann wird bei jeder Aufgabe fixiert, wer welchen Beitrag zur Erledigung der Aufgabe zu leisten hat (z.B. planen, entscheiden, ausführen). Damit herrscht Klarheit über die Aufgaben, Kompetenzen und Verantwortlichkeiten.

3. Wie müssen wir uns organisieren, damit das, wofür die Führungskräfte in den Prozessen bezahlt werden, auch wirklich getan werden kann?

Die Kernaufgabe der Prozessführung besteht in der Steuerung der Prozesse[6]. Auch das klingt trivial und fast schon tautologisch. In der Praxis aber kümmern sich die meisten Prozessverantwortlichen um zu viele Details. Häufig sehen sie sich als Fachspezialisten und wollen Aufgaben erledigen, die eigentlich von Prozessmitarbeitern zu tun wären. Damit sind sie überlastet, können sich nicht mehr ihrer Schlüsselaufgabe als Prozessleiter widmen, erziehen die Mitarbeiter zur Unselbstständigkeit und halten sie von ihrer Arbeit ab.

Wirksame **Prozesssteuerung** gehört zu den schwierigsten Aufgaben überhaupt. In einer guten Prozessorganisation kann sich die Leitung voll auf die Steuerung der Abläufe, der Mitarbeiter und letztlich der Resultate konzentrieren. Die Aufgaben, die Kompetenzen und die Verantwortung zwischen den Mitarbeitern und der Leitung müssen daher vorab geklärt sein. Wenn das nicht so ist, sind Konflikte vorprogrammiert. Die erste organisatorische Tätigkeit der Prozessleitung besteht darin, diese Aufgabengestaltung vorzunehmen und mit allen abzustimmen.

Prozessorganisation – Beurteilung	Werkzeug
Checkpunkt	**Beurteilung der Prozessorganisation**
1. Wie müssen wir uns organisieren, damit das, wofür der Kunde bezahlt, im Zentrum der Prozesse steht und von dort nicht wieder verschwinden kann?	
2. Wie müssen wir uns organisieren, damit das, wofür wir unsere Mitarbeiter bezahlen, von diesen in den Prozessen auch wirklich getan werden kann?	
3. Wie müssen wir uns organisieren, damit das, wofür die Führungskräfte in den Prozessen bezahlt werden, auch wirklich getan werden kann?	

Prozessorganisation – Beurteilung	**Beispiel Bank**

Der Prozess »Kunden betreuen« im Geschäftsfeld »Vermögende Privatkunden« einer Bank läuft suboptimal. Die Prozessorganisation wird mittels der drei Checkfragen untersucht.

Checkpunkt	Beurteilung der Prozessorganisation
1. Wie müssen wir uns organisieren, damit das, wofür der Kunde bezahlt, im Zentrum der Prozesse steht und von dort nicht wieder verschwinden kann?	• Nachdem das Geschäft lange Zeit gut lief, wurden die Kunden nach der Akquisition und der Einrichtung von Konten praktisch nicht mehr betreut, sondern nur mehr mit der Kundenzeitschrift und einem Weihnachtsgeschenk beglückt. • Der Bonus der Mitarbeiter richtet sich am Kontostand der Kunden aus und nicht an der Serviceleistung. Solange ausreichende Kontostände vorliegen, fehlt der Anreiz zur Betreuung (und ggf. Akquisition von Neugeschäften).
2. Wie müssen wir uns organisieren, damit das, wofür wir unsere Mitarbeiter bezahlen, von diesen in den Prozessen auch wirklich getan werden kann?	• Die meisten Mitarbeiter verbringen bis zu siebzig Prozent ihrer Arbeitszeit in Sitzungen, mit dem Schreiben von Reports und anderen administrativen Tätigkeiten. • Das System belohnt das Hinausgehen und das Kümmern um den Kunden nicht konsequent.
3. Wie müssen wir uns organisieren, damit das, wofür die Führungskräfte in den Prozessen bezahlt werden, auch wirklich getan werden kann?	• Der Prozess wird de facto nicht geführt. • Die Führungskräfte kümmern sich entweder um die Neuakquisition oder um die Verwaltung der bisherigen Kunden. • Es liegen kein Auftrag zur Steuerung der Prozesse und keine daraus abgeleiteten AKVs (Aufgaben, Kompetenzen, Verantwortlichkeiten) vor.

Wenn neue Prozesse gestaltet oder bestehende verändert werden, ergeben sich besondere Herausforderungen für das Organisieren dieser Prozesse. Einerseits kann nur selten auf bestehende Strukturen zurückgegriffen werden, andererseits fehlt in den meisten Fällen die Zeit zum Ausprobieren. Die richtige Organisation muss schnell gefunden werden und sollte so tragfähig sein, dass sie den ersten »Stürmen« in den neuen oder umgestalteten Prozessen standhalten kann. Es gibt einige bewährte **Organisationsgrundsätze** von Prozessen:

1. Orientierung an den Resultaten für Kunden
2. Führbarkeit
3. Einfache Ausgestaltung der Prozessorganisation
4. Robustheit der Prozessorganisation

1. Orientierung an den Resultaten für Kunden

Egal, wie eine Organisation aussieht, alle Aufgaben, Kompetenzen und Verantwortlichkeiten müssen an den Ergebnissen eines Prozesses ausgerichtet sein. Nicht selten gibt es über den Zweck und den Ablauf eines Prozesses ebenso viele verschiedene Meinungen wie Prozessbeteiligte. Eine kompetente Prozessführung rechnet von den zu erzielenden Resultaten des Prozesses zurück und baut die Organisation danach auf[7]. Wird ein Prozess nicht an den Ergebnissen ausgerichtet, gibt es permanente Schwierigkeiten und Abstimmungsprobleme. Die erste Aufgabe liegt in der eindeutigen Klärung der Prozesskunden und der Resultate. Erst dann lässt sich die Organisation bauen.

2. Führbarkeit

Häufig wird die Meinung vertreten, dass eine Prozessorganisation flexibel, kreativ, mitarbeiterorientiert, ganzheitlich und selbstbestimmt sein muss. Das sind alles schöne Worte und hohe Ansprüche, denen ein Prozess in der Praxis kaum gewachsen sein wird. Vor allem verstellen solche Forderungen den Blick auf etwas Entscheidendes: In Prozessorganisationen geht es in erster Linie um **Führbarkeit**. Es ist die Prozessleitung, die die Verantwortung für den Prozess trägt. Darum muss sie auch die Führung für sich beanspruchen können und diese wahrnehmen. Es gibt Fälle, in denen die Mitarbeiter aufgrund mangelnder Führung initiativ werden. Am Ende sind die Dinge nicht abgestimmt, die Prozessleitung war über nichts informiert und somit liegen auch keine Resultate vor.

Führung heißt, dass die Prozessleitung die wesentlichen Vorgaben bezüglich Ergebnis, Abläufe und Kompetenzen macht. Sie überblickt den gesamten Prozess und kann jederzeit steuernd eingreifen. Führung heißt hingegen nicht, sich permanent in alles einzumischen oder die Leute von der Arbeit abzuhalten. Inkompetente Prozessleiter lassen ihre Mitarbeiter erst einmal losrennen und sind dann mit den Ergebnissen unzufrieden. Wenn Prozesse nicht führbar sind, entscheidet der Zufall und nicht die Leistung der Mitarbeiter.

3. Einfache Ausgestaltung der Prozessorganisation

Die Ansprüche an die Leistungsfähigkeit der heutigen Organisationen werden höher. Das ist eine Tatsache, die man beklagen, aber nicht verändern kann. Gerade in einem solchen Umfeld ist die **Leistungsfähigkeit** von Organisationen nur mehr über Prozesse herzustellen und nicht mehr über herkömmliche Hierarchien mit fehlendem Resultat- und Kundenbezug. Viele Menschen schließen aus dem komplizierten Umfeld, dass eine Prozessorganisation auch kompliziert, vernetzt, mehrdimensional sein müsse. In der Praxis zeichnen sich gute Prozessorganisationen dadurch aus, dass sie leicht zu begreifen sind und Schnittstellen minimieren. Sie kommen mit einer überschaubaren Anzahl von Werkzeugen aus. Komplizierte Organisationsformen entwickeln früher oder später ein Eigenleben und vernebeln die Arbeit in den Prozessen. Die Verantwortung der Prozessleitung liegt darin, für Einfachheit, Übersichtlichkeit und Transparenz zu sorgen.

4. Robustheit der Prozessorganisation

Auch bei Anwendung aller Grundsätze des Organisierens wird es Konflikte, Missverständnisse und Probleme geben. Das ist nicht dramatisch und zeigt nur, dass eine Organisation lebt und in Bewegung ist. Eine gute Prozessorganisation zeichnet sich dadurch aus, dass sie gegenüber diesen »Irritationen« Robustheit[8] entwickelt. Robust wird eine Organisation nur dann, wenn die Ziele in den Prozessen klar strukturiert und Kunden vorhanden sind. Die Aufgaben, Kompetenzen und Verantwortlichkeiten müssen definiert sein. Als Organisationswerkzeuge stehen die Gremiengestaltung, das Funktionendiagramm, der Prozessauftrag und die Funktionalstrategie zur Verfügung. Wenn all diese Elemente sauber erarbeitet und umgesetzt sind, läuft eine Prozessorganisation (fast) von selbst.

Prozessorganisation	Checkliste

1. Unterstützt die Prozessorganisation die Strategie?
2. Hat die Prozessorganisation eine Signalwirkung, eine Botschaft, eine »Story«?
3. Sehen die Beteiligten einen Sinn in der Prozessorganisation?
4. Entspricht die Prozessorganisation der Kultur des Unternehmens?
5. Leitet sich die Prozessorganisation aus den zu erzielenden Resultaten ab?
6. Sorgt die Führung dafür, dass die Mitarbeiter direkt auf ein Resultat hinarbeiten können?
7. Werden die Beteiligten möglichst wenig von der Organisation »gestört«?
8. Sind Aufgaben und Kompetenzen für alle Beteiligten klar?
9. Wird Verantwortung für Resultate aus dem Prozess eingefordert?
10. Ist die Prozessorganisation führbar?
11. Werden Entscheide getroffen, damit die Prozessorganisation funktionieren kann (z. B. Ressourcen)?
12. Gibt es Standards zur Beurteilung der Wirksamkeit der Prozessorganisation?
13. Sind wenige Sitzungen und Koordinationsrunden notwendig?
14. Müssen die Beteiligten wenig miteinander kommunizieren?
15. Ist die Prozessorganisation einfach, verständlich und überschaubar (wenige Schnittstellen)?
16. Wird die Prozessorganisation mit klaren Worten beschrieben (keine Fremdworte, kein »Prozess-Chinesisch«)?
17. Ist sichergestellt, dass es neben der Prozessorganisation keine informelle Organisation braucht?
18. Wird die Prozessorganisation von denjenigen erarbeitet, die sie auch später umsetzen und »leben« müssen?
19. Wird selten über das Thema »Organisation« gesprochen?
20. Wird die Prozessorganisation nicht bei jeder Gelegenheit in Frage gestellt bzw. verändert?
21. Ist die Prozessorganisation so konsequent, dass aus Vorschlägen Verpflichtungen werden, d.h. Maßnahmen mit klaren Verantwortlichkeiten und Terminen?
22. Kommt die Prozessorganisation ohne Status aus?

6.2   Funktionendiagramm, Stellenbeschreibung und Gremiengestaltung

1. Funktionendiagramm

Das wichtigste Werkzeug und letztlich auch das entscheidende Darstellungsinstrument einer Prozessorganisation ist das **Funktionendiagramm**[9]. Es ist die Verbindung von Aufgaben und Personen in ihrer logischen und zeitlichen Abfolge. Die Aufgaben, Kompetenzen und Verantwortlichkeiten werden so geregelt, dass der Prozess am Ende auch zu einem Ergebnis kommen kann. Wenn diese fundamentalen Fragen nicht geklärt sind, treten Abstimmungsschwierigkeiten und Missverständnisse an den Tag. Die Menschen in einer Organisation sind zwar beschäftigt, bleiben aber unproduktiv.

Bei der Erarbeitung besteht der erste Schritt darin, die Aufgaben aus dem Prozess in das Funktionendiagramm zeilenweise zu übertragen. Als zweites werden spaltenweise die beteiligten Personen aufgeführt. Prinzipiell sollten immer konkrete Personen genannt werden und nicht Teams oder Organisationseinheiten. Wenn es gleichartige Aufgaben für mehrere Personen gibt, so kann auch eine Personengruppe in das Diagramm eingetragen werden (etwa »Servicetechniker« in einem Instandhaltungsprozess). Die Aufgaben werden nun von oben nach unten zeilenweise durchgegangen. Bei jeder beteiligten Person wird der Beitrag festgelegt (ausführen, planen, entscheiden, kontrollieren, informieren – mit den jeweiligen Kürzeln). Im Minimum muss für jede Tätigkeit ein »E« (für entscheiden) und ein »A« (für ausführen) stehen. Damit werden die **Aufgaben, Kompetenzen und Verantwortlichkeiten** festgelegt.

Die Vorteile des Funktionendiagramms sind vielfältig. Es zwingt dazu, sich mit den Prozessen und mit den Verantwortlichkeiten auseinanderzusetzen. Damit werden Probleme bei Zuständigkeiten und in der Abstimmung aufgezeigt. Horizontal gelesen verdeutlicht es die Aufgabenverteilung zwischen den Personen und zeigt die wichtigsten **Schnittstellen** auf. Das gilt insbesondere dann, wenn mehrere Personen bei der Planung, Entscheidung oder Ausführung einbezogen sind. Genau hier sind Gremien notwendig. Wenn man das Diagramm spaltenweise (nach Personen) betrachtet, so liegt eine komplette **Stellenbeschreibung** innerhalb eines Prozesses vor. Alle wissen, wo zu planen, zu entscheiden, zu arbeiten und zu kontrollieren ist. Schließlich ist das Funktionendiagramm auch eine wichtige Grundlage für die Aufbauorganisation. Hierarchien und Organigramme werden in der Praxis nur dann funktionieren, wenn sie eine Grundlage in den Prozessen haben. Daher empfiehlt es sich, bei der Gestaltung der Aufbauorganisation mit einem Funktionendiagramm zu starten.

Funktionendiagramm				Werkzeug
Aufgabe Person				

Kürzel für das Funktionendiagramm:

A	ausführen	K	kontrollieren
E	entscheiden	M	Mitspracherecht
I	Information an	P	planen

| Funktionendiagramm | | | | Beispiel Bank |

Im Industriekundengeschäft einer Großbank wird der Prozess »Angebot erstellen« in Form eines Funktionendiagramms strukturiert. Dies ist die Basis der Organisation.

Person **Aufgabe**	**Weill**	**Kolawski**	**Peters**	**Müller**
01. Kunden analysieren (Branche...) und Kundeninteresse aufnehmen	P, E	A		I
02. Leistungsalternativen vorbereiten		A, E		
03. Leistungsalternativen mit Kunden erarbeiten		A, E	M	
04. Finanzierungslösung erstellen		A, E	K	
05. Angebot kalkulieren (inkl. interner Wirtschaftlichkeits-rechnung)	E	A	K	
06. Angebot mit Kunden verhandeln		A, E		
07. bei Akzeptanz: Vertrag bestätigen	K	A	I	I
08. Kundendaten im System aktualisieren	I	E		A

Kürzel für das Funktionendiagramm:

A	ausführen	K	kontrollieren
E	entscheiden	M	Mitspracherecht
I	Information an	P	planen

2. Stellenbeschreibung

Die Stellenbeschreibung ist die konsequente Fortsetzung des Prozesses in den Arbeitsplatz, die Stelle. Ein Prozess ist zunächst bewusst »entpersonifiziert«, weil er aus Aufgaben besteht, die unabhängig von konkreten Personen formuliert sind. Die prinzipielle Unabhängigkeit der Prozesse von konkreten Personen ist geradezu ein Ziel im Prozessmanagement. Damit wird eine Standardisierung, Multiplizierbarkeit und Systematik sichergestellt.

Im Funktionendiagramm wird der Prozess mit konkreten Personen bzw. mit anonymisierten Stelleninhabern verbunden. Jetzt werden aus den Aufgaben konkrete Tätigkeiten mit Verantwortung und Kompetenz zur Ausführung. Mit den Tätigkeitskürzeln »ausführen«, »entscheiden«, »planen« usw. entsteht eine Stelle. Das Funktionendiagramm vertikal gelesen ist nichts anderes als eine Stellenbeschreibung.

Bei der Ausformulierung einer **Stellenbeschreibung** sind als erstes die Bezeichnung der Stelle der vorgesetzten und sowie der stellvertretenden Stelle anzugeben. Damit ist die organisatorische Anbindung definiert. Die vorgesetzte Stelle verweist auf **Hierarchie**, Berichtsweg und erste Entscheidungsinstanz.

Als zweites sind Aufgaben, Kompetenzen und Verantwortlichkeiten auszuformulieren. Die Formulierung sollte den Beitrag der Stelle hervorstreichen – im Sinn von »Der Stelleninhaber sorgt für«. Es geht nicht um eine Auflistung von Tätigkeitsmerkmalen, sondern um die resultatorientierte Beschreibung der Aufgaben. Der Zeitaufwand ist dabei grob abzuschätzen, damit eine Selbstkontrolle und gegebenenfalls eine Anpassung der Stelle erfolgen kann. Bewährt hat sich auch ein zeitlicher Puffer im Ausmaß von zehn bis zwanzig Prozent für Unvorhergesehenes, Sonderaufgaben oder Projekte.

Drittens sind noch Geltung und Inkraftsetzung festzuschreiben und mit den Unterschriften des Stelleninhabers und des Vorgesetzten offiziell zu machen.

Die Stellenbeschreibung konkretisiert die Prozesse in Arbeitspakete und Personen. Sie ist damit auch eine Basis für **Jahresziele**. Aus Zielen einer Organisation werden Ziele des einzelnen Mitarbeiters. Dies setzt eine klare Strategie und Prozesse voraus sowie kompetente Führungskräfte als Vermittler zwischen der Unternehmensdimension und der Mitarbeiterdimension.

Stellenbeschreibung   **Werkzeug**

1. Organisatorische Anbindung

Bezeichnung der Stelle:	Stelleninhaber:	Kurzzeichen:
Bezeichnung der vorgesetzten Stelle:	Vorgesetzter:	Kurzzeichen:
Bezeichnung der stellvertretenden Stelle:	Stellvertreter:	Kurzzeichen:

2. Aufgaben, Kompetenzen, Verantwortlichkeiten

Nr.	Der Stelleninhaber sorgt für...	Aufwand in %

3. Geltung

(Datum, Vorgesetzter)	(Datum, Stelleninhaber)

Stellenbeschreibung	Beispiel Anlagenbau
In einem Unternehmen für Hydro-Kraftwerksbau sieht die Stellenbeschreibung für »Kalkulation und Vergabe« wie folgt aus.	

1. Organisatorische Anbindung

Bezeichnung der Stelle:	Stelleninhaber:	Kurzzeichen:
Kalkulation und Vergabe	G. Berger	ber
Bezeichnung der vorgesetzten Stelle:	Vorgesetzter:	Kurzzeichen:
Leiter Technik	B. Seeger	see
Bezeichnung der stellvertretenden Stelle:	Stellvertreter:	Kurzzeichen:
Einkauf	M. Klein	kle

2. Aufgaben, Kompetenzen, Verantwortlichkeiten

Nr.	Der Stelleninhaber sorgt für...	Aufwand in %
1	... die Vorplanung der Liquidität im Rahmen der Ausschreibungsspezifikation (Abstimmung mit Leiter Technik)	5%
2	... die Sichtung der Unterlagen, der Ausschreibung und der Angebote	15%
3	... die Zusammenstellung der Kostenarten und die Kalkulation auf Kostenstelle und Kostenträger	15%
4	... die Durchführung einer Nachkalkulation mit entsprechenden Schlussfolgerungen für das nächste Projekt und für die Abwicklung	5%
5	... die Planung des Projektes im Angebotsstadium (Ablauf, Termin...)	5%
6	... die Budgetierung, das Leistungsverzeichnis und den Preisspiegel	10%
	...	...

3. Geltung

Die vorliegende Stellenbeschreibung gilt ab dem Tag der beidseitigen Unterzeichnung und ist Teil des Arbeitsvertrages. Sie gibt den aktuellen Stand des Aufgabenbereiches wieder. Die Inkraftsetzung wird durch nachfolgende Unterschriften bestätigt.	
(Datum, Vorgesetzter)	(Datum, Stelleninhaber)

3. Gremiengestaltung

Eine typische Eigenschaft von Prozessen ist es, dass viele Personen am Prozessergebnis mitarbeiten. Dies ist kein Vorteil, sondern ein Nachteil. Üblicherweise ist die einzelne Person viel wirksamer als ein **Team**. Es muss nichts abgestimmt und koordiniert werden. Die Kommunikation entfällt und das Anpassen von Arbeitszeit und Arbeitsstil an die eigene Arbeitsmethodik fällt relativ leicht. Obwohl in der heutigen Zeit viel über das Team romantisiert wird, sind die erfahrenen Führungskräfte eher sparsam mit dem Einsatz von Teams[10]. Arbeitskreise, Kommissionen, Koordinationsausschüsse sind im Normalfall nicht Zeichen von Fortschritt, sondern von mangelnder Organisation.

Gerade die Arbeitsteiligkeit in den heutigen Organisationen bringt es mit sich, dass nur noch über Prozesse gemeinsame Ergebnisse hergestellt werden können. Damit liegt die Herausforderung vor, wichtige Prozessfragen von mehreren Personen diskutieren und entscheiden zu lassen. Das Vehikel dafür ist das **Gremium**, das entsprechende Werkzeug die Gremiengestaltung.

Bei der **Gremiengestaltung** sind im ersten Schritt die Gremien und die jeweiligen Leiter festzulegen, die für die Lenkung eines Prozesses notwendig sind. Dieser Schritt setzt bei der Logik des Funktionendiagramms an. Es geht um wichtige »Querschnittsthemen«, die nur horizontal von mehreren Leuten bewältigt werden können. Umfang und Struktur solcher Themen sind sehr verschieden, von Beauftragungen, Freigaben bis hin zu Schlüsselentscheiden. Wichtig ist in jedem Fall eine klare Struktur der Gremien und Transparenz. In der Gremienliste sind daher Gremium, Leitung, Termin, Dauer, Tagesordnungspunkte, Teilnehmer und Protokollant aufzunehmen. Diese Liste wird so zu einem integralen Bestandteil einer Prozessorganisation.

Bei der Anzahl der für eine Prozessorganisation notwendigen Gremien ist von einer möglichst geringen Anzahl auszugehen. Es gibt Führungskräfte mit der Neigung, alle wichtigen Fragen an ein Kollektiv zu delegieren. Niemand ist in solchen Konstellationen verantwortlich, die Themen werden in Endlosschleifen diskutiert und die Leute von der Arbeit abgehalten. Eine enge Liste von Gremien ist Zeichen von professioneller Organisation und von Effektivität. Die Effizienz von Gremien hängt vom Sitzungsmanagement ab.

Die **Sitzung**[11] (Workshops, Meetings, Besprechungen) gehört zum Alltag in jedem Prozess, insbesondere bei der Prozessleitung. Sie ist der wichtigste Versammlungs-, Kommunikations- und Entscheidungsort, den es in arbeitsteiligen Organisation gibt. Völlig zu Recht klagen viele Menschen darüber, dass sie zu viel Zeit in zu vielen unwirksamen Sitzungen verbringen. Jeder Aufwand in einem Prozess wird kalkuliert – hingegen wird die Effektivität von Sitzungen praktisch nie hinterfragt.

Wirksame Sitzungen sind eine wesentliche Voraussetzung für das Funktionieren von Prozessen. Von guten **Sitzungsleitern** kann man einiges abschauen. Sie verfassen einen Sitzungskalender mit zeitlicher Planung, Beteiligten, Tagesordnungspunkten und überlassen die Sitzung nie dem Zufall. Sitzungsleiter leiten zwar eine Sitzung, diskutieren aber nicht mit, weil sie die Sitzung steuern müssen: Wortmeldungen erteilen, den »Fahrplan« einhalten, auf die Zeit achten und am Ende der Sitzung Aufgabenlisten erstellen. Sie delegieren so viel wie möglich (z. B. Berichte, Präsentationen), weil sie genug mit der Steuerung der Sitzung zu tun haben. Sitzungsleiter bereiten sich gründlich vor. Der größte Arbeitsaufwand fällt nicht bei einer Sitzung an, sondern in der Vorbereitung und in der abschließenden Protokollierung. Daher reservieren sie sich Zeit zur Vor- und Nachbereitung[12].

Tipps für Sitzungsleiter   **Checkliste**

1. Die beste Sitzung ist diejenige, die nicht stattfinden muss, weil die Inhalte klar sind und sich alle auf ihre Aufgaben konzentrieren können.
2. Vor der Sitzung ist zu prüfen, ob alles vorbereitet ist (Tagesordnungen, Medien).
3. Die Sitzung muss pünktlich anfangen – vor allem dann, wenn nicht alle Teilnehmer pünktlich sind. Die Sitzung soll formell begonnen und abgeschlossen werden.
4. Soll eine Sitzung produktiv sein, muss sie mit Disziplin geführt werden (Zeitplan, Wortmeldungen). Eine gute Sitzung bedeutet harte Arbeit.
5. Der Sitzungsleiter hat die Aufmerksamkeit aller einzufordern. Er ist dafür verantwortlich, dass die Sitzung mit Ergebnissen schließt.
6. Das Wort wird vom Sitzungsleiter erteilt. Es redet nur eine Person. Vielredner sind einzubremsen, inaktive Teilnehmer sind zu Wortmeldungen aufzufordern.
7. Konsens ist der Idealfall für Sitzungen. Ihn zu erzwingen ist aber Illusion. Auch ein festgestellter oder ausgetragener Konflikt kann ein Ergebnis einer Sitzung sein.
8. Zu jeder Sitzung gehört ein Protokoll. Wichtiges ist während der Sitzung sofort und ausdrücklich ins Protokoll zu reklamieren.
9. Eine Sitzung endet mit einer Maßnahmenliste. Ansonsten ist der Anlass überflüssig gewesen, außer es handelt sich um eine reine Informationsveranstaltung. Für alle Teilnehmer und Adressaten im Verteiler sind die nächsten Schritte transparent anzugeben – insbesondere die allfällig nächste Sitzung.

Es gibt nur ein Kriterium, ob eine Sitzung wirksam ist oder nicht, nämlich die Ergebnisse. Gute Sitzungsleiter steuern vor allem darauf hin, dass Beschlüsse gefasst werden und allen klar ist, wer nach der Sitzung welche Aufgabe bis wann zu erledigen hat. Am besten wird die Sitzung mit den Tagesordnungspunkten gelenkt. Man muss sich auf wenige, dafür wichtige Punkte konzentrieren. Überladene **Tagesordnungen** sind nicht nur Beweis einer schlechten Sitzungskultur, sondern auch ein Zeichen unwirksamer Organisation. Bei jedem Punkt muss klar sein, welcher Zweck erreicht werden soll. Eine genaue zeitliche Angabe und eine konkrete Person als Verantwortlicher sind zugewiesen. Das muss natürlich vorher abgestimmt werden und benötigt wiederum Zeit.

Das Entscheidende passiert erst nach der Sitzung – die **Umsetzung**. Gute Sitzungsleiter stellen sicher, dass nach jeder Sitzung, vielleicht sogar auch nach jedem Tagesordnungspunkt, eine Aufgabenliste angefertigt wird. Damit wird die beste Voraussetzung für eine wirksame Sitzung geschaffen. Nur so werden Prozesse auch produktiv.

Gremiengestaltung				Werkzeug
Gremium/Leitung	**Termin/Dauer**	**Tagesordnungspunkte**	**Teilnehmer**	**Protokoll**

Gremiengestaltung			Beispiel Industrie	

Der Prozess »Entwicklungen steuern« in einem Industrieunternehmen für elektromechanische Komponenten wird mit folgenden Gremien gesteuert.

Gremium/ Leitung	Termin/Dauer	Tagesordnungspunkte	Teilnehmer	Protokoll
Entwicklungen beantragen: Rahmenheft (Belling)	jeden ersten Dienstag im Monat (08.00-12.00)	• Listung der vorhandenen Ideen • Diskussion pro Idee: Ideenart, Problem, Lösung, Nutzen • Entscheid: Auftrag für Lastenheft • Verantwortlichkeiten	Belling, Franke, Helmer, Antragsteller	Scholl
Entwicklungen beauftragen: Lastenheft (Belling)	jeden ersten Mittwoch im Monat (08.00-18.00)	• Listung der vorhandenen Anträge • Diskussion pro Antrag: Ausgangslage, Ziele, relative Qualität, Wirtschaftlichkeit, Umsetzungsplan • Entscheid: Umsetzung • Festschreibung der Verantwortlichkeiten	Belling, Franke, Helmer, Petzold, Verantwortl. für Lastenheft	Scholl
Umsetzung der Entwicklungen prüfen: Umsetzungs-Controlling (Treichel)	10.01., 03.04., 08.07., 02.10. (08.00-18.00)	• Listung aktueller Entwicklungen • Diskussion pro Thema: Prämissen, Eckwerte, Maßnahmen, Zeit-/ Ressourcenplan • Abnahme, Übergabe an die Linie	Treichel, Belling, Helmer, Verantwortl. für Umsetzung	Töpfer

6.3   Prozessauftrag und Funktionalstrategie

1. Prozessauftrag

In jeder Organisation gibt es **Schlüsselprozesse**, die einen wesentlichen Beitrag für den Erfolg und für die langfristige **Lebensfähigkeit**[13] leisten. Im Beratungsgeschäft sind dies der Akquisitions- und der Auftragsbearbeitungsprozess. In der Industrie finden sich etwa Leistungserstellungsprozesse unter Kostengesichtspunkten oder Entwicklungsprozesse. Wenn die Prozessorientierung in einer Organisation eingeführt wird, muss sichergestellt sein, dass für alle Prozesse klare Anweisungen und Strukturierungen vorliegen. Vor allem nach einer Prozessgestaltungsphase empfiehlt es sich, für die veränderten Prozesse Aufträge zu erarbeiten. Darin wird die »Story« des neuen Prozesses dokumentiert.

Ein **Prozessauftrag** enthält folgende Elemente: Prozessbezeichnung, verantwortliche Stelle/Person, Ergebnisse und Nutzen, Messgrößen/Beurteilungskriterien, Kosten-/Komplexitätstreiber, erfolgskritische Schnittstelle, künftige Schlüsselthemen, Arbeitsanweisungen/Stellebeschreibungen/Regelungen, Berichte, zu klärende Punkte/notwendige Entscheidungen, Auftragserteilung und Auftragsbestätigung. Um die Verbindlichkeit sicherzustellen, sollten Auftraggeber und Auftragnehmer den Prozessauftrag unterzeichnen. Ein Prozessauftrag sollte maximal ein bis drei Seiten lang sein. In den meisten Fällen genügt ein zusammenfassendes Blatt. Damit ist der Prozessauftrag gleichzeitig ein **Prozesssteckbrief**, in dem übersichtlich die wichtigsten Themen zusammengefasst sind. Das Prinzip der Schriftlichkeit und die persönliche Unterzeichnung zwingen dazu, die Inhalte klar zu formulieren und sich dazu zu bekennen. Für den Auftraggeber ist es die Basis für **Jahresziele** und für die Leistungsbeurteilung mit dem Auftragnehmer. Umgekehrt hat der Auftragnehmer den Vorteil, sich auf den Auftrag berufen zu können.

Für den Zweck der **Prozessdokumentation** eignet sich der Prozessauftrag ebenfalls. Normalerweise werden ganze Ordnerbatterien mit Prozessbeschreibungen gefüllt, die im Anschluss niemand mehr verwendet oder weiterentwickelt. Die schlankeste und wirksamste Form der Prozessdokumentation sind eine Wertschöpfungskette als Prozesslandkarte und Prozessaufträge für die einzelnen Elemente. Damit wird aus einer Dokumentation ein echtes Führungswerkzeug.

Der Prozessauftrag ist die Leitlinie für den Prozess. Es gibt keine bessere Voraussetzung für die Umsetzung einer prozessorientierten Organisation als den Schritt, Prozesse bei definierten Verantwortlichen in Auftrag zu geben[14].

Prozessauftrag	Werkzeug
Prozess	
verantw. Stelle/Person	
Ergebnisse und Nutzen	
Messgrößen/ Beurteilungskriterien	
Kosten-/Komplexitätstreiber	
erfolgskritische Schnittstelle mit	
künftige Schlüsselthemen	
Arbeitsanweisungen/ Stellebeschreibungen/ Regelungen	
Berichte	
zu klärende Punkte/ notwendige Entscheidungen	
Auftragserteilung	
Auftragsbestätigung	

Prozessauftrag	Beispiel Universität

Durch ein neues Hochschulgesetz sind die Universitäten angehalten, vermehrt mit externen Referenten zu arbeiten. Der Praxisgehalt der Lehre soll dadurch steigen. Der Prozess »Externe Referenten in die Lehre einbinden« ist für die Universität von entscheidender Bedeutung. Seitens des Rektorats wurde ein Prozessauftrag formuliert.

Prozess	01-03: Externe Referenten in die Lehre einbinden
verantw. Stelle/Person	externe Dozenten/A. Perlacher
Ergebnisse und Nutzen	• qualitativ hoch stehende Lehre durch externe Referenten • qualitativ hoch stehende Betreuung der externen Referenten • niedrige Fluktuation bei externen Referenten • Nutzen für Studierende: qualitativ hoch stehende Lehre, Praxistransfer, Möglichkeit zur Netzwerkbildung • Nutzen für externe Referenten: qualitativ hoch stehende Betreuung und Organisation (Administration, Seminarräume, Prüfungsmodalitäten)
Messgrößen/Beurteilungskriterien	• Seminarbeurteilung: im Schnitt 85 % des Maximums • Betreuungsbeurteilung durch Referenten: im Schnitt 90 % des Maximums • Fluktuationsquote: maximal 15 % jährlich
Kosten-/Komplexitätstreiber	• sehr unterschiedlicher »Betreuungs- und Steuerungsaufwand« der externen Referenten • Einbindung in die Prozesse der Universität • Sicherstellung der durchgängigen Lehrqualität über alle Phasen (Skripte bis Prüfung)
erfolgskritische Schnittstelle mit	• Rektorat und Direktion: Budgetierung, Raumzuweisung • Buchhaltung: Zahlungsverkehr • Fakultäten: Abstimmung Lehrinhalte, Feedbacks
künftige Schlüsselthemen	• Wettbewerb um gute externe Dozenten • Gestaltung eines gemeinsamen Fakultätsprogammes zwischen internen und externen Dozenten • Minimierung des administrativen Aufwands für externe Dozenten (»volle Konzentration auf die Lehre«)

Prozess	**01-03: Externe Referenten in die Lehre einbinden**
Arbeitsanweisungen/Stellenbeschreibungen/Regelungen	• Stellenbeschreibung: »Leitung externe Dozenten« • Verweise in Stellenbeschreibungen: »Programmerstellung Fakultäten«, »Lohnbuchhaltung«, »Raumdisposition« • Arbeitsanweisung und entsprechende Zusätze: »externe Dozenten« • Systemregelungen, v.a. bzgl. UniPerf
Berichte	• regelmäßige Beiträge im Budgetbericht (quartalsweise) • Seminarbeurteilungsbericht (jeweils Semesterende) • Bericht »Performance externe Referenten« inkl. Fluktuationsquote (jeweils Semesterende) • Zusammenfassung »Betreuungsbeurteilung« durch externe Dozenten (einmal jährlich) • Beitrag im Universitätsbericht (einmal jährlich)
zu klärende Punkte/notwendige Entscheidungen	• definitiver Ressourcenentscheid über die Stelle »externe Dozenten« (Infrastruktur, Personalaufwand) • Prozessdokumentation und Workflow: über System UniPerf • Intranet, MS Office, StudSys
Auftragserteilung	(M. Schmidt)
Auftragsbestätigung	(A. Perlacher)

2. Funktionalstrategie

Ein im Prozessmanagement häufig übersehenes Thema ist die **Funktionalstrategie**. Bei der Modellierung, Analyse und Gestaltung von Prozessen sind die Erfahrungswerte in Praxis und Theorie sehr weit fortgeschritten. Ganz anders verhält es sich bei der Strategie für Funktionen. Es scheint, dass dieses wichtige Element schlichtweg übersehen worden ist.[15]

Wenn Prozesse zu übergeordneten Funktionen zusammengefasst werden, ist eine saubere Planung notwendig. Das Ergebnis wird in einer Funktionalstrategie zusammengefasst. Übergeordnete Funktionen können beispielsweise sein: Entwicklung/Innovation, Marketing (im Sinn der Abdeckung aller so genannten »4 P's«: Leistung, Preis, Kommunikation, Distribution) oder Controlling als umfassende Dienstleistung für Führungskräfte. Wesentlich ist, dass es seitens der Geschäftsfelder klare Anforderungen an solche übergeordnete Funktionen geben muss. Damit ist auch klar die Reihenfolge angesprochen. Zuerst werden die Geschäfte geplant und dann die Funktionen. In den **Geschäftfeldstrategien** werden Marktstellungsziele, eine quantitative Zielpositionierung und grundsätzliche Aussagen zum Leistungsprogramm bezüglich Kunden, Ressourcen und Schlüsselmaßnahmen formuliert. Im Zuge dieser Arbeit werden funktionale Konsequenzen aufgezeigt, d.h. der Beitrag der Funktionen zur Umsetzung der Geschäftsfeldstrategie.

Kernfragen zur Funktionalstrategie   **Checkliste**

1. Welche Funktionen bzw. Prozesse bleiben bewusst dezentral in den Geschäftsfeldern?

2. Wie kann eine Funktionalstrategie die Geschäftsfeldstrategie unterstützen?

3. Was sind die Kernleistungen der Funktion?

4. Wer sind die Kunden der Funktionalstrategie?

5. Welche Konsequenzen ergeben sich für die Kostenposition der Funktion?

6. Wie sind die Funktion und deren Leistungen zu verrechnen?

7. Wie muss die Funktion organisiert werden?

8. Können die Funktion und deren Leistungen auch fremdbezogen werden?

9. Darf die Funktion mit ihren Leistungen auch extern am Markt Geschäft machen?

Der Aufbau einer Funktionalstrategie orientiert sich im Wesentlichen an der Gliederung einer Geschäftsfeldstrategie. Der Benennung der Funktion und des Verantwortlichen folgt eine Genehmigungszeile mit Datum. Diese Vorgaben werden mit Unterschrift seitens Auftraggeber und Auftragnehmer quittiert. Anschließend wird die Ausgangslage kurz umrissen. Dies empfiehlt sich deswegen, damit während der Umsetzung klar ist, von welchen Prämissen aus gestartet wurde. Die Funktionalstrategie ist im Prinzip nichts anderes als eine Antwort auf die Herausforderungen, die in der Ausgangslage beschrieben sind. Darauf basierend wird der Auftrag für die Funktion festgeschrieben. Der Auftrag leitet sich aus den Anforderungen der Kunden der Funktion ab. Entsprechend sind auch die Kunden explizit zu erwähnen. Zusätzlich kann es sinnvoll sein, einige Grundprinzipien für die Organisation der Funktion festzuhalten wie beispielsweise wichtige Gremien und das Reporting.

Der Kern einer Funktionalstrategie besteht aus den drei Elementen »**Ziele – Mittel – Maßnahmen**«. Bei den Zielen sind folgende Vorgaben umzusetzen: Beitrag der Funktionalstrategie für die Geschäftsfeldstrategien, Listung der wichtigsten Produkte und Dienstleistungen, Beitrag zur Produktivität (für den eigenen Bereich oder unterstützend für andere). Abgeleitet aus den Zielen sind die Mittel für den Aufbau und den »Betrieb« der Funktion darzustellen (Personalressourcen, Sachressourcen, Finanzmittel, Ressourcen für Schulung, DV). Es geht um eine grobe Darstellung der jährlich anfallenden Kosten der Funktion. Abschließend sind die wichtigsten Umsetzungsmaßnahmen darzustellen (»www« – »Wer macht was bis wann«). Damit wird die Verknüpfung zwischen den Zielen, den Mitteln und der persönlichen Ebene im Sinn der Umsetzung hergestellt. Die Maßnahmen sind deswegen in die **Zielvereinbarung** zu integrieren[16].

Die Funktionalstrategie ist ein Strukturierungs- und Umsetzungsinstrument. Sie leistet einen hervorragenden Beitrag, mehrere ähnlich gelagerte Prozesse zu einer Funktion zusammenzufassen. Insbesondere bei großen Prozessumgestaltungen oder Redimensionierungen sollten eigene Strategien für die wichtigsten Funktionen erarbeitet werden. Damit wird die Verknüpfung zwischen den Geschäftsfeldern und den Prozessen hergestellt.

Funktionalstrategie	Werkzeug
Funktionalstrategie:	
Verantwortlich:	
Genehmigung/Datum:	

Beurteilung der Ausgangslage:

Auftrag für die Funktion:

Kunden:

Organisation:

Ziele:

Mittel:

Ressourcen (p.a.)	Kosten

Maßnahmen:

Nr.	Aufgabe	Termin	Verantw.	Status
1				
2				
3				
4				
5				
6				
7				

Funktionalstrategie	Beispiel Handel

In einem mittelständischen Unternehmen sind die Controllingfunktionen quer über die SGF (Strategische Geschäftsfelder) und Hierarchien verteilt. Es wird eine einheitliche Controlling-Funktion geschaffen, die alle controllingrelevanten Prozesse ausführt und unterstützt.

Funktionalstrategie:	FS 04 – Controlling
Verantwortlich:	Müller
Genehmigung/Datum:	Hofer/31.03.200x

Beurteilung der Ausgangslage:

- unkoordinierte Verteilung von Aufgaben, Kompetenzen und Verantwortlichkeiten bzgl. Controlling über mehrere Stellen und Hierarchien
- unterschiedliche Controlling-Kompetenzen an mehreren Stellen
- unterschiedliche Planungszyklen (halbjährlich, quartalsweise, rollierend)
- keine durchgängige Ablage relevanter Daten im Controlling-Workflow (Insellösungen)
- zu hohe Kosten für die Controlling-Aufgaben

Auftrag für die Funktion:

- Das Controlling sorgt für Aufbau und Umsetzung eines einheitlichen Führungssystems.
- Die Schlüsselprojekte des Unternehmens werden vom Controlling zentral geprüft.

Kunden:

- Vorstand/SGF-Leiter (gleichzeitig Mitglied im Vorstand)
- alle Führungskräfte bis auf Ebene Abteilungsleiter
- Projektreporting: Vorstand

Organisation:

- Das Controlling berichtet an den Vorstand und ist den Leitern der SGF (gleichzeitig Mitglieder des Vorstandes) verantwortlich.
- Das Controlling steht unter der Leitung von G. Müller (Stv. S. Beck).
- Monatlich findet die Controllingrunde (inkl. Vorstand) statt (jeder erste Mittwoch p.m.).

Ziele:

- Aufbau und »Betrieb« eines einheitlichen Führungssystems (Integration MIS, BSC, Zahlengenerierung, Sitzungsreporting) inkl. vergleichbarer Planungszyklen (100% Verwendung)
- Unterstützung der Führungskräfte bei operativer/strategischer Planung, Soll-Ist-Vergleichen und anderen Entscheidungshilfen (Erhöhung der Planungsgenauigkeit um 20% im ersten Jahr)
- Steuerung der definierten Schlüsselprojekte für das Unternehmen
- Reduktion des Spartencontrollings und gänzliche Übernahme aller Controlling-Aufgaben ab 200x (Festschreibung der Aufgaben, Kompetenzen und Verantwortlichkeiten für alle Controlling-Aufgaben)
- Reduktion der Fixkosten für alle Controlling-Aktivitäten um 25% (Basis: Aufwände für Spartencontrolling, zentrales Controlling, Controlling-Aufgaben in RW)

Mittel:

Ressourcen (p.a.)	Kosten
1. 8 Vollzeitkräfte (ab. 31.10.)	500 000 €
2. Infrastruktur (ab 31.10.)	120 000 €
3. Vereinheitlichung der Systeme (v.a. Schnittstellen) inkl. Anschaffung Soft- und Hardware (einmalig)	150 000 €
4. Ausbildungskosten (für alle betroffenen Mitarbeiter)	20 000 €

Maßnahmen:

Nr.	Aufgabe	Termin	Verantw.	Status
1	kompletter Personalreview aller Controller (plus Controlling-Stellen)	28.02.	Müller	
2	Herstellung der durchgängigen Funktionsfähigkeit und Verwendung des Controlling-Workflows (Dokumentenmanagement, Vereinheitlichung Berichtsoberflächen)	31.05.	Beck	
3	Umsetzung des einheitlichen Controlling-Systems und der Reports (inkl. Integration aller relevanten Informationsquellen)	30.06.	Müller	
4	Umsetzung der rollierenden Planung in allen SGF	30.06.	Müller	
5	Konzeption und Umsetzung des Projektmanagementsystems	31.10.	Gerold	

6.4   Produktivitätsverbesserung und Prozesskostenrechnung

Die **Produktivität** wird nachhaltig durch das richtige Organisieren der Wertkette sichergestellt. Die Instrumente der Gremiengestaltung, des Funktionendiagrammes, des Prozessauftrages und der Funktionalstrategie haben die Prozesse bezüglich Aufgaben, Kompetenzen und Verantwortlichkeiten strukturiert. Hier lag der Fokus auf den Elementen »Information« und »Verantwortung«. Das Element »Kosten« wird zwar indirekt auch berührt, bedarf aber der gezielten Steuerung.

Das Kostenthema ist extrem breit und vielschichtig. Im Prozessmanagement gibt es vornehmlich folgende Anknüpfungspunkte bezüglich der Kosten:

Erstens wird ein grundsätzlicher Kostenentscheid bei der Definition der **relativen Qualität**[17] getroffen. Die Art und Weise, wie eine Organisation die kaufentscheidenden Kriterien produziert, definiert nachhaltig das Kostenniveau. Zumeist sind damit auch Fragen der Komplexität der Marktleistung und der betroffenen internen Prozesse betroffen. Discounting-Konzepte stellen etwa völlig andere Herausforderungen an die Prozesse als Vollsortimenter. Der Lebensmittel-, Möbel- oder Bekleidungshandel zeigt diese Zusammenhänge sehr drastisch auf.

Zweitens dient die **Wertkette** als Analyse-, vor allem aber als Gestaltungsraster für die einzelnen Prozesse und Funktionen. An dieser Stelle wird ein Geschäft über die Prozesse strukturiert. Die Kosten werden auf die Geschäftsabläufe verteilt. Beispielsweise macht es einen erheblichen Unterschied, ob die Leistungserstellung im eigenen Haus erfolgt oder zugekauft wird. Im einen Fall dominieren die Fix-, im anderen Fall die variablen Kosten. Gerade im Fall von geringer werdender Wertschöpfungstiefe gewinnen die Beschaffungsprozesse immer mehr Bedeutung und werden so zu Schlüsselfaktoren für das Kostenmanagement. Hohe Fixkosten führen zu einer hohen **Investmentintensität**, also zu einem schlechten Verhältnis aus Wertschöpfung (Nettoumsatz minus Vorleistungen) zu Investment (Working-Capital plus betiebsnotwendiges Nettoanlagevermögen).

Drittens orientieren sich die Ansatzpunkte der **Prozessneugestaltung** am »magischen Dreieck« Qualität, Zeit und vor allem Kosten. Das Streichen eines gesamten Prozesses oder von Teilprozessen und die Zusammenlegung von Prozessschritten führen zu einer nachhaltigen Absenkung des Kostenniveaus. Die Instrumente der **Prozessverbesserung** verändern die Prozesslandschaft zwar nicht radikal, haben aber durchaus positive Auswirkung auf die Prozesskosten über die Prüfung auf Zeit- und Kostenfallen, Verkürzung der Durchlaufzeiten oder das Prinzip der Selbststeuerung.

Viertens liefert die Analyse und Gestaltung der **Kostentreiber** die Voraussetzung zur Kostensenkung und Produktivitätssteigerung auf Dauer. Indem bei den Hebeln für die Kostenarten angesetzt wird, ergeben sich nachhaltige Effekte. Die Reduktion des Kostentreibers »Variantenvielfalt« beispielsweise hat positive Auswirkungen auf fast alle Prozesse in der Wertschöpfung. Wenn dieses Verfahren mit einer **systematischen Müllabfuhr** gekoppelt wird, entsteht ein permanentes Fitnessprogramm für jede Organisation[18].

Fünftens werden die Prozesskosten nachhaltig durch die **Organisation** bestimmt. Gemeint ist die Aufbauorganisation, die Wirksamkeit von Gremien im Sinn des professionellen Sitzungsmanagements und die Funktionengestaltung. Hier entscheidet sich, ob die Aufgaben, Kompetenzen und Verantwortlichkeiten so gebündelt werden, dass Nutzen entsteht. Unklare Zuständigkeiten, zu viele Sitzungen mit zu vielen Leuten, fehlende Anforderungsprofile an Menschen und Prozesse bewirken eine nicht wettbewerbsfähige Kostenposition. Über die Kostenwirkung dieser Faktoren herrscht zumeist völlige Unwissenheit, weil es etwa keine Kostenstelle für »Sitzungen« gibt, auf die man buchen kann.

Abb. 14: Bestimmungsfaktoren von Prozesskosten

Die Produktivität einer Organisation ist ein Schlüssel für **Wettbewerbsfähigkeit**. Ein wesentlicher Bestimmungsfaktor für die Produktivität sind Geschäftsprozesse. Diese Zusammenhänge sind in der Strategieliteratur in den vergangenen Jahrzehnten vielfach herausgearbeitet worden. Einige sollen exemplarisch genannt sein[19]. Peter Drucker etwa spricht von der Basis für ein Geschäft durch permanente Produktivitätsführerschaft. Für ihn besteht eine Organisation im Prinzip nur aus Kosten und aus Prozessen. Hans Ulrich unterstreicht in seinen Werken die Bedeutung von Prozessen und ihre Wirkung auf die Kosten- und die Erlösseite. Michael Porter setzt auch bei den Prozessen an, wenn er die Wettbewerbsvorteile nach Differenzierung, Kostenführerschaft und Einzigartigkeit unterteilt. Die Beherrschung der Prozesse hat jeweils einen unterschiedlichen Fokus, ist aber Grundvoraussetzung zum Aufbau und Erhalt der Wettbewerbsvorteile. Für Fredmund Malik sind die Produktivitäten eine Schlüsselgröße zur Beurteilung der Gesundheit einer Organisation. Die Produktivität des Geldes (z. B. Investment), der Arbeit (z. B. Output pro Zeiteinheit), der Zeit (z. B. Time to Market) und des Wissens (z. B. Nutzung von Qualifikationen) sind nur durch wettbewerbsfähige Prozesse mit entsprechender Durchlaufzeit zu gewährleisten.

Im Sinn einer umfassenden Wertsteigerung durch Prozesse ist aber nicht nur die eigentliche Kostenseite zu betrachten, sondern auch und vor allem gleichberechtigt die Erlösseite. Prozesse müssen sicherstellen, dass die Kostenseite im Griff ist. Die genannten Ansatzpunkte fokussieren sehr stark diese Perspektive. Es gibt aber auch die Erlösseite. Prozesse sind die Voraussetzung dafür, dass Umsätze gemacht werden und damit die notwendige Liquidität in die Organisation fließen kann. Veranschaulicht werden kann dieser Zusammenhang mit dem **Dupont-Schema** aus den 1920er- Jahren, welches auch als ROI-Baum bekannt geworden ist[20]. Der ROI (Return-on-Investment) ist eine Relationsgröße, welche die Verzinsung des eingesetzten Kapitals im Wirtschaftsprozess wiedergibt. Prinzipiell gibt es für Kapital zwei Möglichkeiten zur Verzinsung: Veranlagung am Kapitalmarkt oder Investition am »echten« Markt, also in Form unternehmerischen Einsatzes. Der ROI wird nun gemessen als Gegenüberstellung einer Gewinngröße vor Zinsen und Steuern (EBIT – Eearnings before Interest and Taxes) gegenüber dem eingesetzten betriebsnotwendigen Kapital (Investment). Der EBIT wiederum geht aus dem Umsatz minus den eingesetzten Kosten und den Vorleistungen hervor. Alle Faktoren werden durch Prozesse ausgelöst und gesteuert. Nachfolgende Abbildung macht dies deutlich.

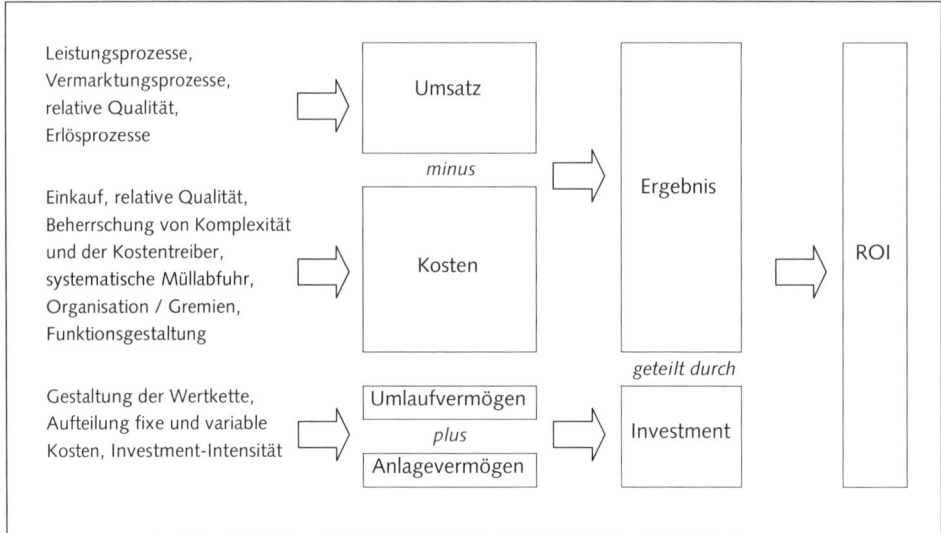

Abb. 15: Beeinflussung der Erlös- und der Kostenseite durch Prozesse

Das wichtigste Instrument zur kostenmäßigen Strukturierung eines Prozesses ist die **Prozesskostenrechnung**[21]. Hierbei handelt es sich in erster Linie um ein Führungsinstrument und erst in zweiter Linie um ein Werkzeug für Spezialisten der Kostenrechnung. Die Grundidee lautet, die in einer Organisation anfallenden Kosten nicht nur auf Kostenarten, Kostenstellen und Kostenträger aufzuteilen, sondern eine prozessorientierte Betrachtung einzuführen. Die Basis bildet die Wertkette (als Prozesslandkarte).

Zunächst wird ein Hauptprozess ausgewählt und in Teilprozesse zergliedert. Pro Teilprozess werden die wichtigsten Kostentreiber ermittelt und quantifiziert. Im Beispiel wurden für den Teilprozess »Auftrag bearbeiten« die Kostentreiber »Auftragstypen« und »Nachgiebigkeit des Außendienstes« festgehalten. Anschließend wird die Menge der **Transaktionen** notiert, die einen Teilprozess durchlaufen. Im Beispiel werden für den Teilprozess »Angebot erstellen« jährlich 400 Angebote identifiziert, die im Prozess erarbeitet werden. Pro Teilprozess werden die relevanten Kostenarten zugerechnet und summiert. Typische Kostenarten in einem Prozess sind Personal (Zeit multipliziert mit Mitarbeitern), Finanzmittel, Sachkosten (Materialeinsatz, Geräte, Lagerflächen, sonstige Mobilien und Immobilien), Fremdleistungskosten (Beratung und andere Dienstleistungen), Prozessnebenkosten (Büromaterialien, Telefonkosten). Gerade die Zeitkosten sind ein Faktor, der immer wieder unterschätzt wird – vor allem dann, wenn scheinbar genügend Personalkapazität vorhanden ist. Hin und wieder herrscht die Meinung vor, dass Prozesse nichts kosten, weil Personal »ohnehin da ist«.

Wesentlich ist die Unterscheidung, ob eine Kostenart abhängig oder unabhängig von der Leistungsmenge ist (»lmi – leistungsmengen-induziert«, »lmn – leistungsmengen-neutral«). Die Grundidee greift den Gedanken von variablen und fixen Kosten auf. Die Kosten lmi werden pro Teilprozess zugeordnet und ein Kostensatz lmi ermittelt, indem die Kosten durch die Menge dividiert werden. Als nächstes werden die Kosten lmn für den gesamten Prozess erhoben, auf die Teilprozesse verteilt und ein Kostensatz ermittelt. Die **Kostensätze** lmi und lmn ergeben dann die gesamten Prozesskosten für die Teilprozesse und für den Hauptprozess.

Es geht bei der Prozesskostenrechnung nicht darum, die verschiedenen Möglichkeiten der Budgetierung für Prozesse vorzustellen, wie etwa Erfolgsbudget, Investitionsrechnungen, Bilanzen, Finanz- oder Kapitalflussrechnungen in Prozessen. Dies würde den Rahmen sprengen und ist für die Prozessorientierung auch gar nicht notwendig.

Der große Vorteil der Prozesskostenrechnung liegt im Management von Prozessen. Damit kann neben einer Analyse der Kosten und Kostentreiber auch die laufende Leistungsfähigkeit von Prozessen geprüft werden. Messgrößen für die Produktivität von Prozessen sind einfach erstellbar und damit auch Zielgrößen für die Gestaltung. Zusätzlich kann bei Veränderung der Kostentreiber eine Simulation durchgeführt werden, etwa bei Veränderung der Variantenzahl, des Kundenmixes oder organisatorischer Maßnahmen.

Die Ergebnisse der Prozesskostenrechnung können in die Kostenträgerrechnung und in die Gemeinkostenrechnung eingebaut werden. Der Vorteil liegt darin, dass die Prozesse die organisatorische »Wahrheit« meistens viel eher wiedergeben als abstrakte und aus der Vergangenheit stammende Verrechnungssätze. Zentral ist die **Gesamtkostenbetrachtung**.

Kernfragen bei der Prozesskostenrechnung   **Checkliste**

1. Stimmt die Ist- mit der Soll-Kalkulation überein? Wenn nicht: Welche Maßnahmen müssen ergriffen werden?

2. Passt die Flughöhe der Prozesse und Teilprozesse? Muss ein Teilprozess tiefer gegliedert oder können Teilprozesse zusammengefasst werden?

3. Wie verändert sich das Kalkulations-Schema bei Veränderungen in den Kostentreibern?

4. Sind genügende Ressourcen in Zukunft vorhanden, um den Prozess sicherzustellen? Wer entscheidet über die Ressourcen?

5. Wo liegen Engpässe bei den Ressourcen? In welchem Prozess können diese Engpässe erfolgskritisch sein? Wie kann man gegensteuern?

6. Können interne Benchmarks mit der Prozesskostenrechnung durchgeführt werden?

Vollständig wird die Gestaltung und Lenkung eines Prozesses nur durch eine begleitende Prozesskostenrechnung. Sie führt erfahrungsgemäß zu einer verstärkten Prozessorientierung und zu einer Verbesserung der **Entscheidungen**[22] des Managements, weil direkt bei den Geschäftsprozessen angesetzt wird. Es kommt nicht darauf an, einen Prozess bis in jede Verästelung durchzukalkulieren. Viel wichtiger ist es, echte Planungs-, Kontroll- und Entscheidungshilfen zu haben, auch wenn das Zahlenwerk nur grob, dafür aber richtig ist. Die Prozesskostenrechnung ist keine Sache von Spezialisten, sondern ein Werkzeug der prozessverantwortlichen Manager.

Prozesskostenrechnung								Werkzeug
Prozess/Prozess-nummer:								
Teilpro-zesse lmi	Kosten-treiber lmi	Anzahl Kosten-treiber	Menge	Kosten lmi	Kosten-satz lmi	Kosten lmn	Kosten-satz lmn	gesamte Prozess-kosten
Sum-men								

Errechnung des Kostensatzes lmn

Teilprozesse lmn	Kosten-treiber lmn	Anzahl Ko-stentreiber	Kosten lmn	Kosten lmi	Kostensatz pro € lmi
Summe					

Anmerkung: lmi   leistungsmengen-induziert

                       lmn   leistungsmengen-neutral

Prozesskostenrechnung								Beispiel Maschinenbau

Der Verkaufsinnendienst eines Werkzeugmaschinenherstellers steuert seine Prozesse mit Hilfe einer Prozesskostenrechnung. Die gesamten Prozesskosten werden auf der Basis leistungsmengen-induzierter (lmi) und leistungsmengen-neutraler (lmn) Tätigkeiten geprüft.

Prozess/Prozessnummer:	24-01 Verkaufsinnendienstleistungen erbringen							
Teilprozesse lmi	Kostentreiber lmi	Anzahl Kostentreiber	Menge	Kosten lmi	Kostensatz lmi	Kosten lmn	Kostensatz lmn	gesamte Prozesskosten
Absatz planen	Varianten	80	200	100 000	500	25 000	125	625
Angebot erstellen	Angebotstypen	25	400	200 000	500	50 000	125	625
Auftrag bearbeiten	Auftragstypen, Nachgiebigkeit Außendienst	40	100	300 000	3 000	75 000	750	3 750
Auftrag verteilen	Verfügbarkeit Spediteure	20	100	50 000	500	12 500	125	625
Auftrag fakturieren	Auftragstypen	40	100	150 000	1 500	37 500	375	1 875
Summen			900	800 000		200 000		

Errechnung des Kostensatzes lmn

Teilprozesse lmn	Kostentreiber lmn	Anzahl Kostentreiber	Kosten lmn	Kosten lmi	Kostensatz pro € lmi
Führungstätigkeiten	Anzahl Projekte ...	20 ...	100 000		
Administration	Anzahl Regelungen ...	80 ...	100 000		
Summe			200 000	800 000	0,25

Anmerkung: lmi leistungsmengen-induziert
lmn leistungsmengen-neutral

Die Prozesskostenrechnung kann mit einer prozessorientierten **Tätigkeitsanalyse** vertieft werden. Diese untersucht und optimiert einen Hauptprozess anhand der wichtigsten Teilprozesse bzw. Tätigkeiten. Damit wird eine Verbindung hergestellt zwischen Prozess, Aufgabe, Mitarbeiter und Arbeitszeit.

Die Vorgehensweise zerlegt zunächst einen Hauptprozess in Teilprozesse. In der Praxis empfiehlt es sich, diese nach ihrer zeitlichen Logik zu ordnen und maximal zehn Teilprozesse zuzulassen. Anschließend wird der Arbeitsaufwand für die beteiligten Mitarbeiter quantifiziert. Dies kann in Form von Arbeitsstunden oder Prozente (bezogen auf Arbeitstag, Wochenarbeitszeit...) geschehen. Wichtig ist, dass es hierfür nur grobe Schätzungen braucht und keine Detailerhebungen mit Stoppuhr. Aus den Quantifizierungen pro Mitarbeiter ist dann ein Schnitt über alle Teilprozesse zu erstellen. Liegen Mengengerüste pro Mitarbeiter und Schnitt vor, sind Effektivität und Effizienz zu beurteilen. Bei der **Effektivität** steht die Frage im Vordergrund, ob ein Teilprozess notwendig bzw. sinnvoll ist – zumindest im Rahmen des untersuchten Hauptprozesses. Die **Effizienz** prüft die Produktivität der Durchführung. Auf Basis des Schnittwertes wird wiederum eine grobe Aufteilung der Arbeitszeit in Effektivität und Effizienz erstellt. Die so erhaltenen Werte sind die Grundlage für die Optimierung: Anhand einer gesamthaften Beurteilung von Effektivität und Effizienz werden pro Teilprozess Ansatzpunkte zur Produktivitätssteigerung erarbeitet. Nach einem entsprechenden Management-Entscheid sind diese dann umzusetzen. Bei größeren Veränderungen empfiehlt es sich, diese in die Jahresziele aufzunehmen.

Bei der prozessorientierte Tätigkeitsanalyse geht es nicht primär um die Dokumentation oder die Beurteilung der individuellen Leistung. Daher kann sie auch anonymisiert durchgeführt werden. Ziel ist die Steigerung von Effizienz und Effektivität in den Haupt- und Teilprozessen. Wichtig sind weniger die Exaktheit der Zahlen, die erhoben werden, als vielmehr die Schlussfolgerungen und umgesetzten Maßnahmen.

1. Mengengerüst

Teil-prozess	Quantifizierung des Teilprozesses				Beurteilung des Teilprozesses			
	MA 1	MA 2	MA ...	Schnitt	Effektivität Ja	Effektivität Nein	Effizienz Ja	Effizienz Nein
Summe	1.00	1.00	1.00	1.00				

2. Hebung von Produktivität

Teilprozess	Beurteilung der Effektivität	Beurteilung der Effizienz	Ansatzpunkte zur Produktivitäts-steigerung

Prozessorientierte Tätigkeitsanalyse	Beispiel Bauunternehmen

Ein Bauunternehmen prüft die wichtigsten Prozesse hinsichtlich ihrer Produktivität. Dabei wird eine prozessorientierte Tätigkeitsanalyse durchgeführt. Der Prozess »Bauleitung sicherstellen« ergibt nachstehendes Ergebnis.

1. Mengengerüst

Teilprozess	Quantifizierung des Teilprozesses				Beurteilung des Teilprozesses			
	MA 1	MA 2	MA ...	Schnitt	Effektivität Ja	Effektivität Nein	Effizienz Ja	Effizienz Nein
Planwesen steuern	0.15	0.12	...	0.14	0.10	0.04	0.8	0.4
kalkulieren/ ausschreiben	0.17	0.13	...	0.16	0.15	0.01	0.13	0.03
Geräte/Material disponieren	0.12	0.17	...	0.18	0.04	0.14	0.05	0.13
AVOR steuern	0.23	0.15	...	0.22	...	...	...	
...	...	...						
Summe	1.00	1.00	1.00	1.00	0.78	0.22	0.64	0.36

(Bezugsgröße: 8-Stunden-Tag)

2. Hebung von Produktivität

Teilprozess	Beurteilung der Effektivität	Beurteilung der Effizienz	Ansatzpunkte zur Produktivitätssteigerung
Planwesen steuern	gegeben	ineffizientes Arbeiten (Mehrfach-Eingaben, schlechte Arbeits-Methodik...)	• durchgängige Verwendung: PlanPro 0.7 • Schulung der »systemaversen« BL • frühzeitige, gemeinsame Planerstellung mit Kalkulation
...	...	...	...

Literatur

1 Vgl. Prinzip und Struktur lebensfähiger Systeme in: *Beer, S.,* Diagnosing the system for organizations, Chichester 1985, S. 1, S. 135; *Malik, F.,* Strategie des Managements komplexer Systeme, Bern 1996, S. 80 ff.

2 Vgl. *Malik, F.,* Führen Leisten Leben, Frankfurt 2006, S. 104 ff.

3 Vgl. *Buresch, M./Kirmair, M./Cerny, A.,* Auswahl von Organisations-Engineering-Tools, in: zfo, 66/1997, S. 367 ff.; vgl. *Malik, F.,* M.o.M.-letter, Malik on Management, Nr. 02/95.

4 Vgl. *Drucker, P.,* Sinnvoll wirtschaften. Notwendigkeit und Kunst, die Zukunft zu meistern, Düsseldorf 1997, S. 148 ff.

5 Vgl. *Malik, F.,* Führen Leisten Leben, Frankfurt 2006, S. 101.

6 Vgl. *Frei, U.,* Prozessmanagement als Optimierungs- und Frühwarnsystem, in: io management, Nr. 5/2001, S. 76 ff.

7 Vgl. *Malik, F.,* Führen Leisten Leben, Frankfurt 2006, S. 84 ff.

8 Vgl. den Ansatz der Robustheit von Organisationen beim Gestalten und Umsetzen von Prozessen anhand von mehreren Unternehmensbeispielen in: *Hammer, M./Champy, J.,* Business Reengineering, Frankfurt 1996, S. 205 ff.

9 Vgl. *Spitschka, H.,* Praktisches Lehrbuch der Organisation, München 1975, S. 119.

10 Vgl. *Malik, F.,* M.o.M.-letter, Malik on Management, Nr. 07/98.

11 *Drucker, P.,* Die ideale Führungskraft, Düsseldorf 1995, S. 87 ff.

12 Vgl. *Malik, F.,* Führen Leisten Leben, Frankfurt 2006, S. 276 f.

13 Vgl. *Beer, S.,* Diagnosing the system for organizations, Chichester 1985, S. ix ff., S. 1 ff., S. 35.

14 Vgl. *Patzak, G./Rattay, G.,* Projektmanagement, Wien 1997, S. 152 ff.; vgl. *Stöger, R.,* Wirksames Projektmanagement, Stuttgart 2004, S. 47.

15 Bei Hans Ulrich ist die Bedeutung der Funktionen in der Strategie bzw. in der Struktur früh erkannt und dargelegt worden. Vgl. *Ulrich, H.,* Gesammelte Schriften, Band 2, Bern 2001, S. 284 ff.

16 Vgl. *Malik, F.,* Führen Leisten Leben, Frankfurt 2006, S. 189.

17 Vgl. *Buzzell, R./Gale, B.,* Das PIMS Programm, Wiesbaden 1989, S. 27, S. 89 ff.

18 *Drucker, P.,* Die ideale Führungskraft, Düsseldorf 1995, S. 157 ff.

19 Zur Bedeutung der Kosten- und Produktivitätsposition vgl.: *Buzzell, R./Gale, B.,* Das PIMS Programm, Wiesbaden 1989, S. 115 ff.; *Drucker, P.,* Sinnvoll wirtschaften. Notwendigkeit und Kunst, die Zukunft zu meistern, Düsseldorf 1997, S. 88, S. 113 ff; *Gälweiler, A.,* Strategische Unternehmensführung, Frankfurt 2005, S. 40; *Porter, M.,* Wettbewerb und Strategie, München 1999, S. 170 f., S. 333. Ulrich und Malik sind an den entsprechenden Orten mehrfach genannt.

20 Das klassische Schema des »ROI-Baumes« ist vom Chemiekonzern Du Pont de Nemours & Co entwickelt worden. Vgl. hierzu: *Thommen, J.,* Allgemeine Betriebswirtschaftslehre, Zürich 1991, S. 549.

21 *Remer, D.,* Einführen der Prozesskostenrechnung, Stuttgart 1997, S. 34 ff., S. 217 ff.

22 Vgl. *Malik, F.,* Führen Leisten Leben, Frankfurt 2006, S. 202 ff.

7 Prozesse führen und verändern

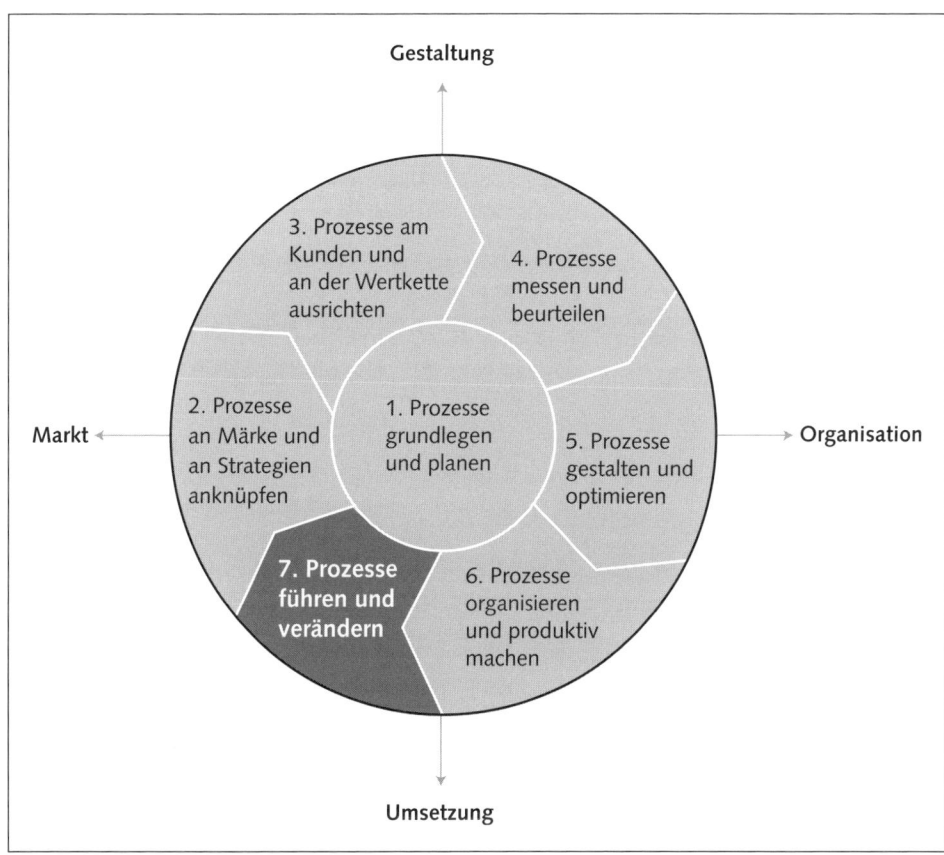

7.1   Führungsmethodik in Prozessen

Führen und Verändern hat immer mit konkreten Menschen zu tun, vor allem mit der Person des Prozessverantwortlichen. Maßgeblich wird die Führungs- und Veränderungsfähigkeit durch die Aufgaben und Werkzeuge des **Prozessmanagers** beeinflusst. Erfolgreiche Prozesse sind gut geführte Prozesse. Es gibt keinen wichtigeren Einflussfaktor für das Funktionieren eines Prozesses. Für einen Prozessmanager ist die Gefahr der Verzettelung enorm: Die Mitarbeiter sind zu führen, Prozessresultate sind zu prüfen, Meetings zu organisieren und vieles mehr. Je vielfältiger die Aufgaben sind, umso größer ist die Wahrscheinlichkeit, dass nichts mehr richtig erledigt werden kann. Der Prozessmanager arbeitet zwar hart, macht Überstunden und ist vielen Belastungen ausgesetzt. Resultate werden aber keine erreicht. Daher bleibt nichts anderes übrig, als sich auf wenige, dafür aber wichtige Aufgaben zu beschränken[1]:

1. Für Ziele in den Prozessen sorgen
2. Prozesse organisieren
3. Die Aufgaben der Prozessmitarbeiter gestalten
4. Prozessrelevante Entscheidungen treffen
5. Prozesse kontrollieren und beurteilen
6. Für eine solide Arbeitsmethodik sorgen

1. Für Ziele in den Prozessen sorgen
Die erste und wichtigste Aufgabe besteht darin, Ziele für den Prozess zu setzen[2]. Dies betrifft die Analyse-, die Gestaltungs- und die Umsetzungsphase von Prozessen gleichermaßen. Ein **Ziel** ist ein vorweggenommenes Ergebnis. Daran werden der Prozess, seine Teilprozesse und die Beiträge aller Beteiligten ausgerichtet. Um das Ziel zu bestimmen, sind einige wenige Kernfragen zu beantworten: »Was soll dieser Prozess erreichen?«, »Für wen stiftet der Prozess Nutzen?«, »Was muss am Ende vorliegen, damit überprüft werden kann, ob das Prozessziel erreicht wurde?« Die Ziele in der Auftragsabwicklung sind etwa die Minimierung der Fehlerquote unter einen bestimmten Prozentsatz und die Abnahme durch den Kunden mit sehr guter Feedbackquote. Ziele für Prozesse ergeben sich aus der relativen Qualität für Kunden und aus der Wertkette einer Organisation. Mit den Konzepten der Prozessneugestaltung und der Prozessverbesserung sind Ziele klar strukturierbar.

Im Idealfall werden die Ziele und Teilziele mit Prozessmitarbeitern besprochen und vereinbart. Das schafft notwendiges Vertrauen und stellt sicher, dass sich alle einbringen können. Es kann aber auch Fälle geben, wo die Prozessleitung ohne Einvernehmen mit allen Mitarbeitern Ziele festlegen muss (beispielsweise in Krisen). Egal für welche Zielfindungs-Methodik man sich entscheidet – das Wichtigste ist die Tatsache, dass überhaupt Ziele vorliegen.

Ein besonders wichtiges, aber oft übersehenes Zielfeld ist die **systematische Müllabfuhr**. Sämtliche Prozessaktivitäten, Qualitätsstandards und Ressourcen werden konsequent hinterfragt. All das wird eingestellt, was keinen unmittelbaren Beitrag für den Zweck des Prozesses liefert. Wenn neue Prozesse oder Tätigkeiten geplant werden, erfolgt automatisch eine Prüfung, was ab sofort nicht mehr getan werden soll. Kreativität und Spontaneität werden so in die richtigen Bahnen gelenkt und müssen sich an der Umsetzbarkeit und an der Qualität aus Kundensicht im Prozess ausrichten.

2. Prozesse organisieren

Wenn die Ziele im Prozess vorliegen, sind die Prozesse im Sinn der grundlegenden Aufgaben, Kompetenzen und Verantwortlichkeiten zu strukturieren[3]. Dazu gehören unter anderem die Verbindung von Tätigkeiten und Personen in Form des Funktionendiagramms. Die Gremiengestaltung, der Prozessauftrag und gegebenenfalls eine Funktionalstrategie ergänzen die **Prozesswerkzeuge**. Mit der Wertkette, der Schnittstellen- und Funktionenanalyse liegen zudem pragmatisch einsetzbare Analysewerkzeuge vor.

Ein wichtiges Organisationsforum ist die Sitzung. Die Professionalität einer prozessgetriebenen Struktur hängt von produktiven Sitzungen ab. Die Sitzung ist auf Entscheidungen und Maßnahmen hin ausgerichtet.

3. Die Aufgaben der Prozessmitarbeiter gestalten

Aus den Prozesszielen leiten sich die einzelnen Aufgaben ab, die zu erfüllen sind. Der Prozessleiter ist für die **Gestaltung der Aufgaben**, Kompetenzen und Verantwortlichkeiten im Prozess verantwortlich[4]. Jeder Mitarbeiter muss wissen, was zu tun ist und welche Ergebnisse letztendlich vorliegen müssen. Nur dann können alle einen sinnvollen Beitrag für den Prozess als Ganzes leisten. Eine arbeitsteilige Organisationen besteht aus Spezialisten. Dies ist im Sinn der Effizienz von Vorteil. Der Nachteil besteht im Fehlen der großen Perspektive, des Überblicks, des eigentlichen Zwecks einer Organisation. Die Herausforderung liegt darin, die Aufgaben so zu gestalten, dass die Produktivitätspotenziale durch Arbeitsteilung genutzt werden, gleichzeitig aber auch das Ganze gesehen wird. Der Mitarbeiter im Fakturierungsprozess ist für fehlerfreie Rechnungen verantwortlich. Seine Spezialisierung hat er in dieser Disziplin erworben. Zusätzlich ist der Prozess so zu gestalten, dass alle faktura-relevanten Inputs schon frühzeitig sichergestellt werden, etwa bereits in der Angebotslegung oder bei der Leistungs- und Ressourcenerfassung für den Kunden.

An die Prozessmitarbeiter kann und soll viel delegiert werden. Es ist nicht die Aufgabe des Prozessmanagers, sich um alles zu kümmern und sich überall einzumischen. Die Herausforderung besteht darin, den Überblick und die Zusammenhänge im Auge zu behalten und nicht in der täglichen Kleinarbeit unterzugehen.

4. Prozessrelevante Entscheidungen treffen

Die Führung in einem Prozess zu übernehmen, heißt im Kern, für den Prozess und seine Ergebnisse verantwortlich zu sein. Verantwortung ist aber nur dann möglich, wenn auch selbst **Entscheidungen** getroffen werden können[5]. Ist ein Prozessmanager ohne jegliche Entscheidungskompetenz für alles verantwortlich, liegt ein schwerer Konstruktionsfehler vor. Der Prozessmanager muss darum sicherstellen, dass es ein Gleichgewicht zwischen Aufgaben, Entscheidungskompetenz und

Verantwortung gibt. Das dazu benötigte Werkzeug ist das Funktionendiagramm.

Entscheidungen sind dann besonders relevant, wenn die Dinge nicht so gut laufen wie gewünscht. Genau an diesem Punkt erkennt man die guten und wirksamen Prozessmanager. Sie entscheiden und übernehmen Verantwortung. Wer sich in solchen Situationen vor Entscheidungen drückt, gefährdet das Funktionieren des Prozesses. Aus systemischer Perspektive bedeutet »entscheiden« das Einstellen und Justieren eines Prozesses im Sinn der **Selbstorganisation** durch die am Prozess beteiligten Personen. Entscheiden findet quasi auf einer Metaebene statt, ohne dass seitens der Prozessleitung ständig interveniert werden muss. Eine Grundvoraussetzung für die Selbstorganisation ist die Ausrichtung der Prozesse am Geschäft und am Kunden, die Messung der Prozessleistung und die Sicherstellung von Feedback in der Steuerung und in der Arbeit im Prozess.

5. Prozesse kontrollieren und beurteilen

Jeder Prozessverantwortliche hat für den Kunden, für den Auftraggeber und für die Mitarbeiter des Prozesses in regelmäßigen Zeitabständen die Prozessleistungen zu prüfen und eine Zwischenbilanz zu ziehen[6]. Wesentliche Fragestellungen sind: »Werden im Prozess die gewünschten Resultate produziert?«, »Wird echter Kundennutzen gestiftet?«, »Werden die Anforderungen im Sinn von Qualität – Zeit – Kosten erbracht?«, »Sind die Aufgaben, Kompetenzen und Verantwortlichkeiten klar?«, »Wo müssen Verbesserungen im Sinn der Qualität und der Produktivität erbracht werden?« Jeder Prozess braucht Ressourcen, also Arbeitszeit und Geld. Dabei sind die Fixkosten der Prozessorganisation (Infrastruktur, Personal...) von den variablen Kosten (Aufwendungen pro Transaktion im Prozess, Spesen...) zu unterscheiden.

Eine gründliche Beurteilung der Lage, das **Kontrollieren und Beurteilen** der Prozessleistung und gegebenenfalls das Ergreifen von Verbesserungsmaßnahmen sind unerlässlich für jeden Prozessmanager. Der Kern des Wortes »kontrollieren« liegt in der Sicherstellung des versprochenen Ergebnisses. Die Beurteilung des Prozesses, des Prozessmitarbeiters und des Prozessergebnisses ist ein integraler Bestandteil.

6. Für eine solide Arbeitsmethodik sorgen

In einem Prozess zählt nicht der Input an Arbeitszeit, sondern der Output, das Ergebnis. Das gilt insbesondere für den Prozessmanager. Wer in der Prozessarbeit wirksam sein will, muss hin und wieder die eigene **Arbeitsmethodik** überprüfen. Gutes Prozessmanagement wird oft effektiven Teams zugeschrieben. Die erste Voraussetzung für Prozessmanagement liegt aber in der Führung der eigenen Person[7]. Gerade die Art und Weise, wie man arbeitet und sich selbst organisiert, ist entscheidend. Wirksame Prozessmanager beginnen beim Organisieren bei sich selbst und gehen dann erst auf den Prozess bzw. die Prozessmitarbeiter über. Sie überblicken die Tätigkeiten und den Fortschritt in der Leistungserbringung. Weiter verfügen sie über ein wasserdichtes Ablagesystem und finden, was sie suchen. Zusätzlich haben sie ihren Terminkalender im Griff und beherrschen meisterhaft ihre persönlichen Arbeitsinstrumente wie etwa Ablagesysteme.

In jedem Prozess fallen unzählige Schriftstücke an: Checklisten, Prozessdokumente, Protokolle oder Aufgabenlisten. Die Profis im Prozessmanagement steuern die Informationsflut und haben zu jeder Zeit Überblick über das, was an Schriftstücken für den Prozess wichtig ist. Dabei sorgen sie für eine effiziente Ablage und Dokumentation. Vor allem sollen alle Prozessbeteiligten jederzeit Zugang zu diesen Dokumenten haben, ohne lange suchen zu müssen. Alle sind zudem angehalten, ihre Schriftstücke (Mails, Gesprächsprotokolle, Berichte) so zu verfassen, dass nicht nur sie, sondern auch alle anderen verstehen, was gemeint ist.

Die meisten Menschen überlassen ihre Arbeitsmethodik dem Zufallsprinzip. Weder in der Schule noch auf Lehrstellen oder Universitäten wird dieses Werkzeug gezielt vermittelt. Man muss ein wenig herumprobieren, um das eigene Arbeiten wirksam zu machen. Wirklich gutes Prozessmanagement beginnt mit der Frage nach der richtigen Arbeitsmethodik.

Immer wieder sind psychologische und sozialwissenschaftliche Untersuchungen darüber gemacht worden, was gute Prozessmanager auszeichnet. Besondere Eigenschaften wurden ins Treffen geführt wie etwa »integrativ«, »kreativ«, »kommunikativ«, »emotional intelligent« und anderes mehr. Die Begriffe richten sich meistens nach modischen Wellen, ohne dass man genau weiß, was damit gemeint ist. In der Realität lassen sich nur schwer Gemeinsamkeiten in der Persönlichkeit von guten Prozessmanagern feststellen. Viel spannender und auch ergiebiger ist die Frage, wie sie arbeiten und an welchen Prinzipien sie sich orientieren.

Gerade bei den Aufgaben zeigen sich diese Gemeinsamkeiten. Die Erfüllung dieser Aufgaben ist nicht sonderlich spektakulär. Auch erfordern sie kein »Genie«, besondere Kreativität oder angeborene Fähigkeiten. Vielmehr haben die beschriebenen Aufgaben etwas mit konsequenter Umsetzung, Disziplin und Konzentration zu tun. Sie sind lernbar und gehen schließlich in Erfahrung über. Das ist mit **Führungsmethodik** in Prozessen gemeint.

Prozessmanagement hat mit dem Verständnis des Geschäftes, mit Menschenführung und Integrität zu tun. Die wirksamen Prozessmanager orientieren sich an den Ergebnissen, die gemeinsam erreicht werden sollen. Dabei erfüllen sie die beschriebenen Aufgaben. Der Erfolg im Prozess hängt zu einem wesentlichen Teil von der professionellen Beherrschung dieser Aufgaben ab und macht Prozessmanagement zu dem, was es eigentlich ist: ein Handwerk und keine Kunst.

Arbeitsmethodik in Prozessen	Checkliste

Einen Prozess und den eigenen Beitrag in Resultaten denken:
1. Welches Ergebnis muss bis wann vorliegen?
2. Über welche Aufgaben und Meilensteine ist es zu erreichen?
3. Was können andere – im Sinn des Delegationspotenzials – viel besser?

Wesentliches von Unwesentlichem unterscheiden lernen:
4. Was kann weggelassen werden – ohne dass der Zweck des Prozesses gefährdet wird?
5. Wo genau liegt der eigene Beitrag? Wo ist dieser unverzichtbar?
6. Was muss zeitlich zusammenhängend erledigt werden?

Input-Verarbeitung überprüfen:
7. Wie reagieren die Prozessbeteiligten auf Telefon, Post, Fax, Mail?
8. In welchem Ausmaß möchten oder müssen sich die Prozessbeteiligten stören lassen?
9. Wie können eingehende Informationen wieder auffindbar abgelegt werden?

Leistungskurven kennen und bewerten:
10. Wann arbeiten die Prozessbeteiligten besonders wirksam und wann nicht?
11. Wie sieht die typische Tagesverfassung aus?

Werkzeuge verwenden:
12. Mit welchen Hilfsmitteln kann die Arbeit wirksam gestaltet werden?
13. Wie ist die persönliche Agenda zu verwenden?
14. Wie wird man von Sekretariaten oder vom Büro unabhängig?

Andere Menschen beobachten und von ihnen lernen:
15. Was kann man von wirksamen Menschen abschauen?
16. Wie arbeiten und was tun wirksame Menschen?
17. Welche Werkzeuge verwenden sie?

Führungsmethodik in Prozessen	Werkzeug
Aufgabe	**Beurteilung/Themenspeicher**
1. Für Ziele in den Prozessen sorgen	Themenspeicher:
2. Prozesse organisieren	Themenspeicher:
3. Die Aufgaben der Prozessmitarbeiter gestalten	Themenspeicher:
4. Prozessrelevante Entscheidungen treffen	Themenspeicher:
5. Prozesse und Prozessmitarbeiter kontrollieren und beurteilen	Themenspeicher:
6. Für eine solide Arbeitsmethodik sorgen	Themenspeicher:

Führungsmethodik in Prozessen	Beispiel Großhandel

In einem Großhandelsunternehmen für Getränke und Milchprodukte wird der Prozess »Ziele vereinbaren« (MbO – Management by Objectives) eingeführt. Der Personalleiter erhält als Prozessmanager die Verantwortung für die Einführung und Umsetzung des MbO-Prozesses. Nach gewissen Anlaufschwierigkeiten wird die Führungsmethodik geprüft.

Aufgabe	Beurteilung/Themenspeicher
1. Für Ziele in den Prozessen sorgen	• Die Zielfelder stehen (flächendeckende Einführung bis 31.12., Durchführung aller Mitarbeitergespräche zu 80 % im Jahr eins, zu 95 % in den Folgejahren). • In den einzelnen MbOs sind messbare Kriterien hinterlegt (Umsatz, Neukunden-Akquisition, Betreuungs-Qualität, Beitrag zum Gesamtunternehmen) und individuell gewichtet. Themenspeicher: • MbO-Prozess nur mehr bis auf Mitarbeiterebene 1 einführen
2. Prozesse organisieren	• Die entsprechenden Schulungen (Mitarbeitergespräch...) sind zu 40 % durchgeführt. • Der Berichtsweg nach oben ist teilweise noch unklar (Gremien...). Themenspeicher: • laufender Bericht über Umsetzung des MbO-Prozesses in GL (monatlich) und halbjährlich ein umfassender Bericht • Oktober: Anknüpfung der MbOs an die Jahreszielplanung • November: Bericht des Personalleiters über die Personalführungs-Qualitäten vor der GL
3. Die Aufgaben der Prozessmitarbeiter gestalten	• Viele Führungskräfte sind zeitlich überlastet und mit echter Personalführung teilweise überfordert. • Zahlreichen Mitarbeitern ist der Sinn des MbO-Prozesses zu wenig klar (Wo liegen die Vorteile?). Themenspeicher: • verstärkte Trainings, Coachings durch eigene Führungskräfte • Beurteilung der Führungskräfte: Personalführungsqualitäten

Aufgabe	Beurteilung/Themenspeicher
4. Prozessrelevante Entscheidungen treffen	• Auf Prozessebene sind die Entscheidungspunkte klar definiert. • Das größte Problem liegt bei den Führungskräften, auch unbequeme und negative Entscheidungen gegenüber ihren Mitarbeitern zu treffen. Themenspeicher: • einerseits Druck aufbauen (Bericht an GL, Monitoring durch Personalleiter) • Coaching, Trainings, Feedback-Runden (je nach Bedarf)
5. Prozesse und Prozessmitarbeiter kontrollieren und beurteilen	• Die Einführung und Umsetzung wird laufend geprüft (Status der Umsetzung, 360 Grad Feedback, informelle persönliche Gespräche, Feedback-Runden). Themenspeicher: • siehe Punkte 2 und 4
6. Für eine solide Arbeitsmethodik sorgen	• Die Führungskräfte sind teilweise bzgl. ihrer Arbeitsmethodik überfordert (Zeitdruck, Umgang mit MbO-Formularen…). • Der Arbeitsaufwand für die Gespräche (inkl. Vor- und Nachbereitung) wird geprüft. • Alle Gespräche werden nicht mehr handschriftlich, sondern nur noch elektronisch festgehalten. Themenspeicher: • Ablage der MbO-Formulare auf dem Intranet unter »X – Personal – MbO«

7.2 Risikomanagement und Prozesscontrolling

Sind Prozesse einmal etabliert, dann müssen sie so am Laufen gehalten werden, dass die erforderlichen Vorgaben bezüglich Qualität, Zeit und Kosten eingehalten werden. Das Steuern von Prozessen ist der Kern des **Prozessmanagements** und wurde bereits an verschiedenen Stellen angesprochen. Zu den in diesem Buch besprochenen Werkzeugen[8] der Prozesssteuerung zählten beispielsweise die Anknüpfung der Prozesse an die Geschäftsfeldstrategien, die Ausrichtung der Prozesse an der relativen Qualität und an der Wertkette, die Messung und Beurteilung der Prozessleistung, die Neugestaltung und Verbesserung von Prozessen (insbesondere bezüglich Produktivität und Organisation).

Die Inhalte und die Anwendung sind in den entsprechenden Kapiteln beschrieben und müssen nicht mehr wiederholt werden. Zur Vervollständigung der Thematik fehlen noch zwei weitere **Werkzeuge zur Prozesssteuerung**:
1. Risikomanagement
2. Prozesscontrolling

1. Risikomanagement
Prozesse sind Abläufe und Aktivitäten, die eine Organisation in Bewegung halten, quasi der Stoffwechsel eines lebenden Systems »Unternehmung«. Die Steuerung eines Prozesses erfolgt zunächst über die Ziele. Damit sind automatisch auch Risiken[9] angesprochen, die in den Zielinhalten oder in der Erreichung der Ziele liegen. Allgemein gesprochen bedeutet »Risiko« eine negative oder positive Zielabweichung. Vor allem im Prozessmanagement zeigt sich, dass der größte Teil der Risikoursachen in früheren Phasen liegt, die Auswirkungen aber erst später »aufschlagen«. Daher ist zu Beginn eine Analyse der Risiken einzubauen, die im Prozess und vor allem auch nach Prozessende zu überwachen und zu ergänzen sind. Eine beträchtliche Anzahl an Störungen und Problemen, die in Prozessen auftauchen, sind auf unterschätzte oder nicht identifizierte Risiken zurückzuführen. **Risikomanagement** besteht aus vier Schritten, die stringent einzuhalten sind.

Als erstes sind die Risiken zu identifizieren. Spätestens mit dem Prozessauftrag und der Funktionalstrategie liegen die Ziele vor und damit auch Quellen von Risiken. Es gibt verschiedene **Risikoarten**. Methodische- und Planungsrisiken bestehen, wenn ein Prozess nicht richtig aufgesetzt ist, z. B. beim Fehlen von messbaren Leistungsgrößen oder bei mangelhafter organisatorischer Verankerung. Mit der Anknüpfung von Prozessen an den Geschäftsfeldstrategien, an der relativen Qualität, an der Wertkette und am Funktionendiagramm schafft man gute Voraussetzungen für eine durchgängige Planung. Ein Führungsrisiko liegt vor, wenn der Prozess als solcher aufgrund seiner Größe oder Komplexität prinzipiell nicht lenkbar ist oder die Qualifikation des Prozessmanagers für die Aufgabe nicht ausreicht. Ein Ressourcenrisiko besteht, wenn Personal, Sach- oder Finanzmittel zwar anfangs seriös geplant sind, dann aber nicht freigegeben werden oder sich im Laufe des Prozessbetriebes verändern.

Als zweites müssen die Risiken nach Eintrittswahrscheinlichkeit und Auswirkungen bewertet werden. Es gibt keine mathematischen oder logisch-deduktiven Verfahren, nach denen eine solche Bewertung automatisiert werden kann. Man muss die einzelnen Risiken durchdiskutieren und vielfach auch subjektive Einschätzungen geben. Der Prozessmanager muss am Schluss eine Meinung haben und diese verantworten. Am Ende der Bewertung soll eine Liste mit **Risikoprioritäten** vorliegen, die im Prozess überwacht werden. Die Risiken müssen – ebenso wie die Ziele – präzise formuliert und bewertet sein. Gefährlich sind »Allerwelts-Risiken«, die zwar einleuchten, unter denen jeder aber etwas anderes versteht und bei denen keine Maßnahmen ableitbar sind (z. B. das Risiko »Motivationsschwund bei Prozessmitarbeitern«).

Drittens sind konkrete Maßnahmen zur Risikovermeidung und Schadensbegrenzung zu erarbeiten. Maßnahmen setzen an den Risikoursachen an oder versuchen, die Auswirkungen zu lindern. So ist beispielsweise schon die Messung der Prozessleistung und das Prüfen der Qualität in einem Prozess eine Maßnahme zum Auffinden und Reduzieren von Risiken. Wichtig ist das Prinzip der Schriftlichkeit und Nachvollziehbarkeit aller Maßnahmen zur Risikosteuerung.

Die Überwachung von Risiken ist der vierte und letzte Schritt. Zum einen betrifft dies die Umsetzung der Maßnahmen. Zum anderen ist die Liste der Risiken in regelmäßigen Zeitabschnitten zu prüfen und um neue Risiken bzw. Maßnahmen zur Gegensteuerung zu ergänzen.

Selbst bei der besten Systematik und bei gewissenhaftem Risikomanagement werden Risiken übrig bleiben, die nicht bewältigt werden können. Zumindest ist aber dann bekannt, wo keine Gegensteuerung erfolgen kann. Risiken sind mit dieser Methode klar, eingrenzbar und der Überraschungseffekt ist minimiert. Die konsequente Überwachung von Risiken ist eine Schlüsselaufgabe für Prozessverantwortliche[10].

Risikomanagement				Werkzeug
Risiko	Wirkung	Maßnahme	Termin	Verantw.

| Risikomanagement | | | Beispiel Mineralölhandel | |

Eine Vertriebsgesellschaft für Mineralöle und Treibstoffe etabliert den Prozess »Standorte identifizieren«. Aufgrund der Bedeutung dieses Prozesses für das Unternehmen werden die Risiken und Maßnahmen zur Gegenwirkung erarbeitet. Einzelne Maßnahmen führen dazu, dass im Prozess künftig »Risiko-Checks« stattfinden.

Risiko	Wirkung	Maßnahme	Termin	Verantw.
fehlende Partner bei Shop-in-Shop-Lösungen	hoch	keine interne Projekteinreichung ohne mindestens 30% Zusagen von Shops	ab sofort	PL
keine Klarheit über Umfeld-Erschließung durch Konkurrenz	sehr hoch	Prüfung Flächenwidmung, informelle Prüfung über Erschließungspläne der Konkurrenz	ab sofort/ auch für bestehende Standorte	PL/ VL
spätere Beeinspruchung eines Stakeholders	hoch	Konfrontierung aller möglichen Stakeholder/Parteien mit dem möglichen Standort bereits bei der Suche (vor Eröffnung offizieller Verhandlungen)	ab sofort	PL
keine frühzeitige Klarheit über Qualifikation des Partners und der Mitarbeiter	mittel	vor interner Projekteinreichung: Liste mit mindestens drei ernst zu nehmenden Partnern und Information über Arbeitsmarkt der Region	ab sofort	PL
...	...	...	...	...

Abkürzungen: PL – Projektleiter
                    VL – Vertriebsleiter

2. Prozesscontrolling

Mit einigen Controlling-Instrumenten können Prozesse relativ einfach gesteuert werden. »Controlling« kommt aus dem Englischen und darf nicht eins zu eins mit dem deutschen Wort »kontrollieren« übersetzt werden. Die korrekte Übersetzung lautet »steuern« und »lenken«[11]. Und darin liegt auch der Hauptzweck von **Prozesscontrolling**. Es ist als Werkzeug zur Unterstützung von Prozessen zu sehen. Wie überall im Prozessmanagement, so gilt auch an dieser Stelle, dass Controlling keine Wissenschaft und kein Tummelfeld für Spezialisten ist. Vor allem als Prozessmanager sind einige Grundsätze zu beachten.

Erstens: Der Prozessmanager ist für Prozesscontrolling verantwortlich und nicht der Prozesscontroller. Controlling ist eine Führungsaufgabe, weil letztlich nur Prozessmanager steuern und lenken. Diese Verantwortung können sie nicht delegieren. Bei großen und wichtigen Prozessen werden häufig Prozesscontroller als Unterstützung eingesetzt. Diese bereiten Zahlen auf, verfertigen Berichte und betätigen sich als »Wadelbeißer« für die Umsetzung. Das ist sinnvoll, ändert aber nichts an der Controlling-Verantwortung des Prozessmanagers.

Zweitens: Prozesscontrolling beginnt bereits in der Analysephase. Sobald ein Prozess geprüft oder justiert wird, ist zu klären, was seine Leistungsgrößen sind und wie das Prozessdreieck »**Qualität – Zeit – Kosten**« konkret für diesen vorliegenden Prozess zu operationalisieren ist. Fehlt diese Konkretisierung im Prozessauftrag oder in der Funktionalstrategie, dann liegt der erste Schritt des Controllings darin, für eine entsprechend klare Vorgabe zu sorgen. Allerweltsabsichten wie etwa »Kostensenkung« oder »Bewusstseinsänderung« werden erst dann zu einem Ziel, wenn ein Termin, eine Messgröße, ein Zielwert und ein Verantwortlicher definiert ist.

Drittens: Grundsätzlich ist zu klären, wie man Controlling einsetzen will. Es gibt im Prinzip zwei Varianten. Die erste nennt sich Finanzcontrolling. Zentral ist die finanzielle Steuerung. Der Controller muss die Nachprüfbarkeit und die Rechenschaft von Budgets sicherstellen, mit anderen Worten: ob die finanziellen Mittel zweckmäßig im Prozess eingesetzt worden sind. Für diese Aufgabe muss ein Controller eher ein Buchhalter und darum in Zahlen verliebt sein. Die zweite Variante ist das Umsetzungscontrolling. Die Schlüsselaufgabe für den Controller ist das Nachschauen und Dokumentieren, ob und wie der Prozess auf der Maßnahmenseite umgesetzt wird. Controlling bedeutet in diesem Zusammenhang das Antreiben der Umsetzung des Prozesses. Sinnvoll verstandenes Prozesscontrolling orientiert sich an beiden Dimensionen.

Viertens: Das Werkzeug für Prozesscontrolling ist ein wasserdichtes und umsetzungsorientiertes **Berichtswesen**. Die Anforderung an Inhalt und Form des Prozesscontrollings kann nur der Prozessmanager stellen (und nicht der Controller). Es empfiehlt sich, ein gewisses Mindestmaß an Ablage und Formalismus aufzubauen, z. B. mit Prüflisten, Zeitberichten und Maßnahmenlisten. Controller müssen vor allem dem Vorwurf widerstehen, dass sie damit die Kreativität untergraben. Ein Prozess steht und fällt mit seiner Standardisierung und seiner Lenkungsfähigkeit. Zusätzlich muss der Berichtsrhythmus festgelegt sein, d.h. die Frage des Gremiums, an das berichtet wird, das Zeitintervall, der Dokumentationsstandard und die übrigen Adressaten[12]. Diese Fragen sind am Beginn zu klären und belegen auch, ob der Prozessmanager etwas von Controlling versteht.

Kernpunkte im Prozesscontrolling	Checkliste

1 Verantwortlich für Prozesscontrolling ist die Prozessleitung und nicht der Controller.

2 Das Controlling muss in einer Hand bleiben. Aufgesplittete Controlling-Tätigkeiten sorgen nicht für Professionalität, sondern für Missverständnisse, Langsamkeit und Misstrauen.

3 Finanz- und Umsetzungscontrolling sind grundsätzlich zu unterscheiden. Prozesscontrolling braucht aber beides.

4 Prozesscontrolling funktioniert nur, wenn klare Ziele im Prozess vorliegen.

5 Nachfolgende Fragen sind immer wieder zu stellen, zu beantworten und zu berichten:

   5.1 Erreicht der Prozess seine Ziele bezüglich Qualität – Zeit – Kosten?

   5.2 Was läuft gut? Wo müssen Verbesserungen eingeleitet werden?

   5.3 Stiftet der Prozess echten Kundennutzen?

6 Seitens der Prozessleitung ist das notwendige Maximum an Controlling-Aufwand vorzugeben. Nichts produziert mehr Arbeit als Controller, die zu viel Zeit haben.

7 Ein Außenstehender soll in drei bis fünf Minuten Klarheit über den Status und den »Betrieb« des Prozesses haben (z. B. mit einem Controlling-Bericht).

In kleinen, überschaubaren Prozessen wird es wahrscheinlich keine Trennung von Prozessmanagement und Prozesscontrolling geben. Bei großen und anspruchsvollen Prozessen empfiehlt es sich, einen Controller zur Unterstützung der Leitung zu etablieren. Richtig angewendet kann das Controlling die Umsetzung und den »Betrieb« des Prozesses erheblich beschleunigen. Dies ist die einzige und die beste Rechtfertigung für Prozesscontrolling.

Prozesscontrolling	Werkzeug
Prozess/Prozessnummer/Datum:	
Prozessmanager/ Ersteller Controlling-Bericht:	
Prozessziele: (Qualität – Zeit – Kosten):	
Stand im Umsetzungscontrolling/ Erreichung der Prozessziele:	
Stand im Finanzcontrolling:	
Problemfelder/Diskussionspunkte:	
Nächster Umsetzungs-Check:	
Verteiler:	

Prozesscontrolling	Beispiel Verlag

Ein Verlag stellt sein DV-System (Betriebssystem, Oberfläche, Intranet) um und verankert den Prozess als Aufgabe in der DV-Abteilung. Mittels Prozesscontrolling werden Umstellung und Betrieb begleitet.

Prozess/Prozessnummer/Datum:	**»neues DV-System betreiben«/ZP03/31.10.**
Prozessmanager/ Ersteller Controlling-Bericht:	Meyerling/ Köhler
Prozessziele: (Qualität – Zeit – Kosten):	• Einheitliche Umstellung aller Systeme bis 30.11. • Einführung SecretWare führt zu einer Kostenreduktion (Personal) von 20 000 Euro p.a. • Einbau aller Qualitätsanforderungen der Funktionalbereiche (vgl. Lastenheft)
Stand im Umsetzungscontrolling/ Erreichung der Prozessziele:	• Fünf von sieben Funktionalbereichen arbeiten seit 30.09. bereits mit dem neuen System (drei davon vollumfänglich seit 31.08.). • Bei der Kostenreduktion sind 14 000 Euro fix. • 80% der Qualitätsanforderungen sind umgesetzt. • Die Teilprozesse »System pflegen« (ZP0301) und »Benutzer schulen« (ZP0302) sind aufgesetzt und laufen.
Stand im Finanzcontrolling:	• Bei den internen Kosten liegt alles im Plan. • Bei den externen Beratungskosten ergibt sich eine Budgetüberschreitung von 10% (in Summe jetzt: 220 000 Euro einmalig).
Problemfelder/Diskussionspunkte:	• Die Schnittstelle mit der Druckerei Easyprint&Co ist noch sehr problemanfällig (Verschiebung in diesem Bereich auf den 31.12.).
Nächster Umsetzungs-Check:	31.12.
Verteiler:	Geschäftsleitung, Leiter Funktionen, Kernteam

7.3 Umsetzungs- und Veränderungsmanagement

Die Grundsätze des Prozessmanagements gelten für jede Art von Organisation, jede Branche und jede Unternehmensgröße. Die Analyse, die Gestaltung und die Implementierung sind Universalprinzipien. Letztlich misst sich die Güte der investierten Zeit und der eingebrachten Ressourcen nur an den **Resultaten**[13]. In erfolgreich umgesetzten Prozessen lassen sich einige Erfolgsfaktoren identifizieren, die zu einer nachhaltigen Veränderung der Organisation geführt haben. Ob man das Ganze neudeutsch mit »Change«, »Management of excellence« oder anderen Superlativen beiteln will, ist nebensächlich. Die einzige Fragestellung, auf die es ankommt, lautet: Werden die veränderten oder neu gestalteten Prozesse in der Organisation umgesetzt und führt dies zu einem Anstieg an Qualität, Produktivität und Konkurrenzfähigkeit? Die einzelnen **Erfolgsfaktoren** sind:
1. Vermittlung der Sinnhaftigkeit des Prozessmanagements
2. Verantwortung des Top-Managements
3. Bildung einer Führungskoalition zur Umsetzung der Prozesse
4. Anwendung einer klaren Methodik
5. Kompromisslose Resultatorientierung und Spürbarkeit der Veränderung

1. Vermittlung der Sinnhaftigkeit des Prozessmanagements
In all denjenigen Organisationen, die Prozessmanagement nachhaltig implementiert haben, stand die Vermittlung der **Sinnhaftigkeit** des Vorhabens von Anfang an im Zentrum[14]. Nur dann, wenn die Beteiligten und Betroffenen eine Einsicht in die Notwendigkeit und in die Dringlichkeit haben, entsteht ein produktiver »Nährboden« für die Einführung und Umsetzung von Prozessen. Dies ist besonders dann relevant, wenn die ersten Probleme auftauchen oder viel von der Mannschaft abverlangt wird. Wenn Sinn vorhanden ist, nimmt man all das in Kauf, um das gemeinsame Ziel zu erreichen.

Eine wesentliche Voraussetzung liegt darin, dass die angesprochene Sinnhaftigkeit vom Top-Management über alle Führungsstufen kommuniziert und vorgelebt werden muss. Bewährt hat sich etwa eine saubere und nüchterne Darstellung der Ausgangslage. Bei einem Hersteller von Unterhaltungselektronik wurden beispielsweise sämtliche Blenden eines TV-Typs in einer Ausstellung vorgeführt. Es waren in Summe über 230 Blenden. Die Botschaft war klar, nämlich Abbau von Komplexität und von unnötigen Kosten durch klare Entwicklungs- und Produktionsprozesse.

Die frühzeitige Identifizierung und Einbindung der **Meinungsbildner** ist eine weitere wesentliche Voraussetzung, um die informelle Kommunikation in Organisationen im Griff zu haben. Der Einbindungsgedanke ist ein Grundprinzip für alle Phasen des Prozessmanagements. Das Motto »die Betroffenen zu Beteiligten machen« gilt uneingeschränkt. Allerdings besteht die noch größere Herausforderung darin, die »Beteiligten zu Betroffenen« zu machen. Das ist im Kern die Vermittlung von Sinnhaftigkeit des Prozessmanagements.

2. Verantwortung des Top-Managements

Ohne das klare und unzweifelhafte Bekenntnis des Top-Managements und aller anderen Führungsstufen ist Prozessmanagement im besten Fall akademischer Zeitvertreib. Die Implementierung von Prozessen ist mit Veränderungen der Organisation und des Tagesgeschäftes verbunden. Dies führt naturgemäß zu **Konflikten** und Widerständen. Gerade hier ist es notwendig, dass Prozessmanagement seitens der Führung gewollt ist[15]. Sobald Zweifel diesbezüglich auftauchen, wird die Umsetzung gefährdet.

Aufgaben des Top-Managements bei der Implementierung von Prozessen	Checkliste
1. Vorgabe von strategischen und operativen Leitplanken	
2. unzweifelhafte Unterstützung der operativen Prozessleitung – vor allem in der Funktion des Auftraggebers	
3. Teilnahme an Schlüsselterminen und Gremien (Indikatoren: Verfügbarkeit, Pünktlichkeit, Engagement...)	
4. frühzeitig begründete Zustimmung oder Ablehnung von wichtigen Entscheidungsvorlagen	
5. Freigabe von Mitteln und (partielle) Freistellung von guten Leuten	
6. Vertreten einer klaren Meinung, vor allem in kritischen Phasen	
7. Übernahme der Verantwortung – nach innen und nach außen	
8. »hingehen und nachschauen«, ob der Prozess funktioniert	

Verantwortung des Top-Managements bedeutet selbstverständlich nicht, dass die Führung bei jedem operativen Arbeitsschritt teilnehmen oder über alles informiert sein muss. Das soll sie deswegen nicht, weil es dafür die Prozessverantwortlichen gibt. Das Top-Management einer Organisation muss unzweifelhaft mit all ihrer Autorität hinter dem Prozess stehen. Diese Verantwortung kann sie niemals delegieren.

3. Bildung einer Führungskoalition zur Umsetzung der Prozesse

Die Erfahrung zeigt, dass es bei der Implementierung praktisch nie nur auf eine einzelne Person ankommt, sondern auf mehrere Personen aus den unterschiedlichsten hierarchischen Stufen. Das ist mit **Führungskoalition** gemeint. Der Prozessverantwortliche und das Top-Management als Auftraggeber müssen sich von Beginn an folgende Frage stellen: »Wie stehen die wichtigsten Leute in der Organisation zu den notwendigen Veränderungen und wer wird im Sinn der Führungskoalition gebraucht?« Die Umsetzung von Prozessen hat auch eine interpersonelle Dimension, die selbstverständlich mit Macht und Einfluss verbunden ist. Diesbezüglich kann es sinnvoll sein, für das Vorhaben einen Machtpromotor aus der Unternehmensspitze oder seitens der Eigentümer einzusetzen. Spielerwechsel in der Führungskoalition wirken sich nach innen und nach außen meist fatal aus. Daher ist von Anfang an zu beachten, mit welchen Verbündeten die Implementierung vorangetrieben werden soll[16].

Bei der operativen Umsetzung von Prozessen braucht man die besten Leute. Das klingt selbstverständlich, ist es in der Praxis aber nicht. Mit Prozessen werden anspruchsvolle Ziele verfolgt. Daher genügt es nicht, Mitarbeiter einzusetzen, die gerade Zeit haben. Von Anfang an müssen **die Besten** dabei sein. Diese Leute haben die notwendige Glaubwürdigkeit in der Organisation, weil sie ja schon bewiesen haben, dass sie etwas umsetzen können und etwas vom Geschäft verstehen. In kritischen Phasen sind sie besonders wichtig, weil sie nicht beim ersten Gegenwind »von Bord« gehen.

Gerade in sehr großen Organisationen und bei komplizierten Prozessen empfiehlt es sich, so genannte »gemischte Teams« einzusetzen, d.h. Mitarbeiter aus unterschiedlichen hierarchischen Stufen, aus unterschiedlichen Funktionen (Vertrieb, Leistungserstellung, Verwaltung) und aus unterschiedlichen Geschäftseinheiten oder geographischen Regionen. Nur so kann sichergestellt werden, dass verteiltes Wissen in die Erarbeitung und in die Umsetzung eingebracht wird.

Verhalten gegenüber Umsetzung und Veränderung	**Checkliste**
Typus	**Verhaltens-Indikatoren**
1. aktiver Verbündeter	• aktives Einbringen von Veränderungen und Neuerungen • konstruktiv-kritische Auseinandersetzung (keine Blauäugigkeit) mit klarer Übernahme von Verantwortung • unzweifelhafte Unterstützung nach außen und nach oben • Beisteuern von Kompetenz und Umsetzungsstärke • großes Vertrauen und sehr hohe Übereinstimmung
2. eingeschränkter Unterstützer	• gute Beiträge – aber erst nach Aufforderung • kein »Herzblut« beim Thema, aber prinzipielle Einsicht in die Notwendigkeit • »nur hundertprozentiger, kein zweiundertprozentiger Einsatz« • grundsätzlich vorhandenes Vertrauen
3. gleichgültiger, passiver Mitschwimmer	• Ausgewogenheit von Kritik und konstruktivem Beitrag (insbesondere gegenüber Dritten) • eingeschränkte Freiwilligkeit und wenig Übernahme von Verantwortung • Verzögerung, Arbeit nach Vorschrift • permanentes Verweisen auf andere »wichtige Dinge« • Akzeptieren nach außen, aber innerliche Überzeugung vom Alten
4. aktiver »Widerständler«	• kein Vertrauen und keine Übereinstimmung mit der Notwendigkeit von Veränderung • bewusstes Hintertreiben des Neuen • aktives Organisieren von Widerstand • Aufbau von informellen Organisationseinheiten • ständige Beweisführung zugunsten der alten Zustände

4. Anwendung einer klaren Methodik

Inhaltliches Wissen über Prozesse ist etwas anderes als die methodische Fähigkeit zur Einführung und dauerhaften Implementierung von Prozessen[17]. Beides muss man im Griff haben. Die meisten Führungskräfte konzentrieren sich zu rasch auf die inhaltliche Dimension und unterschätzen den methodischen Aspekt der Umsetzung. Die richtige **Methodik** soll natürlich keine Spielwiese von Powerpoint-Graphikern sein, sondern sich an der Erarbeitung, der Umsetzung und schließlich an den Resultaten eines Prozesses messen lassen. Kompromisse bei der Methodik wirken sich negativ auf das Ergebnis aus.

Methodische Schlüsselfragen beim Einführen und Implementieren von Prozessen	Checkliste
1. klarer Auftrag und unzweideutige Leitplanken seitens des Top-Managements	
2. keine wechselnden Ziele	
3. transparenter Vorgehensplan zur Analyse, Gestaltung und Umsetzung	
4. gewisses Maß an Formalismus, Einheitlichkeit und Schriftlichkeit (Dokumentation)	
5. Konzentration auf wenige Schlüsselprozesse und Kernpunkte	
6. Wahl der richtigen Flughöhe bei der Analyse, Gestaltung und Umsetzung	
7. Verwendung von Werkzeugen (Bsp. relative Qualität, Wertkette, Modellierung, Funktionendiagramm, Prozessauftrag, Risikomanagement)	

Um bei der Methodik nichts dem Zufall zu überlassen, empfiehlt es sich, das gesamte Vorhaben mit all seinen Phasen, Terminen und Personen vorgängig durchzugehen und zu prüfen, wo Engpässe, Konflikte oder Risiken liegen. Auf dieser Grundlage ist dann das Prozessmanagement von seiner methodischen Seite aufzusetzen.

5. Kompromisslose Resultatorientierung und Spürbarkeit der Veränderung

Jeder noch so gute methodische Ansatz und die besten inhaltlichen Aussagen sind nutzlos, wenn sie nicht umgesetzt werden. Die Prozesse und deren Implementierung sind am Kunden und an dem von ihm gewünschten Ergebnis auszurichten. Das kann für einen externen Kunden ein Service- oder Reklamationsprozess sein, für einen internen Kunden eine klare Leistungsspezifikation. Wichtig ist, dass jeder Prozessschritt in Maßnahmen mit klaren Verantwortlichkeiten bzw. Terminen einmündet und auch in den **Zielvereinbarungen** verankert wird. Die möglichst frühzeitige Einbeziehung der umsetzungsverantwortlichen Mitarbeiter und

Führungskräfte ist daher notwendig. Damit das funktioniert, braucht es systematisches Feedback und ein Minimum an Controlling, also Planung, Steuerung und Fortschrittskontrolle. Bewährt hat sich an dieser Stelle auch das Prinzip der systematischen Müllabfuhr. Bei jedem Schritt und in jeder Phase ist zu prüfen, was ab sofort nicht mehr oder mit vermindertem Leistungsniveau gemacht wird. Dadurch werden Ressourcen für die wichtigen Aufgaben frei.

Die Einführung von Prozessen kann unter Umständen mehrere Monate dauern. Die Gefahr ist groß, dass zwar am Anfang mit viel Elan mitgearbeitet wird, mit der Zeit aber gewisse Verschleiß- oder Müdigkeitserscheinungen auftreten. Die Herausforderung liegt darin, die Prozessorientierung vom Start weg sichtbar und spürbar zu machen und nicht bis zum Schluss mit der kompletten Umsetzung zu warten. Wo immer es möglich ist, sind **Sofortmaßnahmen** umzusetzen, Teilprozesse sofort zu starten, Zwischenergebnisse und die berühmten »Quick wins« sichtbar zu machen und zu kommunizieren.

Fehlen einzelne Elemente dieser Erfolgsfaktoren für die Umsetzung und die Veränderung, so werden die gewünschten **Resultate** nicht oder nur mit viel höherem Aufwand erreicht[18]. Wie überall beim Thema »Management«, so gibt es auch hier keine Geheimnisse, sondern ein breites Erfahrungsspektrum und klare Erkenntnisse aus der Praxis. Ein Teil davon sind die dargestellten Erfolgsfaktoren. Diese dürfen nicht dem Zufall überlassen werden, weil man nur so zur einzigen Rechtfertigung für Prozessmanagement kommt, nämlich zum Beitrag der Prozesse für Qualität, Produktivität und Wettbewerbsfähigkeit.

Maßnahmenliste				Werkzeug
Prozess	Maßnahme	Termin	Verantw.	Status

Maßnahmenliste			**Beispiel Automatenverteiler**		

Ein Automatenverteiler für Snacks verändert im Zuge eines Business-Process-Reengineering sämtliche Prozesse. Die Kunden sind Bahnhöfe, Behörden, große Industrieunternehmen. Der Schlüsselprozess »Verträge bewirtschaften« (VB) geht mit folgender Maßnahmenliste ins Umsetzungscontrolling.

Prozess	Maßnahme	Termin	Verantw.	Status
VB0103	Neuzuordnung der Mitarbeiter aus dem Verkaufsinnendienst auf die neue Vertragsleitstelle	28.02.	Bauer	umgesetzt
VB0104	Umsetzung der Einsparpotenziale: • Reduktion der Überstunden um 20% • Reduktion der Rückstände um 25%	31.05.	Bauer	läuft
VB0201	Einführung und durchgängige Verwendung der neuen Arbeitsformulare (Projektierungsantrag, Konditionsantrag, Status Partner...)	28.02.	Müller	umgesetzt
VB0302	Umsetzung der elektronischen Kommunikation mit dem Außendienst (inkl. Schnittstelle mit Buchhaltung)	31.03.	Hensch	läuft (derzeit Software-Probleme)
VB0304	Sicherstellung der Sperrung des Partners am Tag des Projekteinganges für die Vertriebslinien	ab 31.03.	Gerster	umgesetzt
VB0502	Schulungen aller VB-Mitarbeiter: neues Erfassungssystem, Schnittstelle zu Vertrieb und Buchhaltung, Umgang mit dem neuen Prozess	30.06.	Müller	läuft

7.4   Abschluss und Anfang: Prozessmanagement und Systemorientierung

Alle bisherigen Ausführungen haben sich konsequent an der Darstellung der Themen und der Umsetzung orientiert. In diesem Kapitel geht es um eine Reflexion und Zusammenfassung der Inhalte anhand des **Systemansatzes** und der **Kybernetik**. Als Wissenschaft von der Regulierung und Lenkung komplexer Systeme bieten Systemansatz und Kybernetik eine ausgezeichnete Grundlage für die Strukturierung und Beantwortung vieler Managementfragen[19]. **Prozessmanagement** ist in diesem Sinn nichts anderes als die Steuerung von Abläufen in einer Organisation, damit dieses System seine Identität erhalten und einen Zweck erfüllen kann. Dieser Zweck kann das Bereitstellen von Transportdienstleistungen, die Schulbildung von Kindern, die Produktion von PKW-Sitzbezügen, die Rehabilitation verunglückter Menschen oder das Ausstellen von amtlichen Dokumenten sein. Für jeden dieser Zwecke braucht es entsprechende Abläufe, die als Ganzes ein System bilden: ein Unternehmen, eine Kultureinrichtung, eine Behörde, einen Verband. Management ist nichts anderes als Gestaltung, Lenkung und Entwicklung von solchen zweckorientierten, sozialen Systemen.

Hier soll keine umfängliche Erläuterung und Darstellung der Kybernetik bzw. der Systemwissenschaften geliefert werden, sondern eine Ausleuchtung des Prozessthemas anhand der sieben Grundbausteine des ganzheitlichen Denkens nach Ulrich und Probst[20]:
Baustein 1: Das Ganze und die Teile
Baustein 2: Vernetztheit
Baustein 3: Das System und seine Umwelt
Baustein 4: Komplexität
Baustein 5: Ordnung
Baustein 6: Lenkung
Baustein 7: Entwicklung

Baustein 1: Das Ganze und die Teile
Sobald von einem System gesprochen wird, gibt es eine Ganzheit und Teile. Im Prozessmanagement bestehen vielfältige Anknüpfungspunkte für dieses Ganze. Zunächst ist eine Organisation ein Ganzes und die verschiedenen Wertstufen, Funktionen oder Prozesse sind seine Teile. Innerhalb eines Prozesses können wieder Teilprozesse voneinander unterschieden werden, die in Kombination sicherstellen müssen, dass der Prozess seinen Zweck erfüllen kann. Eine methodische Herausforderung besteht in der Klärung der richtigen Flughöhe. Eine zu globale Betrachtung führt zu Oberflächlichkeit, eine zu feingliedrige Detaillierung verliert den Blick für das Resultat. Eine weitere Anwendung ist die Frage nach den einzelnen Schritten im Vorgehen. Analyse, Bewertung, Gestaltung und Umsetzung sind ebenfalls einzelne Teile, die nur in Kombination ein sinnvolles Ganzes ergeben. Wenn Prozessmanagement bei der Analyse stehen bleibt, ist dies genauso unvollständig wie eine Gestaltung ohne eine saubere Beurteilung der Ausgangslage.

Prozesse müssen eingebettet sein in die Strategie einer Organisation und über die Führung konsequent bis hin zu den einzelnen Mitarbeitern konkretisiert werden. Jede Führungsaufgabe ist in diesem Sinn ein Zusammenfügen von Teilen: von einzelnen Tätigkeiten zu strukturierten Abläufen, von Teilleistungen zu einem Ganzen für den Kunden, von einzelnen Mitarbeitern zu einem schlagkräftigen Team, von Abteilungen zu Organisationen. Hinzu kommt die Einbettung des Unternehmens in ein größeres Ganzes, nämlich den Markt und die Gesellschaft[21].

Ein Prozess ist ein Ganzes aus verschiedenen Teilen. Die Summe der Teile kann mehr, gleich, weniger oder anders sein als das Ganze. Pauschal davon zu sprechen, dass die Summe der Teile mehr sei als das Ganze, ist falsch. Sowohl die **Ganzheit** als auch die Teile und deren Zusammensetzung verändern sich im Zeitablauf. In Summe besteht die Aufgabe des Prozessmanagers nicht zwingend darin, alle Verästelungen eines Ablaufes im Einzelnen zu kennen oder DV-technisch programmiert zu haben. Wichtig ist das grundlegende Verstehen des Prozesses, seiner Anbindung an einen Kunden, seine Steuerung und Weiterentwicklung.

Baustein 2: Vernetztheit
In einem System sind die Teile vernetzt, um ein Ganzes zu bilden. Nicht die Bauelemente an sich sind wesentlich, sondern die Beziehungsdimension zwischen diesen. Die Teilprozesse sind, isoliert gesehen, wichtig im Sinn von Analyse und Konstruktion. Die volle Kraft und der Beitrag entstehen erst durch das Vernetzen dieser Teilprozesse mittels Input – Output, Information, Verantwortung und Steuerung. All das sind Vernetzungselemente. Management ist in dieser Hinsicht nichts anderes als Lenken von Vernetzung in verschiedenen Dimensionen: Mensch und Organisation, unterjährig und mehrjährig, innen und außen, heute und morgen, operativ und strategisch.

Zum Prinzip der **Vernetzung** gehört auch, die Prozesse in einen Zusammenhang mit der Strategie, der Struktur und der Kultur einer Organisation zu stellen. Die Verbindung mit den Geschäftsfeldstrategien, das Anknüpfen an die relativen Qualitätsanforderungen seitens des Kunden und an die Wertkette sind konkrete Umsetzungsschritte des Bausteines »Vernetzung«. Ein weiterer Anwendungsfall ist der Führungskreislauf[22] bezüglich des Entscheidens, des Ingangsetzens und des Kontrollierens. Über Feedback wird Vernetzung hergestellt und aufrecht erhalten.

Ein Prozess ist die Vernetzung von Geschäft, Aufgabe, Verantwortung und Ressource. Entsprechend liegt der Zweck von Prozessmanagement in der Herstellung und im Aufrechterhalten dieses Kreislaufes. Dazu gehört das Denken in **Zirkularität**. Beziehungen sind nicht linear, die Kreisläufe nicht willkürlich in einen Anfang und ein Ende zu zerlegen. Handeln in vernetzten Systemen bedeutet immer Eingriff, Reaktion und nicht zuletzt Widerstand. Professionelles Prozessmanagement akzeptiert Vernetzungsprinzipien und versucht, diese im Sinn der Entwicklung des Systems zu nutzen.

Baustein 3: Das System und seine Umwelt

Jedes System ist Teil eines größeren Systems. Die Lebensfähigkeit einer Organisation kann sich nur im Austausch, im »Stoffwechsel«[23] mit seinem umgebenden System entwickeln. Die Dynamik von Märkten, technologische und makroökonomische Entwicklungen definieren die Ausrichtung von Prozessen entscheidend mit. Das bedeutet aber auch, dass die Systemgrenzen prinzipiell offen und gestaltbar sind. Die Strategie legt fest, in welchen Geschäften ein Unternehmen tätig ist, welche Leistungen an welche Kunden vertrieben werden und welche Erfolgspotenziale daher aufzubauen bzw. zu erhalten sind. Letztlich steht die Frage im Vordergrund, wofür der Kunde wirklich bezahlt und worin der Beitrag der Organisation besteht. Die Prozesse stellen nach außen sicher, dass diese Austauschbeziehung mit Lieferanten und Kunden gewährleistet wird. Nach innen geht es um die effiziente Durchführung dieser Aufgaben.

Werkzeuge im Prozessmanagement sind etwa die relative Qualität zur prinzipiellen Klärung der Leistungserbringung für den Kunden. Über die Wertkette wird definiert, wie der Organismus »Unternehmen« seinen Stoffwechsel strukturiert und worin der Beitrag der Prozesse liegt. Schnittstellengestaltung und Funktionendiagramm legen fest, wie in den Prozessen gearbeitet wird und wie Aufgaben, Kompetenzen und Verantwortlichkeiten festgelegt sind.

Die Prozesse stellen sicher, dass das System »Unternehmen« mit seiner Umwelt in einen Austausch treten kann und damit lebensfähig bleibt. Prozessmanagement bedeutet, diesen Austausch von außen nach innen und von innen nach außen zu gewährleisten.

Baustein 4: Komplexität

Komplexität ist die Anzahl der Zustände, die ein System annehmen kann[24]. Komplexität kann von außen auf eine Organisation zukommen, etwa über sich verändernde Märkte, Geschäftssysteme und Technologien. Komplexitätstreiber gibt es aber auch in einer Organisation selber, etwa durch Variantenvermehrung oder durch fehlende Zielsysteme.

Klar zu unterscheiden sind die Begriffe »komplex« und »kompliziert«. Ein Produktionssteuerungsprozess kann sehr kompliziert sein, beispielsweise im Sinn der anspruchsvollen DV-technischen Darstellung. Es erfordert zwar Zeit und Erfahrung, um einen solchen Prozess zu beherrschen, an sich ist er aber nicht komplex, weil sich die einzelnen Elemente und deren Beziehungen nicht verändern. Die Managementaufgabe besteht in der sauberen Strukturierung, der wasserdichten informationstechnischen Abbildung und der Schulung der betroffenen Mitarbeiter. Hingegen ist etwa ein Innovationsprozess eines Dienstleistungsunternehmens sehr komplex, weil sich die Akteure, die Inputs, die Themenfelder und Vernetzungen laufend verändern können. In einem solchen Fall besteht die Managementaufgabe darin, den Prozess auf einer so genannten Metaebene zu steuern: mit definierten Entscheidungsgremien, entsprechenden Budgets und der Verankerung in den Zielvereinbarungen der Mitarbeiter.

Ein Prozess ist vor dem Hintergrund der Kybernetik ein **Komplexitätstreiber** oder ein **Komplexitätsdämpfer**. Die Komplexität kann getrieben werden durch die Produkt- oder Sortimentsbreite, zusätzliche Vertriebskanäle oder Aufteilung funktionaler Verantwortung auf mehrere Personen. Das Dämpfen der Komplexität erfolgt etwa durch die Steuerung der Projekte und Innovationen, die Spezialisierung in Funktionen, das Einbauen systematischer Müllabfuhr, Verwendung einheitlicher Prozess-Werkzeuge, gemeinsame Spielregeln und gemeinsame Sprache. Das Treiben oder Dämpfen von Komplexität an sich ist wertfrei zu sehen. Es hängt von den Marktgegebenheiten ab, wie die Komplexität gestaltet wird. In Phasen des Marktwachstums muss häufig die Komplexität der eigenen Organisation erhöht werden, um mit den Anforderungen des Marktes Schritt zu halten. In Sättigungs- oder Rückgangsphasen ist es notwendig, die Komplexität zu dämpfen, um auf Größeneffekte zu kommen. Vor diesem Hintergrund ist Prozessmanagement die Steuerung der Komplexität und die »Justierung« der Prozesse auf Dämpfung oder Erhöhung. Das Management von Prozessen berührt damit eine der Grundfragen der Kybernetik – »Wie bringt und wie hält man ein komplexes System unter Kontrolle?«

Baustein 5: Ordnung

Wenn einzelne Elemente zu einem Ganzen vernetzt sind, ein solches System in einer Umwelt lebensfähig sein und Komplexität beherrschen will, dann kommt dem Ordnungsprinzip eine entscheidende Bedeutung zu. Durch **Ordnung** entsteht Orientierung, Überblick, Eingrenzung, Zusammenhang[25]. Dieses Prinzip ist Voraussetzung für Kommunikation, Sinn, gemeinsames Verständnis und zielorientiertes Handeln.

Die Ausrichtung an der relativen Qualität, das Begreifen des Geschäftes als Wertkette, die Modellierung von Prozessen, Funktionendiagramm und Prozessauftrag sind nichts anderes als Generatoren von Ordnung in einem System. Wenn beispielsweise ein Innovationsprozess geschaffen wird, dann wird der Schritt vom heutigen ins künftige Geschäft strukturiert. Dieses Ordnen hat eine dämpfende und eine treibende Seite. Gedämpft werden Initiativen, die außerhalb der normativen und strategischen Vorgaben liegen, die zur Verzettelung und zur bloßen Ideengenerierung ohne Umsetzungsbezug führen. Der Prozess funktioniert als Treiber, indem Neues systematisch hervorgebracht, beurteilt und vor allem in die Umsetzung gegeben wird. Jede geschaffene oder von selbst entstandene Ordnung muss überprüft werden, ob das Dämpfen und Treiben zu den gewünschten Resultaten führt.

Ein Prozess ist gleichzeitig ein Werkzeug zur Herstellung von Ordnungsmustern und das Muster selber. Durch die Strukturierung von Zielen, Aufgaben, Kompetenzen, Verantwortlichkeiten und Ressourcen entsteht eine wesentliche Voraussetzung für Ordnung in einer Organisation. Prozessmanagement ist die inhaltliche und methodische Kompetenz zur Schaffung, Aufrechterhaltung und Weiterentwicklung von Ordnung in einem System und zwischen dem System und seiner Umwelt.

Baustein 6: Lenkung

Wirksame und produktive Prozesse sind gut geführte Prozesse. Führung hat eine direkte und eine indirekte Komponente. Die Lenkung erfolgt direkt im Sinn des Führungskreislaufes. Es wird über Prozessziele entschieden, diese werden dann über Mittel und Maßnahmen umgesetzt und anschließend auf Zielerreichung kontrolliert. Diese Kontrolle kann dann wiederum zu einer Anpassung der Ziele führen. Lenkung erfolgt indirekt, indem nicht in jeden Ablauf eingegriffen wird, sondern der Prozess in systemischer Hinsicht justiert wird. Ziele werden vorgegeben, ein Messprozess installiert, Aufgaben, Kompetenzen und Verantwortlichkeiten verteilt. Alles andere erfolgt dann im Sinn einer **Selbstorganisation**. Lenkung beschränkt sich auf das Ausrichten eines Prozesses auf Ergebnisse und nicht auf die Verhaltenssteuerung von Menschen.

Der systemische Lenkungsbegriff ist somit grundverschieden von der traditionellen Vorstellung von Führung. Systemisches Lenken betont die indirekte Steuerung über die Orientierung an Resultaten und die Etablierung von Feedback. Es geht um die Schaffung möglichst vieler Voraussetzungen, damit sich Selbstorganisation[26] entwickeln kann, beispielsweise durch Führen mit Zielen, Arbeitsmethodik und Verwendung von Prozesswerkzeugen. Dies ist der Kern des englischen Wortes »to control«: regulieren, justieren, steuern, lenken.

Ein Prozess ist zugleich Vorgang und Resultat von **Lenkung**. Mit der Prozessmethodik liegt die Voraussetzung für das Lenken und Steuern vor. Zugleich ist ein Prozess selber Betrachtungs-, Gestaltungs- und Umsetzungsobjekt. Prozessmanagement ist die systemische Lenkung durch indirektes Einwirken auf die Grundkomponenten der Prozesse – Ziele, Messung, Feedback. Zur notwendigen Branchenkenntnis braucht es vor allem methodische Kompetenz für die systemische Lenkung. Methodik ist dabei die systematische Form der Erkenntnisgewinnung für Gestaltung und Umsetzung.

Baustein 7: Entwicklung

Eine Organisation als System besteht aus Prozessen und ist in seine Umwelt eingebettet. Weder die Organisation noch die Umwelt sind statisch. Sie verändern sich beständig. Damit ist die Entwicklungsperspektive angesprochen.

Der Beitrag der Prozesse zur **Entwicklung** einer Organisation ist vielfältig. Über die Prozessneugestaltung und Prozessverbesserung können Wertketten angepasst und verändert werden. Ebenso ist die konsequente Hinterfragung des Bestehenden, etwa mit der systematischen Müllabfuhr, ein Bestandteil von Entwicklung. Die Selbstorganisation und die Subsidiarität in den Prozessen führen dazu, dass Veränderungen dort bemerkt werden oder entstehen, wo das Geschäft, der Kontakt zum Kunden liegt.

Ein Prozess ist Voraussetzung und Instrument, um eine Organisation entwicklungsfähig zu halten. Prozesse bilden den Kreislauf einer Organisation und gewährleisten den Stoffwechsel mit ihrer Umwelt. Prozesse der Auftragsbeschaffung, der Leistungserstellung und der Abwicklung sind Grundlage des heutigen Geschäftes. Gleichzeitig müssen diese dazu beitragen, die Basis des künftigen Geschäftes zu sein. Prozessmanagement lässt sich am besten durch die Begriffe »Anpassung« und »Transformation« beschreiben. Lenkung und Steuerung meint das **Anpassen** der Prozesse an das Gleichgewicht von innen und außen, von heute und morgen. Nicht ein »survival of the fittest«, sondern ein »survival of the fitting« leiten systemorientiertes Prozessmanagement. **Transformation** bedeutet zum einen die Weiterentwicklung der Prozesse an sich, zum anderen die Umwandlung von Prozess-Ressourcen (Kapital, Arbeit, Wissen, Zeit) in Nutzen für Kunden. Nur so entsteht **Lebensfähigkeit** einer Organisation und nur so kann der Beitrag von Prozessen verstanden werden.

Die angesprochenen sieben Bausteine bilden die Grundlage eines systemorientierten Prozessmanagements[27]. Die Kernpunkte lauten: Erfüllung von Zwecken, Anwendbarkeit für praktische Fragestellungen, Verbindung verschiedener Wissenschaften (Kybernetik, Betriebswirtschaft, Psychologie...), Betonung der Gestaltung (und weniger der Herleitung), Erfassen von Vernetzung, Anerkennung von Komplexität und unvollständiger Information, Problemlösungsfähigkeit (und weniger Allgemeingültigkeit).

   Die sieben Bausteine sind eine Grundlage zur Strukturierung des Themas Prozessmanagement. Verantwortung für Prozesse bedeutet auch, diese Aufgabe vor dem Hintergrund der Bausteine zu reflektieren, beispielsweise Jahresziele danach auszurichten oder die Prozesswerkzeuge zu strukturieren. **Prozessmanagement** ist das Regulieren und Lenken komplexer Systeme. Kybernetik und Systemansatz liefern diesbezüglich das beste Grundverständnis und machen aus Prozessmanagement das, was es ist: ein Handwerk, das beitragen soll, die Lebensfähigkeit von Organisationen zu gewährleisten.

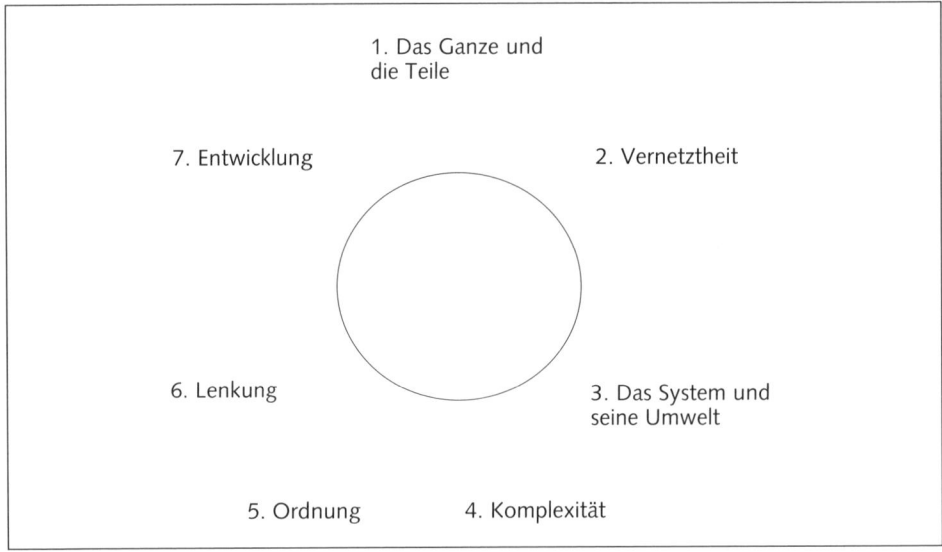

Abb. 16: Bausteine des ganzheitlichen Denkens (nach Ulrich und Probst)

Literatur

1   Vgl. *Malik, F.*, Führen Leisten Leben, Frankfurt 2006, S. 77 ff.
2   Vgl. den Ansatz des MbO in: *Drucker, P.*, The Practice of Management, New York 1955.
3   Vgl. *Becker, J. et al.*, Prozessmanagement, Berlin 2003, S. 110 ff.; vgl. *Meise, V.*, Ordnungsrahmen zur prozessorientierten Organisationsgestaltung, Hamburg 2001.
4   Vgl. *Malik, F.*, Führen Leisten Leben, Frankfurt 2006, S. 298 ff.
5   Vgl. *Drucker, P.*, Die ideale Führungskraft, Düsseldorf 1995, S. 177 ff. und S. 221 ff.
6   Vgl. *Hahn, D.*, Controllingkonzepte. Planung und Kontrolle, Planungs- und Kontrollsysteme, Planungs- und Kontrollrechnung, Wiesbaden 2001.
7   *Drucker, P.*, Die ideale Führungskraft, Düsseldorf 1995, S. 157, S. 253 ff.
8   Vgl. *Malik, F.*, Führen Leisten Leben, Frankfurt 2006, S. 267.
9   Vgl. *Drucker, P.*, Die Zukunft managen, Düsseldorf 1992, S. 27, S. 202.
10 Vgl. hierzu folgende Bücher: *Chicken, J./Posner, T.*, The Philosophy of Risk, London 1998; vgl. *Ishikawa, K.*, What is Total Quality Control? The Japanese Way, Englewood Cliffs 1985.
11 Controlling wird hier explizit als Führungsaufgabe verstanden. Die Lenkung und Steuerung von Organisationen im Sinn der langfristigen Lebensfähigkeit ist der Kern von Führung. Daher kann Controlling nicht delegiert werden.
12 Vgl. *Malik, F.*, Führen Leisten Leben, Frankfurt 2006, S. 378 ff.
13 Der Fokus liegt auf den Resultaten, die ein Prozess liefert. In vielen Organisation wird der Schwerpunkt aber auf anderes gelegt. »Die meisten sind nicht prozessorientiert; sie richten ihr Augenmerk auf Aufgaben, Positionen, Menschen und Strukturen, nicht aber auf Prozesse. Wir definieren einen Unternehmensprozess als Bündel von Aktivitäten, (...) das für den Kunden ein Ergebnis von Wert erzeugt.«, in: *Hammer, M./Champy, J.*, Business Reengineering, Frankfurt 1996, S. 52.
14 Vgl. *Malik, F.*, Führen Leisten Leben, Frankfurt 2006, S. 96, 135.
15 Vgl. die Bedeutung des Commitments bzgl. der Führungskoalition, des Wandels und der Verankerung in der Kultur in: *Kotter, J.*, Leading Change, Boston 1996.
16 Vgl. *Frei, U.*, Prozessmanagement als Optimierungs- und Frühwarnsystem, in: io management, Nr. 5/2001, S. 78; vgl. *Hammer, M./Champy, J.*, Business Reengineering, Frankfurt 1996, S. 134 ff.
17 Vgl. *Greiner, L*, Patterns of organization change, in: Harvard Business Review, Vol. 50/1967, S. 119 ff.
18 Vgl. die Resultat- und Umsetzungsorientierung in: *Krüger, W. (Hrsg.)*, Excellence in Change, Wiesbaden 2000, S. 31 ff.
19 Vgl. *Beer. S.*, Diagnosing the system for organizations, Chichester 1985, im Vorwort: »Well, management is – if you will – the profession of regulation, and therefore of effective organization, of which this cybernetics is the science.
20 *Ulrich, H.*, Gesammelte Schriften, Band 3, Bern 2001, S. 29.
21 Vgl. *Malik, F.*, Führen Leisten Leben, Frankfurt 2006, S. 28, 44.
22 *Ulrich, H.*, Gesammelte Schriften, Band 2, Bern 2001, S. 127.
23 Vgl. *Hinterhuber, H.*, Strategische Unternehmensführung, Band 1, Berlin 2004, S. 2.
24 Vgl. *Malik, F.*, Strategie des Managements komplexer Systeme, Bern 1996, S. 184 ff.
25 *Ulrich, H.*, Gesammelte Schriften, Band 3, Bern 2001, S. 67.
26 Vgl. *Malik, F.*, M.o.M.-letter, Malik on Management, Nr. 09/04.
27 Vgl. *Ulrich, H.*, Gesammelte Schriften, Band 5, Bern 2001, S. 459 ff.

Wörterbuch des Prozessmanagements

Ablauforganisation: Ablauforganisation bezeichnet alle Methoden, Werkzeuge, Regeln und Institutionen, welche die Prozesse steuern. Beispiele sind etwa ergebnis- bzw. stellengesteuerte Prozessketten, Funktionendiagramme usw.

AKV: Aufgaben, Kompetenzen und Verantwortlichkeiten (AKV) sind Grundlage für funktionierende Prozesse. Sie verbinden den Auftrag aus einem übergeordneten Zielfeld (z.B. Strategie), die einzelne Person und eine Aktivität zu einem Resultat.

Analyse: Die Analyse dient der gemeinsamen Beurteilung der Ausgangslage. Dieser Schritt ist eine Voraussetzung für die Ausgestaltung von Prozessen und für die abgeleiteten Zielformulierungen. Welche Werkzeuge für eine Analyse verwendet werden, hängt immer vom Einzelfall ab und sollte »aus der Analyse keine Paralyse« werden lassen.

Arbeitsanweisung: Die Arbeitsanweisung ist eine Anleitung zur Erfüllung der Prozessaufgaben, die entsprechend dokumentiert sind. Eine solche Anweisung kann komplett eine Stelle ausfüllen oder als Teil einer Stellenbeschreibung dienen. Auch hier gelten die Einheitlichkeit der Form innerhalb einer Organisation und die Übereinstimmung mit allfälligen ISO-Anforderungen.

Arbeitsmethodik: Die persönliche Arbeitsmethodik ist unabdingbare Voraussetzung zur Effektivität von Menschen in Organisationen. Es geht um die Frage des Zeitmanagements, der persönlichen Wirksamkeit, der Ablage, der Delegation, der Müllabfuhr und der Selbst-Motivation. Gute Prozessverantwortliche unterstützen die Arbeitsmethodik ihrer Mitarbeiter, um gemeinsam effizienter zu Ergebnissen zu kommen.

Arbeitspaket: Ein Arbeitspaket ist die Summe von Maßnahmen zum selben Thema. Gleichbedeutende Begriffe sind etwa: Schwerpunkt, Stoßrichtung, Maßnahmenbündel, Aktionsfeld.

Aufbauorganisation: Aufbauorganisation bezeichnet alle Methoden, Werkzeuge, Regeln und Institutionen, welche die Struktur steuern. Beispiele sind etwa Organigramm, Stellenbeschreibungen, Funktionendefinitionen, Gremienlisten usw.

Aufgabenliste: Die Aufgabenliste besteht aus der zu erledigenden Aktion, einem Termin und einem Verantwortlichen. Die Aktion ist jeweils als Resultat zu formulieren (z.B. »...liegt vor«, »... ist erreicht«), der Termin bezieht sich auf das effektive Resultat und verantwortlich ist nur eine einzelne Person, kein Kollektiv.

Balkenplan: Mit dem Balkenplan werden Aufgaben in eine zeitliche und damit auch logische Reihenfolge gebracht. Er dient vor allem der Visualisierung und dem gegenseitigen Abgleich bzw. dem Aufzeigen der Abhängigkeit von Aktionen.

Benchmarking: Benchmarking ist ein Verfahren des gezielten Vergleichs einer Organisation mit einer anderen. Prinzipiell kann sich dieser Vergleich auf alle Themenfelder beziehen, d.h. Strategie, Struktur, Kultur und Management. Der Benchmarking-Partner kann sich in oder außerhalb der eigenen Branche befinden, aus der Vergangenheit, in der Gegenwart oder vielleicht sogar in der Zukunft liegen.

BPO: Business-Process-Outsourcing (BPO) bezeichnet die Analyse, die Gestaltung und die Umsetzung des Auslagerns von Prozessen. Adressat der Auslagerung kann ein – dann künftiger – Lieferant, ein Kunde, ein Konkurrent oder das ersatzlose Einstellen sein.

BPR: Unter Business-Process-Reengineering (BPR) wird die radikale Umgestaltung der Prozess- und generell Wertschöpfungslandschaft verstanden. Die neue Konfiguration von Prozessen, das Streichen, Aus- oder Einlagern kann damit ebenso gemeint sein wie die damit einhergehende Kooperation oder das Streichen von Prozessen. Allgemein gilt, dass die Hoffnungen und Ziele immer höher sind als die tatsächlich erreichten Effekte des BPR.

BSC: Die Balanced Scorecard (BSC) ist eine Methodik zur Darstellung und Umsetzung strategischer Ziele. Die traditionellen Scorecards sind: finance, markets, processes, culture. Die BSC dient explizit nicht zur inhaltlichen Erarbeitung von strategischen Zielen.

Change/Change-Management: Change-Management bezeichnet alle Aufgaben und Werkzeuge zur Initiierung, Steuerung und Umsetzung von Veränderungsprozessen (change). Verbreitete Themen des Change-Management sind die Sensibilisierung für Wandel, das richtige Kommunizieren, der Umgang mit Widerstand usw.

Controlling: Die Übersetzung des englischen Begriffs »to control« lautet »steuern« und nicht »kontrollieren«. Es geht um alle Aktivitäten, die seitens des Managements entfaltet werden, damit eine Organisation als Ganzes seine Ziele erreichen kann. Die Ausprägung von Controlling können harte Zahlen sein, das »Hingehen und Nachschauen«, Berichte bei Sitzungen und vieles mehr.

Controlling-Bericht: Mit dem Controlling-Bericht wird auf ein bis zwei Seiten ein kurzer Status eines Prozesses, Teilprozesses oder Arbeitspaketes gegeben. Umfang und Tiefe hängen vom Einzelfall ab. Im Minimum empfehlen sich: Nennung der jeweiligen Ziele (Auftrag), Prozess-Schritte, Stand bei der Maßnahmenerledigung, Stand bei den Ressourcen, Problemfelder und Diskussionspunkte.

CRM: Customer-Relationship-Management (CRM) bezeichnet alle Ansätze und Methoden zur Herstellung, Aufrechterhaltung (Bindung) und Intensivierung der Kontakte zum Kunden. Im Zentrum stehen dabei immer ein strategisches Ziel und die Maximierung des Kundennutzens.

DLZ: Die Durchlaufzeit (DZL) ist ein Eckpunkt im Prozessmanagement. Ein Prozess definiert sich unter anderem dadurch, dass eine Abfolge von Aktivitäten im Zeitablauf ein sinnvolles Ganzes ergibt. Der zeitliche Durchfluss ist daher Gegenstand und Hebel im Prozessmanagement.

Dupont-Schema: Mit dem Dupont-Schema werden alle Einflussfaktoren auf den Return-on-Investment bezeichnet (»ROI-Baum«), d.h. letztlich der Kapitalverzinsung. Dies wurde in den 20er Jahren des 20. Jahrhunderts zum ersten Mal professionell bei Dupont angewendet. Bei zahlreichen Faktoren gibt es direkte Anknüpfungspunkte durch Prozesse, so etwa bei der Umsatzgenerierung, bei Ertrags- und Aufwandspositionen und nicht zuletzt beim Einsatz des Investments.

Effektivität: Unter Effektivität wird die Fähigkeit des Managements verstanden, die richtigen Diskussionen zu führen, das Richtige zu entscheiden und entsprechend auch für die Umsetzung zu sorgen (»doing the right things« nach Peter Drucker).

Effizienz: Unter Effizienz wird die Fähigkeit des Managements verstanden, Ziele möglichst wirksam umzusetzen (»doing the things right« nach Peter Drucker). Dies entspricht weitgehend dem ökonomischen Prinzip.

Entscheidung: Mit der Entscheidung übernimmt eine Führungskraft Verantwortung, indem eine Richtung vorgegeben wird. Wichtig ist, dass ein einigermaßen ausgewogenes Verhältnis zwischen Aufgaben, Kompetenzen und Verantwortlichkeiten besteht. Eine solide Entscheidungsmethodik ist Grundlage allen Entscheidens, insbesondere bei wichtigen Themen.

Erfahrungskurve: Die Erfahrungskurve beschreibt den Effekt, dass bei der Verdoppelung der kumulierten Menge ein Kostensenkungspotenzial entsteht. (Meistens werden Kosteneffekte von 20-30 % der Herstellkosten zu konstanten Preisen genannt.) Es geht nicht um die absolute jährliche Menge, sondern um den kumulierten Verdoppelungszeitraum. Potenzial bedeutet, dass sich die Kosteneffekte nicht automatisch einstellen, sondern gehoben werden müssen.

Erfolgsfaktor: Erfolgsfaktoren beschreiben, was für das Erreichen der Prozessziele kritisch ist. Damit sind alle Stellhebel gemeint, die positiv oder negativ auf das Resultat einwirken. Bereits bei der Analyse und in der Gestaltung hat das Management diese Faktoren zu berücksichtigen. Sollten diese nicht explizit vorliegen, so sind sie zu erarbeiten.

Fehlerbaum: Der Fehlerbaum untersucht alle möglichen – und unmöglichen – Fehlerursachen in einem Prozess oder einer Marktleistung. Im Zentrum stehen dabei die Funktionalität und das Resultat für den Kunden. Die Vorgehensweise ist bewusst negativ getrieben und orientiert sich am Dreieck »Qualität-Zeit-Kosten«. Aus den Fehlerquellen resultieren präventive Maßnahmen.

First pass yield: Das Verfahren des First-Pass-Yield (»beim ersten Mal richtig«) prüft für Prozessketten, einzelne Prozesse, Teilprozesse oder Aktivitäten, wie viel beim ersten Mal richtig funktioniert. Jeder erneute Versuch erhöht Kosten und Zeit und führt zu einer nachhaltigen Produktivitätsverschlechterung.

Führungskoalition: Die Führungskoalition beschreibt alle personellen Kräfte, die Interesse an der Erreichung eines Ziels haben und daher gemeinsam auf das Resultat hinarbeiten. Dies ist völlig unabhängig davon, wie formell bzw. informell der Personenkreis ist oder gesteuert wird.

Funktion: In der Organisationslehre bedeutet Funktion eine Teilaufgabe zur Erreichung des Unternehmenszwecks. Im Unterschied zum Prozess wird die Funktion im Organigramm dargestellt. Die lateinische Wurzel des Begriffes (fungor/functus) bedeutet: verrichten, vollbringen, ausführen. In der Mathematik wird von einer Funktion $f(x) = y$ dann gesprochen, wenn eine exakte Zuordnung erfolgt. Auch hier spielen Präzision und Zuordnung eine wichtige Rolle.

Funktional-Strategie: Die Funktional-Strategie ist die Ausgestaltung einer unternehmerischen Funktion als in Form von »Ziele-Mittel-Maßnahmen«. Dies kann entweder zentralisierte Funktionen betreffen oder direkt Funktionen in den Geschäftsfeldern.

Funktionen-Analyse: Die Funktionen-Analyse untersucht Leistungsvermögen und Leistungsbereitschaft einer Funktion. Häufig werden als Kriterien »Qualität-Zeit-Kosten« verwendet. Vor allem das Kriterium »Qualität« verweist auf den Nutzen für einen (internen oder externen) Kunden.

Funktionen-Diagramm: Im Funktionendiagramm werden zeilenweise die wichtigsten Aufgaben dargestellt, die in einer Organisation(seinheit) zu erbringen sind. In den Spalten werden konkrete Personen, Personengruppen oder Funktionen genannt. Die Verknüpfung erfolgt durch Aktivitäten, etwa: planen, entscheiden, ausführen, kontrollieren, informieren. Dadurch entstehen Klarheit, Verantwortlichkeit und Transparenz.

Geschäftsfeld: Ein Geschäftsfeld wird definiert durch die eigene Marktleistung, einen Kunden und einen Konkurrenten. Dies kann sich sowohl auf aktuelle Geschäfte, als auch auf künftige Geschäftslogiken beziehen. Prozesse bilden die Grundlage für professionelles Handeln auf Geschäftsfeldern.

Geschäftsfeld-Strategie: In der Geschäftsfeld-Strategie werden alle Ziele, Mittel und Maßnahmen dargestellt, welche die langfristige Lebensfähigkeit eines Geschäftsfeldes sicherstellen. Dazu gehören die strategischen Stoßrichtungen, die quantitativen Eckwerte, die Positionierung über den Marketing-Mix, die funktionalen Konsequenzen, die Maßnahmen und Ressourcen.

Geschäftsmodell: Das Geschäftsmodell beschreibt die Logik der Wertschöpfungskette. Es stellt die Basis für die Ausgestaltung von Funktionen und Prozessen dar. Typischerweise sind Geschäftsmodelle in Bewegung. Daher sind auch Prozesslogiken immer wieder zu hinterfragen.

Gewinn: Handelsrechtlich wird der Gewinn als Jahresüberschuss nach Gegenüberstellung von Erträgen und Aufwänden in einem Geschäftsjahr definiert. Der Betriebsgewinn in der Kostenrechnung verweist auf die Differenz zwischen Betriebserträgen und Kosten einer Periode.

Gremium: Unter Gremium wird eine für bestimmte Zeit oder dauerhaft eingesetzte Sitzung bezeichnet. Kompetentes Sitzungsmanagement ist eine wesentliche Voraussetzung für Wirksamkeit.

Gremienliste: Auf der Gremienliste werden die wichtigsten Gremien, d.h. fixe Sitzungsrunden, festgehalten. Andere Begriffe sind: Sitzungskalender, Sitzungsliste, Besprechungsliste usw.

Hauptprozess: Ein Hauptprozess ist ein Bündel von Prozessen zur Erstellung einer Leistung. Prinzipiell gilt, dass ein Hauptprozess vorliegt, sobald Teilprozesse nach oben aggregiert werden können. Egal welcher Konkretisierungsgrad gewählt wird, die Prozesslandschaft muss übersichtlich und führbar sein.

Innovation: Eine Innovation bezeichnet die Fähigkeit einer Organisation, etwas Neues zum Markterfolg zu führen. Von der Innovation ist die reine Invention, d.h. die bloße Idee, zu unterscheiden. Maßgeblich für den Erfolg einer Innovation ist ein solider Innovationsprozess und kompetentes Innovationsmanagement.

Input-Output-Matrix: Mit der Input-Output-Matrix wird untersucht, welche Einflüsse von einem Anstoß zu einem Resultat führen. Gleichzeitig ergeben sich Ursache-Wirkungs-Zusammenhänge und daraus Klarheit, wo die echten Stellhebel liegen.

Investment-Intensität: Die Investment-Intensität beschreibt das Verhältnis von Investment zur daraus gewonnenen Wertschöpfung. Das Investment ist das betriebsnotwendige Working Capital (Umlaufvermögen abzüglich kurzfristige Verbindlichkeiten), das betriebsnotwendige Nettoanlagevermögen sowie alle sonstigen betriebsnotwendigen Vermögensgegenstände, die nicht zum Umlaufvermögen gehören. Die Wertschöpfung ist der Nettoumsatz minus der Vorleistungen.

Investment-Struktur: Die Investment-Struktur ist das Verhältnis von Bruttoanlagevermögen im Verhältnis zum Investment (Capital employed). Eine hohe Investment-Struktur bewirkt üblicherweise niedrige Renditen.

ISO: Industrial Standard Organization (ISO) ist die internationale Vereinheitlichung von Spezifizierungen und Kriterien für: Materialien, Arbeitsabläufe, Testverfahren, Terminologien, Methoden etc. Derzeit bestehen mehr als 15.000 Standards. Für Prozessmanagement haben etwa die ISO 9001 und 14001 große Bedeutung.

Jahresziel: Im Jahresziel werden Ziele, die für eine Organisation gelten, zu unterjährigen Zielen einer konkreten Person. Prozessziele oder Arbeitspakete können zu Jahreszielen werden. Voraussetzung zum Funktionieren von Jahreszielen ist ein transparenter, klarer und nachvollziehbarer Zielprozess.

JIT: Das Prinzip Just in time (JIT) bezieht sich auf die Anforderung an Prozesse, exakte Zeitvorgaben einzuhalten. Prinzipiell kann sich JIT auf alle Arten von Prozessen beziehen. Bekannt geworden ist JIT vor allem in der Beschaffung und in der Logistik.

Kaizen: Kaizen setzt sich aus den japanischen Begriffen »Kai-Veränderung« und »Zen-ständig besser« zusammen. Im Kern geht es um das Konzept des sich ständigen Verbesserns in Prozessen und Leistungen. Eckpunkte sind: Qualitätssicherung, Produktivitätssteigerung, Steuerung aller wettbewerbsrelevanten Zeiten (Lieferung…), Arbeitssicherheit, Vorschlagwesen…

Kapazitätsauslastung: Unter Kapazitätsauslastung wird das Verhältnis von Kapazität zur Standardkapazität verstanden. Die Standardkapazität ist dabei der maximale Output, den ein Unternehmen/eine Unternehmenseinheit produzieren kann.

Kerngeschäft: Unter Kerngeschäft werden all diejenigen Geschäftsfelder, Marktleistungen oder Kundengruppen verstanden, die einen überproportionalen Anteil am Erfolg eines Unternehmens haben. Die Betrachtung des Kerngeschäftes kann sich dabei auf verschiedene Zeithorizonte beziehen und ist damit veränderbar.

Kernprozess: Von Kernprozess wird dann gesprochen, wenn dieser für eine Organisation lebenswichtig ist. Treten dort grobe Fehler oder Defekte auf, ist die Organisation als Ganzes gefährdet. Es geht um diejenigen Aktivitäten, die aus Marktsicht zu entscheidenden Vorteilen führen.

Kommunikationsmatrix: Die Kommunikationsmatrix fasst zusammen, welche Zielgruppe mit welchen Zielen durch welches Medium informiert wird. Entsprechende Verantwortlichkeiten, Termine und Maßnahmen sind festzuhalten.

Kompetenz: Eine Kompetenz bezeichnet die Fähigkeit einer Person, eines Teams, eines Prozesses, einer Marktleistung oder einer Organisation zur Stiftung von Nutzen. Gilt dies ausschließlich, so liegt eine echte Stärke vor. Andere Begriffe hierfür sind etwa Kernkompetenz, Alleinstellungsmerkmal oder USP.

Komplexität: Komplexität beschreibt die Anzahl der Zustände, die ein System annehmen kann. Der Anstoß bzw. der treibende Faktor kann von außen oder von innen kommen.

Kompliziertheit: Kompliziertheit drückt den Grad der Umständlichkeit aus, bis etwas funktioniert. Dies kann sowohl die Basis-Funktionalität betreffen als auch ein zu hohes Anspruchsniveau bzw. Qualitäten, die niemand braucht. Kompliziertheit ist von Komplexität klar zu unterscheiden. Etwas kann komplex, aber nicht kompliziert sein und umgekehrt. Die Bedienung eines VHS-Gerätes in den 90er Jahren war kompliziert, aber nicht komplex. Umgekehrt ist ein Kreisverkehr nicht kompliziert, kann aber perfekt mit Komplexität umgehen.

Kosten: Kosten sind betriebswirtschaftlich definiert als Werteinsatz zur Leistungserstellung. Dabei werden typischerweise die Dimensionen »Kostenart, Kostenstelle und Kostenträger« unterschieden. Im Gegensatz zur offiziellen Buchführung ist die Kostenrechnung ein rein kalkulatorischer und selbstdefinierter Algorithmus. Volkswirtschaftlich werden Kosten als Entgang von Alternativen definiert.

Kostenposition: Die Kostenposition bezeichnet die direkten Kosten einer Organisation(seinheit) zur Herstellung einer Marktleistung. Üblicherweise werden diese im Verhältnis zu den drei wichtigsten Wettbewerbern gemessen (relative Kostenposition).

Kostenschöpfung: Im ersten Schritt ist eine Wertkette keine Wertkette, sondern lediglich eine Kostenkette. Der Werteinsatz zur Herstellung einer Wertkette wird – im Gegensatz zur Wertschöpfung – als Kostenschöpfung bezeichnet. Erst wenn der Kunde bereit ist, für die Leistung der Wertkette eine Rechnung zu bezahlen, wird aus der Kostenkette eine echte Wertkette.

Kunde: Der Kunde ist Adressat für die Leistung einer Organisation. Er muss die Möglichkeit haben, nein zu sagen, eine Leistung zu bewerten und die Rechnung zu bezahlen. Liegt einer dieser Faktoren nicht vor, kann sinnvoller Weise nicht von einem echten Kunden gesprochen werden.

Kundennutzen: Kundennutzen ist das subjektive Empfinden eines Kunden über die Leistung einer Organisation. Dies kann positiv, neutral oder negativ sein.

KVP: Der kontinuierliche Verbesserungsprozess (KVP) ist ein Verfahren zur systematischen Optimierung einer Organisation. Mitarbeiter und Führungskräfte werden aufgefordert, Verbesserungsvorschläge zu liefern. Diese können sich auf Marktleistungen, auf Prozesse oder andere Themen beziehen. Aufzunehmen sind neben dem Vorschlag, dem Autor und dem Vorgesetzten vor allem die von dem Vorschlag betroffenen Organisationseinheiten. Anschließend werden Ziel, Ausgangslage, Mittel, Maßnahmen, Termine und Verantwortlichkeiten spezifiziert, entschieden und umgesetzt.

Lastenheft: Im Lastenheft wird ein Innovations- oder Projektauftrag geschrieben. Typische Inhalte sind: Titel/Bezeichnung, Ausgangslage, Ziele, Kundennutzen, Wirtschaftlichkeit, Vorgehen/Zeitplan, Verantwortlichkeiten/Organisation, Budget, Schnittstellen, Informationsfluss, Dokumentation und Genehmigungszeile.

Leistungsbeurteilung: Mit der Leistungsbeurteilung überprüft eine Führungskraft, ob und inwieweit ein Mitarbeiter seine Ziele erreicht hat. Es ist das Feedback auf die vereinbarten Ziele.

Leistungskurve: Die Leistungskurve beschreibt die physische und psychische Verfassung einer Person in einer bestimmten Zeiteinheit (meistens: Arbeitstag). Es geht um die Faktoren: Aufmerksamkeit, Konzentrationsvermögen, Fitness, Belastbarkeit usw.

Leistungsmessung: Die Leistungsmessung beurteilt nicht eine Person, sondern ein Produkt bzw. eine Dienstleistung. Gemessen werden alle Faktoren, die den Kundennutzen beeinflussen können. Bei Prozessen bezieht sich die Leistungsmessung üblicherweise auf die Faktoren »Qualität, Zeit, Kosten«.

Leistungsprozess: Unter Leistungsprozesse werden alle Aktivitäten einer Wertkette verstanden, die direkt zur Abwicklung des Geschäftes dienen. Diese gehen von Beschaffungstätigkeiten bis hin zu Vertriebsaktivitäten oder After Sales. Operative Supportprozesse, wie etwa die Bereitstellung einer DV-Struktur und die Personalentwicklung gehören auch zu den Leistungsprozessen.

Lernkurve: Die Lernkurve beschreibt den Effekt der Erfahrungskurve und legt den Schwerpunkt auf alle Prozesse zur Erlangung von Wissen und Kompetenz beim Durchschreiten der Erfahrungskurve (»Lernen«).

Linienaufgabe: Die Linienaufgabe ist eine zu erbringende Leistung, die – ohne die Linie zu verlassen – im Rahmen einer bestehenden organisatorischen Einheit umgesetzt werden kann. Es entfallen somit Schnittstellen- und Steuerungsprobleme mit anderen Linieneinheiten.

Linienfunktion: Unter Linienfunktion werden alle aufgabenbezogenen Verantwortlichkeiten zusammengefasst, um eine Leistung zu erbringen. Diese sind auf zeitliche Dauer ausgelegt und in der Aufbauorganisation entsprechend hinterlegt.

Liquidität: Die Liquidität ist die Fähigkeit einer Organisation, Rechnungen zu begleichen. Dies betrifft Rechnungen von Mitarbeitern (Löhne und Gehälter), von staatlichen Institutionen (Steuern, Beiträge, Abgaben), von Lieferanten…

Management: Frei nach dem Altmeister des Managements, Peter Drucker, bedeutet Management nichts anderes als der »Beruf des Resultate-Erzielens«. Es ist jene Funktion in Organisationen, die dafür sorgt, dass die Organisation ihren Auftrag erfüllen kann und ein echtes Ganzes entsteht.

Management-Attention: Die Management-Attention ist der Gradmesser, inwieweit ein Thema in der Aufmerksamkeit der Führung steht.

Marketing-Mix: Der Marketing-Mix (»vier P`s des Marketing«) besteht aus: Produkten/Dienstleistungen, Preis, Kommunikation und Distribution. Praktisch alle P`s werden von Prozessen beeinflusst.

Marktstellung: Die Marktstellung beschreibt die Position, die eine Organisation im Wettbewerb einnimmt. Typische Indikatoren sind der absoluten und relative Marktanteil, der Kundennutzen, das Image…

Matrix-Organisation: Die Matrix-Organisation ist ein zweidimensionaler Verantwortungsraum. Häufig verwendete Dimensionen sind Produkt/Dienstleistung und Funktion. Es können aber prinzipiell andere Kriterien auch gewählt werden (Region, Kundengruppe…). Matrix-Organisationen haben die Eigenschaft, dass sie zu Verantwortungslosigkeit und sehr großem Kommunikationsaufwand führen.

Mengengerüst: Das Mengengerüst ist die Aufschlüsselung von Aufgaben in quantitative Werte, etwa Qualität, Zeit, Kosten.

Methoden-Kompetenz: Unter Methoden-Kompetenz wird die Fähigkeit von Führungskräften verstanden, Themen, Diskussionen, Entscheidungen, Ausarbeitungen und Abläufe zu strukturieren und produktiv abzuarbeiten. Dabei spielt die Beherrschung von Werkzeugen eine große Rolle.

Moments-of-truth: Mit den Moments-of-Truth werden die wichtigsten Prozess-Schritte und die Qualitätsanforderung des Kunden pro Schritt dargestellt. Anschließend werden mögliche Störungen geprüft und Maßnahmen zur Vermeidung dieser Störungen erarbeitet.

Müllabfuhr: Die systematische Müllabfuhr ist eine Grundvoraussetzung wirksamer Organisationen und Personen. Kern der Idee ist es, bestehende Aufgaben, Routinen, Verfahren, Prozesse usw. permanent zu hinterfragen und abzuschaffen bzw. zu reduzieren. Nur so entsteht der Freiraum für die wirklich entscheidenden Themen.

Multiprojekt-Management: Im Multiprojekt-Management geht es darum, mehrere Projekte so zu steuern, dass gegenseitige Abhängigkeiten klar werden und keine Suboptimierung stattfindet. Nachdem hier über Prioritäten entschieden werden muss, sollte die Verantwortung im Top-Management liegen. Letztlich handelt es sich um die Steuerung des Projekt-Portfolios.

Nachfrage: Von einer Nachfrage wird gesprochen, wenn ein Kunde bereit ist, für ein Bedürfnis eine Rechnung zu bezahlen und diese auch zahlen kann. Streng zu unterscheiden von Nachfrage sind bloße Bedürfnisse, die geäußert werden, aus denen aber kein echter Kaufentscheid bzw. Umsatz entsteht. In der volkswirtschaftlichen Gesamtrechnung wird Nachfrage über die Umsätze der Unternehmen gemessen.

Ökonomisches Prinzip: Das ökonomische Prinzip beschreibt die Fähigkeit, bei gleichem Input mehr an Output zu erzielen oder bei konstantem Output den Input zu reduzieren. Die Bezeichnung stammt vom altgriechischen »oikos – Haushalt« und verweist einmal mehr auf die historische Norm von Knappheit, Armut, Hunger und Not.

Organigramm: Das Organigramm ist ein Planungs- und Darstellungswerkzeug für die Aufbauorganisation. Logik, Tiefe und Ausgestaltung richten sich nach den sachlichen Erfordernissen der Organisation und des Umfeldes. Generell lassen sich mit einem Organigramm Hierarchie und funktionale Verantwortlichkeiten darstellen, nicht aber die Wirklichkeit eines Systems (»das Weiße hinter dem Organigramm«).

Organisation: Eine Organisation ist das Zusammenspiel aller Methoden, Werkzeuge, Regeln und Institutionen, damit der Zweck dieser Organisation erfüllt wird. Häufig wird in Aufbau- und Ablauforganisation unterschieden.

Planungshilfsmittel: Planungshilfsmittel dienen der systematischen Strukturierung eines wichtigen Themas, wie etwa Projekte, Prozesse, Strategie usw. Ziel eines Planungshilfsmittels ist es immer, die Thematik verständlich aufzubereiten, eine Entscheidungsvorlage zu liefern und die Umsetzung vorzubereiten und nach Entscheid zu unterstützen.

Produktivität: Produktivität ist eine Verhältnisgröße, die sich am ökonomischen Prinzip und an der Messung gegen Zeit orientiert. Etabliert sind die Produktivität des Kapitals (ROI, ROCE…) und die Produktivität der Arbeit (Umsatz, Wertschöpfung… pro Mitarbeiter).

Projekt: Gemäß DIN 69901 wird ein Projekt wie folgt definiert: »Ein Projekt ist ein Vorhaben, das im Wesentlichen durch die Einmaligkeit der Bedingungen in ihrer Gesamtheit gekennzeichnet ist, wie z. B. Zielvorgabe, zeitliche, finanzielle, personelle oder andere Begrenzungen, Abgrenzung gegenüber anderen Vorhaben und projektspezifische Organisation.«

Projektauftrag: Der Projektauftrag ist ein Schlüsseldokument und -werkzeug im Projektmanagement. Dort werden die wichtigsten Vorgaben und Planungseckdaten eingegeben, damit Projektmanagement erfolgen kann. Es geht typischer Weise um folgende Themen: Ausgangs-/Problemlage, Projektziele/Teilziele, Nutzen für Kunden und das Unternehmen, Projektphasen/-termine, betroffene Organisationen, Mittelschätzung, Projektorganisation, Personen im Projekt, Genehmigungszeile.

Projektprozess: Der Projektprozess beschreibt den idealtypischen Ablauf der Vorbereitung, Entscheidung und Durchführung eines Projektes in einer Organisation.

Projektsteckbrief: Im Projektsteckbrief werden die wichtigsten Informationen zum Projekt überblicksmäßig dargestellt. Ziel ist es, dass ein Leser innerhalb kürzester Zeit Überblick und Klarheit über das Projekt hat.

Projektübergabe: Die Projektübergabe stellt sicher, dass das Projektergebnis in die Linie überführt werden kann. Dies geschieht mittels Projektübergabe-Protokoll.

Projektziel: Das Projektziel ist das vorweggenommene Projektresultat. Jedes Entscheiden, Planen, Umsetzen und Steuern im Projekt bezieht sich auf dieses Projektziel.

Protokoll: Das Protokoll ist die schriftliche Zusammenfassung einer Sitzung, eines Gespräches oder eines Ereignisses. Generell kann zwischen Dokumentations-, Entscheidungs- und Maßnahmenprotokoll unterschieden werden (inkl. aller Mischformen).

Prozess: Unter Prozess wird ein Ablauf verstanden, der sich aus mehreren Teilen (Teilprozesse, Aktivitäten) zusammensetzt und ein Resultat produziert. Typischerweise geschieht dies mit der Absicht auf Wiederholbarkeit und Standardisierung. Der Begriff leitet sich aus dem lateinischen »procedere« ab: weiterkommen, Fortschritte machen, fortdauern, Erfolg haben, erfolgreich verlaufen, glücken. Schon mit dieser Übersetzung kann ein Grundgerüst für Prozessmanagement aufgestellt werden.

Prozessauftrag: Im Prozessauftrag werden die wichtigsten Eckpunkte für einen Prozess zusammengefasst. Es geht dabei um die zu erbringenden Resultate, die Messgrößen, Berichte, Kosten-/Komplexitätstreiber, erfolgskritische Schnittstellen, künftige Schlüsselthemen, organisatorische Werkzeuge und Verantwortlichkeiten.

Prozesscontrolling: Prozesscontrolling beschreibt alle Aktivitäten zur Steuerung eines Prozesses, damit die Resultate erreicht werden können. Die Ausprägung von Controlling können harte Zahlen sein, das »Hingehen und Nachschauen«, Berichte bei Sitzungen und vieles mehr.

Prozessdokumentation: In der Prozessdokumentation sind alle relevanten Schriftstücke gesammelt (elektronisch und physisch). Verständlichkeit, Ablagelogik, Ablagesysteme, Verschlagwortung, Zugriff, Lese-/Schreibberechtigung und Wiederauffindbarkeit sind wesentliche funktionale Kriterien in der Dokumentation.

Prozesshandbuch: Im Prozesshandbuch sind alle unmittelbar prozessrelevanten Informationen zusammengefasst. Es ist Teil der gesamten Prozessdokumentation und dient primär der operativen Steuerung.

Prozesskette (ergebnisgesteuerte): Die ergebnisgesteuerte Prozesskette geht vertikal von einer Abfolge aus Ergebnissen einerseits und Aktivitäten, Funktionen, Entscheide andererseits aus. In dieser Dimension wird der zeitliche Ablauf des Prozesses dargestellt. Der Ablauf orientiert sich an Ergebnissen, es gibt keinen Ablauf ohne ein entsprechendes Resultat.

Prozesskette (stellengesteuerte): Die stellengesteuerte Prozesskette ist zweidimensional. Auf der Vertikalen sind die einzelnen am Prozess beteiligten Stellen aufgetragen. Die Reihenfolge ergibt sich aus dem Prozessfluss. Kunden und Lieferanten sind auch in die Liste der Stellen aufzunehmen, ebenso wie die einzelnen Bausteine der involvierten Systemwelt. Die Horizontale ist die Zeitachse, auf welcher pro Stelle die wichtigsten Prozessschritte dargestellt sind.

Prozesskosten: Die Prozesskosten stellen alle relevanten Kostenarten im Prozess dar. Nachdem es sich um kalkulatorische Größen handelt, gibt es keinen vorgeschriebenen, formalrechtlichen Rahmen für die Logik, Darstellung und Steuerung. Meistens genügt es, wenn Personal- und Sachkosten ausgewiesen werden.

Prozesskultur: Die Prozesskultur kann sich auf eine Organisation als Ganzes bzw. auf einen Prozess beziehen und meint vor allem das gemeinsame Verständnis, die Wertschätzung und Historie von Prozessen. Am stärksten prägen Führungskräfte eine Prozesskultur.

Prozesskunde: Der Prozesskunde ist Dreh- und Angelpunkt in jedem Prozess, quasi der Adressat für jedes Resultat. Dabei spielt es keine Rolle, ob der Kunde extern oder intern ist. Der Kunde definiert die Anforderungen im Sinn seines Nutzens und muss auch die Möglichkeit haben, das Prozessergebnis abzunehmen bzw. ein Feedback zu geben.

Prozesslandkarte: Die Prozesslandkarte ist die Darstellung der Logik und Chronologik von Prozessen. Ziel sind Überblick, Steuerung und Verständlichkeit. Die Breite und Tiefe der Darstellung richtet sich nach den jeweiligen sachlichen Erfordernissen. Häufig orientiert sich die Prozesslandkarte an der Wertschöpfungskette.

Prozessmanagement: Prozessmanagement ist die Führung von Prozessen, damit die gewünschten Resultate für eine Organisation entstehen. Es unterscheidet sich in seinem Wesen nicht von den allgemeinen Grundsätzen, Aufgaben und Werkzeugen wirksamen Managements. Lediglich einzelne Ausprägungen sind stärker bzw. schwächer ausgeprägt aufgrund des Anwendungsobjektes »Prozess«.

Prozessmethode: Unter Prozessmethode werden alle Vorgehensweisen und Werkzeuge verstanden, eine Organisation in ihrem Wesen prozesshaft zu denken, zu gestalten und zu steuern.

Prozessmodell/-modellierung: Mit dem Prozessmodell werden die Prozesse dargestellt, verknüpft und – sehr häufig – informationstechnisch abgebildet. Dies hilft in der Strukturierung der Prozessarbeit, bei der Ableitung von Zielen und bei der Gestaltung. Prozesslandkarte und Prozessketten sind Instrumente zur Prozessmodellierung.

Prozessneugestaltung: Die Prozessneugestaltung hat das Ziel, die Prozesslogik grundlegend umzubauen. Möglichkeiten der Prozessneugestaltung sind: den gesamten Prozess streichen, Teilschritte in einem Prozess streichen, Prozessschritte parallelisieren oder zusammenlegen, Prozesse durch Triage unterschiedlich behandeln und Prozesse hinzufügen. In der Praxis wird sehr häufig der Begriff BPR (Business-Process-Reengineering) für die Prozessneugestaltung verwendet.

Prozessoptimierung: Die Prozessoptimierung dient dem Zweck, auf Grundlage einer nicht veränderten Prozesslogik die Leistungsfähigkeit der Prozesse weiterzuentwickeln. Möglichkeiten der Prozessoptimierung sind: Ausrichtung der Prozesse am Kunden, Prüfung des Prozesses auf Zeit- und Kostenfallen, Verkürzung der Durchlaufzeiten und Selbststeuerung. In der Praxis werden folgende Begriffe bzw. Methoden unter »Prozessoptimierung« subsumiert: KVP, ISO, QFD, Moments of Truth, TQM.

Prozessorganisation: Die Prozessorganisation ist das Zusammenspiel aller Methoden, Werkzeuge, Regeln und Institutionen, damit die Potenziale des Prozessmanagements erreicht werden können. Wesentliche Voraussetzung für die Prozessorganisation ist die Bereitschaft zur Trennung von Organigrammen des traditionellen Stils, von Funktionen und von sich suboptimierenden Einheiten. Prozessorganisation setzt ein erhebliches Maß an Methodenkompetenz bei Führungskräften voraus.

QFD: Unter Quality-Function-Deployment (QFD) wird eine Qualitätsmethode verstanden, die sicherstellen soll, dass alle Leistungen so entwickelt und erstellt werden, dass der Kunde das bekommt, was er erwartet. Alle Organisationseinheiten werden in das QFD einbezogen.

QM: Qualitätsmanagement (QM) sind alle Methoden, Werkzeuge und darüber hinaus ein klares Bekenntnis des Managements zur Ausrichtung aller Aktivitäten an der Qualität für Kunden. Umfang, Tiefe und Formalisierungsgrad von QM hängen vom Einzelfall, der Organisationsgröße und der Komplexität des Geschäftes ab.

Qualität: Unter Qualität werden alle kaufentscheidenden Kriterien verstanden, die den Kunden veranlassen, für eine Leistung eine Rechnung zu bezahlen. Der Kern von Qualität besteht somit im Kundennutzen. Qualität ist daher eine Kategorie des Marktes und keine von internen Auditoren, Qualitätsmanagern oder anderen Spezialisten.

Qualitätsaudit: Mit dem Qualitätsaudit soll ein Befund über Qualität, d.h. letztlich Kundennutzen, gegeben werden. Gegenstand eines Qualitätsaudits können Produkte, Dienstleistungen, organisatorische Einheiten, Prozesse oder Projekte sein. Wichtig ist, dass der Kundennutzen das Qualitätsaudit definiert und nicht umgekehrt.

Qualitätslandkarte: Mit der Qualitätslandkarte werden die kaufentscheidenden Kriterien, deren Gewichtung und Bewertung dargestellt. Dies ergibt einen zweidimensionalen Raum, der als Analyse, als Ideengenerator und für einen Umsetzungscheck verwendet werden kann.

Rahmenheft: Im Rahmenheft wird ein Innovations- oder Projektantrag geschrieben. Neben Titel/Bezeichnung und Zielen geht es vor allem um Wirtschaftlichkeitsberechnungen, um das Vorgehen (Zeitplan), Verantwortlichkeiten, Budget, Schnittstellen, Informationsfluss und Dokumentation.

Rentabilität: Die Rentabilität ist das Verhältnis einer Erfolgsgröße zum eingesetzten Kapital. Dabei wird unterschieden in die Gesamtkapital-, die Eigenkapital-, die Betriebs- oder etwa auch die Umsatz-Rentabilität. Letztlich wird eine Aussage über die Tatsächliche Verzinsung des eingesetzten Kapitals getroffen.

Ressourcenplan: Der Ressourcenplan ist ein Mengengerüst, das spezifisch die notwendigen Ressourcen einer Organisationseinheit, eines Prozesses oder eines Projektes darlegt. Meistens werden Personal-, Sach- oder Finanzressourcen unterschieden.

Resultat: Das Resultat ist Dreh- und Angelpunkt des Prozessmanagements, wie generell im Management. Es ist das umgesetzte Ziel und hat entsprechende Wirkung für Kunden und für die Organisation bzw. die Person, die das Resultat erbringt.

Risikomanagement: Im Risikomanagement geht es um die Identifikation, Bewertung, Vermeidung und Steuerung von Risiken.

ROI/ROS: Der Return-on-Investment (ROI) beschreibt das Verhältnis von einer Gewinngröße (Bsp. Ebit) zum eingesetzten Investment. Der Return-on-Sales (ROS) beschreibt das Verhältnis einer Gewinngröße (Bsp. Ebit) zum Umsatz (meist Nettoumsatz).

ROI-Baum: Mit dem ROI-Baum werden alle Einflussfaktoren des Return-on-Investment bezeichnet, d.h. der Kapitalverzinsung (vgl. auch Dupont-Schema).

Schlüsselprozess: Ein Schlüsselprozess ist ein Kernprozess (siehe unter »Kernprozess«).

Schnittstelle: Von einer Schnittstelle wird dann gesprochen, wenn eine durchgängige Aktivität (Prozess, Projekt…) von unterschiedlichen Organisationseinheiten, Personen, unterschiedlicher Infrastruktur oder Technik bewerkstelligt wird. Im Sinn der Verantwortung für das Ganze muss diese Schnittstelle gesteuert werden – etwa mit einer Input-Output-Matrix.

SCM: Supply-Chain-Management (SCM) beschreibt das Management der Angebots- bzw. Lieferkette (Supply-Chain). Im Kern geht es um alle Prozesse vom Einkauf über die Leistungserstellung bis hin zum Kundennutzen. Damit unterscheidet sich der Supply-Chain-Ansatz nicht von der Wertschöpfungskette.

Selbstorganisation: Selbstorganisation ist die Fähigkeit von Personen bzw. Organisationen, sich selbst zu steuern. Der übergeordnete Input sind Ziele und Richtlinien (Spielregeln, Policies…). Die Ausführung und alle dafür notwendigen Schritte bzw. Strukturen obliegen der Person bzw. der Organisation.

Sitzung: Die Sitzung ist der physische Ort der Zusammenkunft von Personen, um Ziele zu vereinbaren, eine Aufgabe zu organisieren, Entscheidungen zu treffen und zu berichten. Sitzungen sind ihrer Natur nach langsam, schwerfällig und umständlich. Damit echte Ergebnisse produziert werden, braucht es kompetentes Sitzungsmanagement.

Sitzungsmanagement: Unter Sitzungsmanagement werden alle Führungsaktivitäten verstanden, um eine Sitzung wirksam zu machen. Präzise Vorbereitung, strukturierte Leitung, professionelle Dokumentation (Entscheidungen, Maßnahmen, Wiedervorlage) und entsprechende Nacharbeit sind wesentliche Eckpunkte dabei.

SMART: Es handelt sich hier um eine griffige, einprägsame Formel zur Formulierung von Zielen: S-spezifisch, M-messbar, A-aktiv beeinflussbar bzw. ableitbar, R-realistisch, T-terminiert.

Sourcing: Unter Sourcing wird die Grundsatzfrage verstanden, welche Wertschöpfungsaktivitäten in eigener Verantwortung und welche von anderen Personen bzw. Organisationen erledigt werden. Insourcing ist dabei die Aufnahme von Aktivitäten eines bisherigen Lieferanten, Outsourcing das genaue Gegenteil.

Stakeholder: Stakeholder sind Ansprunchs- bzw. Interessensgruppen an einer Leistung, einem Prozess oder einem Unternehmen. Üblicherweise werden hier genannt: Eigentümer, Führungskräfte, Mitarbeiter, Interessensverbände, die Gesellschaft als Ganzes oder einzelne Gruppen, Lieferanten, Abnehmer bzw. Kunden. Art, Struktur und Anspruch sind je nach Thema unterschiedlich ausgeprägt.

Stärken: Die Stärke ist die ausschließliche Fähigkeit einer Person, eines Teams, eines Prozesses, einer Marktleistung oder einer Organisation als Ganzes zur Stiftung von Nutzen. Andere Begriffe sind etwa Kernkompetenz, Alleinstellungsmerkmal oder USP.

Stellenbeschreibung: In der Stellenbeschreibung werden Aufgaben, Kompetenzen und Verantwortlichkeiten festgehalten. Damit Prozesse auf Dauer funktionieren, braucht es klare Stellenbeschreibungen. Sie sind die Vernüpfung von der aus den Prozessen stammenden Aufgaben und einer möglichen Person. Diese Faktoren definieren eine Stelle.

Steuerungsprozess: Steuerungsprozesse sind alle Aktivitäten einer Wertkette, welche die Leistungsprozesse managen. Es geht um Führungs-, Entscheidungs- und Entwicklungsprozesse. Beispiele sind etwa »Strategie entwickeln«, »Innovationen lenken«, »Führungskräfte auswählen«, »Schlüsselprojekte definieren«. Leistungsprozesse müssen gesteuert werden, damit sie ihre Produktivkraft entfalten.

SWOT: Unter SWOT wird die Zusammenfassung von Analysen in Form von S-Stärken (strenghts), W-Schwächen (weaknesses), O-Chancen (opportunities) und T-Gefahren (threats) verstanden. Die Methodik zwingt zur prägnanten Aussage und Verdichtung von viel Information.

Tagesordnung: Mit der Tagesordnung werden Sitzungen, Gremien, Tagungen usw. strukturiert. Sie ist ein wichtiges Führungswerkzeug, weil sie zum Durchdenken der einzelnen Tagesordnungspunkte zwingt und daraus abgeleitet die Steuerung der Zeit und die Vorbereitung festlegt.

Tätigkeitsanalyse: In der Tätigkeitsanalyse werden Aktivitäten bzw. Teilprozesse aus einem Prozess genommen, quantifiziert und anschließend bzgl. Effektivität und Effizienz beurteilt. In Folge werden Ansatzpunkte zur Produktivitätssteigerung erarbeitet.

Taylorismus: Der Taylorismus ist eine der esten wissenschaftlich fundierten Arbeitsanalysen und die daraus folgende Organisation von Arbeitsabläufen (Fließband...). Sie geht zurück auf den Ingenieur Frederic Taylor.

Team: Das Team ist eine Arbeitsgruppe, die gebildet wird, um die Wirksamkeit der einzelnen Person zu verstärken. In vielen Fällen wird dieses Ziel aber nicht erreicht, weil die Nachteile des Teams überwiegen: Langsamkeit, Verantwortungsverlust, Umständlichkeit, große Kommunikationserfordernisse… Im Deutschen wird »Team« gern mit »toll, ein anderer macht`s« übersetzt.

Teilprozess: Ein Teilprozess ist eine Untergliederung eines Hauptprozesses in kleinere, in sich geschlossene Elemente. Der Input und der Output müssen immer an einen anderen Teilprozess anknüpfbar sein, im Minimum an ein Start- oder an ein Endereignis. Egal welcher Konkretisierungsgrad gewählt wird, die Prozesslandschaft muss übersichtlich und führbar sein.

TQM: Total Quality Management (TQM) ist ein Begriff des Qualitätsmanagements, der vor allem in den Neunziger Jahren Verbreitung gefunden hat. Der Ansatz versucht, den Gedanken eines umfassenden (»total«) Qualitätsmanagements wieder zu verbreiten. Generell gilt aber, dass Total Management Quality viel wichtiger ist als Total Quality Management.

Umsatz: Umsatz ist definiert als die Menge einer abgesetzten Einheit (Absatz) multipliziert mit dem Preis. In der Praxis wird zwischen Bruttoumsatz und den um Schmälerungen bereinigten Nettoumsatz unterschieden. Der Umsatz fließt in das Marktvolumen ein und definiert daher den absoluten und relativen Marktanteil.

Umsetzung: Frei nach Peter Drucker ist die Umsetzung die Königsdisziplin im Management. Unter Umsetzung wird all das verstanden, was zu einem Resultat führt.

Umsetzungscontrolling: Das Umsetzungscontrolling ist die Steuerung von Umsetzungsprozessen. Es geht um Maßnahmenverfolgung, die Aufnahme neuer Maßnahmen und ggf. um das Treffen von Schlüsselentscheiden.

Unternehmenskultur: Unter der Unternehmenskultur werden alle Werte, Normen, die Geschichte, das Selbstverständnis, die gemeinsame Sprache und Denke und alle Erfahrungs- und Deutungsmuster verstanden, die in einer Organisation bestehen. Unternehmenskultur wird maßgeblich von den Führungskräften bestimmt.

Unterstützungsprozess: Ein Unterstützungsprozess dient der Aufrechterhaltung der Informations-, Kommunikations- und Leistungsströme. Im Gegensatz zu Kernprozessen sind Unterstützungsprozesse nicht einzigartig und eine kurzfristige Störung ist für eine Organisation nicht zwingend kritisch.

USP: Die Unique Selling Proposition/Position (USP) ist die ausschließliche Fähigkeit einer Person, eines Teams, eines Prozesses, einer Marktleistung oder einer Organisation als Ganzes zur Stiftung von Nutzen. Andere Begriffe sind etwa Stärken, Alleinstellungsmerkmal oder Kernkompetenz.

Verfahrensanweisung: Unter Verfahrensanweisung wird ein Hauptprozess verstanden, d.h. die Verbindung von mehreren Arbeitsanweisungen im Sinn der Steuerung. Auch hier gilt die Einheitlichkeit der Form innerhalb einer Organisation und die Übereinstimmung mit allfälligen ISO-Anforderungen.

Vertrauen: Vertrauen ist ein wichtiger Management- und generell Beziehungsgrundsatz. Es beschreibt eine stabile, robuste Situation zwischen Menschen, die gemeinsam leben, arbeiten bzw. ein Ziel erreichen wollen. Gerade weil in der alltäglichen Praxis und im gewöhnlichen Leben viele Fehler passieren, braucht es Vertrauen, damit Beziehungen funktionsfähig bleiben. Vertrauen ist darum auch ein enormer Komplexitätsdämpfer.

Werkzeug: Im Management – und natürlich auch im Prozessmanagement – braucht es Werkzeuge zur Strukturierung von Diskussionen, zur Aufbereitung von Themen, zur Entscheidungsvorbereitung, zur Planung und zur Umsetzung. Management ist zu einem erheblichen Anteil Handwerk.

Wertschöpfung: Wertschöpfung ist definiert als Umsatz minus Vorleistung. In der Wertschöpfung enthalten sind alle primären und sekundären Wertschöpfungsaktivitäten. Die primären (direkten) dienen der Leistungserstellung hin zum Kundennutzen, die sekundären (indirekten) dienen der Steuerung der primären Wertschöpfungsaktivitäten.

Wertschöpfungskette: Die Wertschöpfungskette ist die graphische Darstellung der Wertschöpfung. Durch die Abbildung der Wertschöpfungsaktivitäten kann sie gleichzeitig als Basis für die Prozesslandkarte verwendet werden.

Wettbewerbsfähigkeit: Wettbewerbsfähigkeit beschreibt die Kraft einer Organisation oder einer Person, unter Konkurrenzverhältnissen zu bestehen. Kompetentes Prozessmanagement ist ein Hebel für Wettbewerbsfähigkeit, weil hier die Basis für Kundennutzen und Produktivität geschaffen wird.

Ziel: Ein Ziel ist ein vorweggenommenes Resultat. Jedes Entscheiden, Planen, Umsetzen und Steuern setzt Ziele voraus, weil nur dadurch die Aktivitäten in die richtige Richtung gelenkt werden können.

Zielvereinbarung: Mittels Zielvereinbarung wird sichergestellt, dass Ziele einer Organisation zu Zielen der einzelnen Person werden. Dies erfordert Klarheit (SMART), ein entsprechendes Vereinbarungsprozedere und Zielcontrolling. Zielvereinbarungen sind die Voraussetzung für Selbststeuerung.

Literaturverzeichnis

Abele, E. et al., Post-Merger-Integration, in: zfw, 5/2004.

Adam, D. (Hrsg.), Komplexitätsmanagement, Wiesbaden 1998.

Adam, D., Komplexitätskosten, in: DBW, 55/1995.

Ahuja, G./Katila, R., Technological Acquisitions and the Innovation Performance of Acquiring Firms, in: Strategic Management Journal, 22/2001.

Al-Ani, A., Continuous Improvement als Ergänzung des Business Reengineering, in: zfo, 65/1996.

Albers, S./Gassmann, O. (Hrsg.), Handbuch Technologie- und Innovationsmanagement, Wiesbaden 2005.

Al-Laham, A., Strategieprozesse in deutschen Unternehmungen, Wiesbaden 1997.

Amelingmeyer, J./Harland, P., Technologiemanagement und Marketing, Wiesbaden 2005.

Andriessen, D., Making Sense of Intellectual Capital, Oxford 2004.

Ansoff, I. et al., From Strategic Planning to Strategic Management, New York 1976.

Ansoff, I., Corporate Strategy, New York 1965.

Ansoff, I., Managing surprise and discontinuity, in: zfbf, 28/1976.

Backhaus, K. et al., Kundenbindung im Industriegütermarketing, in: *Bruhn, M./Homburg, C. (Hrsg.)*, Handbuch Kundenbindungsmanagement, Wiesbaden 2005.

Baldoni, J., Steady as you go: Achieving a balanced vision, in: Harvard management update, 8/2006.

Bamberg, G./Coenenberg, A., Betriebswirtschaftliche Entscheidungslehre, München 1991.

Bannert, V./Tschirky, H., Integration Planning for Technology Intensive Acquisitions, in: R&D-Management 34/2004.

Barney, J., Firm Resources and Sustained Competitive Advantage, in: Journal of Management, 17/1991.

Bausch, A./Rosenbusch, N., Does Innovation Really Matter?, Kiel 2005.

Becker, J., Prozessmanagement, Berlin 2003.

Beer, S., Diagnosing the system for organizations, Chichester 1985.

Bellmann, K./Haritz, A., Innovationen in Netzwerken, in: *Blecker, T./Gemünden, H. (Hrsg.)*, Innovatives Produktions- und Technologiemanagement, Berlin 2001.

Bellmann, K./Hippe, A., Management von Unternehmensnetzwerken, Wiesbaden 1996.

Bieger, T. et al., Zukünftige Geschäftsmodelle, Berlin 2002.

Bieger, T., Dienstleistungsmanagement, Bern 2002.

Blecker, T./Gemünden, H. (Hrsg.), Innovatives Produktions- und Technologiemanagement, Berlin 2001.

Bogaschewsky, R./Rollberg, R., Prozessorientiertes Management, Berlin 1998.

Bood R./Postma, T., Strategic learning with scenarios, in: European management journal, 6/1997.

Bremser, W./Barsky, N., Utilizing the Balanced Scorecard for R&D Performance Management, in: R&D Management, 34/2004.

Briner, M. et al., Project Leadership, Cambridge 2001.

Brockhoff, K., Problems of Evaluating R&D Projects as Real Options, in: *Frenkel, M. et al. (Hrsg.)*, Risk Management, Berlin 2000.

Bruce, A., Projekt-Management. Kommunikation, Qualitätskontrolle, Termine, Budgets, Entscheiden, Finanzen, Realisieren, Koordination, Planung, Teams, London 2001.

Bruckner, K. et al., What is the market telling you about your strategy?, in: www.mckinseyquarterly.com.

Bruhn, M./Homburg, C. (Hrsg.), Handbuch Kundenbindungsmanagement, Wiesbaden 2005.

Bruhn, M./Strauss, B. (Hrsg.), Dienstleistungsqualität, Wiesbaden 1995.

Bruns, H. et al., Die Bilanzierung von inmateriellen Vermögenswerten in der nationalen und internationalen Rechnungslegung, in: *Horvath, P. et al. (Hrsg.)*, Intangibles in der Unternehmenssteuerung – Strategien und Instrumente zur Wertsteigerung des immateriellen Kapitals, München 2004.

Bryce, D. et al., Strategies to crack well guarded markets, in: HBM, 5/2007.

Büchel, B. et al., Erfolgsfaktoren von Innovationsteams, in: zfbf, 58/2006.

Buresch, M./Kirmair, M./Cerny, A., Auswahl von Organisations-Engineering-Tools, in: zfo, 66/1997.

Burns, T./Stalker, G., The Management of Innovation, London 1961.

Burr, W., Innovationen in Organisationen, Stuttgart 2004.

Buzzell, R./Gale, B., Das PIMS Programm, Wiesbaden 1989.

Buzzell, R./Gale, B., Das PIMS Programm, Wiesbaden 1989.

Calantone, R. et al., Learning Orientation, Firm Innovation and Firm Performance, in: Industrial Marketing Management, 31/2002.

Cassiman, B et al., The Impact of M&A on the R&D Process, in: Research Policy, 34/2005.

Chandler, A., Strategy and structure, Cambridge 1962.

Chicken, J./Posner, T., The Philosophy of Risk, London 1998.

Christensen, C./Raynor, M., Marktorientierte Innovation, Frankfurt 2004.

Connor, K., A historical comparison of resource-based theory and five schools of thought within industrial organization economics, in: Journal of Management, 17/1991.

Corboy, M./O'Corrbui, D., The seven deadly sins of strategy, in: Management Accounting, 11/1999.

Cuhls, K., From Forecasting to Foresight Processes, in: Journal of Forecasting, 22/2003.

Dammer, H. et al., Qualitätsdimensionen des Multiprojektmanagements, in: zfo, 3/2006.

Davenport, T., The dark side of customer analytics, in: Harvard business review, 5/2007.

Davis, S., Managing corporate culture, Cambridge 1999.

Dinter, S., Netzwerke, Marburg 2001.

Dittrich, S., Kundenbindung als Kernaufgabe im Marketing, St. Gallen 2001.

Dobni, B., Creating a strategy implementation environment, Business horizons, 3/2003.

Doppler, K./Lautenburg, C., Change management, Frankfurt 2000.

Drucker, P., Die ideale Führungskraft, Düsseldorf 1995.

Drucker, P., Die Zukunft managen, Düsseldorf 1992.

Drucker, P., Innovation and Entrepreneurship, Oxford 2004.

Drucker, P., Managing the Non-Profit Organization, New York 1990.

Drucker, P., Sinnvoll wirtschaften. Notwendigkeit und Kunst, die Zukunft zu meistern, Düsseldorf 1997.

Drucker, P., The Age of Discontinuity, New York 1969.

Drucker, P., The Practice of Management, New York 1955.

Eden, C./Ackermann, F., Making strategy, London 1999.

Ernst, H./Soll, H., An Integrated Portfolio Approach to Support Market-Oriented R&D Planning, in: International Journal of Technology Management, 26/2003.

Ernst, H., Success Factors of New Product Development, in: International Journal of Management Reviews, 4/2002.

Ernst, H., Unternehmenskultur und Innovationserfolg, in: Schmalenbachs Zeitschrift für betriebswirtschaftliche Forschung, 55/2003.

Eschenbach, R., Strategische Konzepte, Stuttgart 2003.

European Foundation for Quality Management, The EFQM Excellence Model, Brüssel 1999.

Fangel, M., Best Practice in Project Start-Up, in: Proceedings 14th World Congress on Project Management, IPMA, 1998.

Finkeissen, A./Forschner, M./Häge, M., Werkzeuge zur Prozessanalyse und -optimierung, in: Controlling, 8/1996.

Fisch, R., Projektgruppen in Organisationen, Göttingen 2001.

Fleming, Q./Koppelman, J., Earned Value Project Management, Upper Darby 1996.

Flood, P., Managing strategy implementation, Oxford 2000.

Franz, K., Prozessmanagement und Prozesskostenrechnung, in: *Schmalenbach-Gesellschaft (Hrsg.)*, Reengineering, Stuttgart 1995.

Frei, U., Prozessmanagement als Optimierungs- und Frühwarnsystem, in: io management, 5/2001.

French, W./Bell, C., Organization development, New York 1982.

Frenkel, M. et al. (Hrsg.), Risk Management, Berlin 2000.

Friedrich, F., Was ist »core«, und was ist »non-core«?, in: io management 4/2000.

Gaitanides, M., Business Reengineering/Prozessmanagement – von der Managementtechnik zur Theorie der Unternehmung, in: Die Betriebswirtschaft, 58/1998.

Gaitanides, M., Prozessorganisation. Entwicklung, Ansätze und Programme prozessorientierter Organisationsentwicklung, München 1983.

Gälweiler, A., Strategische Unternehmensführung, Frankfurt, 2005.

Gareis, R., Programm-Management und Projektportfolio-Management, in: *Deutsche Gesellschaft für Projektmanagement (Hrsg.)*, Projekt Management 1/2001, Köln 2001.

Gassmann, O. et al., Open innovation, in: ZFO, 3/2006.

Gebauer, H. et al., Servicestrategien für die Industrie, in: HBM, 5/2006.

Gerpott, T., Erfolgsfaktoren von industriellen Neuprodukt-Entwicklungsprojekten, in: *Amerlingmeyer, J./Harland, P.*, Technologiemanagement und Marketing, Wiesbaden 2005.

Gerpott, T., Prognose des Markterfolgs von Produktinnovationen, in: *Albers, S./Gassmann, O. (Hrsg.)*, Handbuch Technologie- und Innovationsmanagement, Wiesbaden 2005.

Gibbs-Springer, C., Keys to strategy implementation, in. PA Times, 9/2005.

Godin, B., The Obsession for Competitiveness and Its Impact on Statistics, in: Research Policy, 33/2004.

Grant, R., Contemporary strategy analysis, Malden 2002.

Green, P./Rosemann, M., Integrated Process Modelling: An Ontological Evaluation, in: Information Systems, 25/2000.

Green, S. et al., Advocacy, Performance and Threshold Influences on Decisions to Terminate New Product Development, in: Academy of Management Journal, 46/2003.

Greiner, L, Patterns of organization change, in: Harvard Business Review, 50/1967.

Grün, O., Das Management von Grossprojekten, in: zfo, 6/2004.

Gutenberg, E., Grundlagen der Betriebswirtschaftslehre, Teil 1, Die Produktion, Berlin/Heidelberg/New York 1976.

Hafeez, K. et al., Core Competence for Sustainable Competitive Advantage, in: IEEE Transactions on Engineering Management, 49/2002, S. 28 ff.

Hahn, D., Controllingkonzepte. Planung und Kontrolle, Planungs- und Kontrollsysteme, Planungs- und Kontrollrechnung, Wiesbaden 2001.

Hamel, G./Prahalad C., The core competence and the corporation, in: Harvard Business Review, 68/1990.

Hamel, G., Bringing silicon valley inside, in: Harvard Business Review 77/1999.

Hamel, G., Strategy innovation and the quest for value, in: Sloan Management Review, 39/1998.

Hammer, M./Champy, J., Business Reengineering, Frankfurt 1996.

Hammer, M., Business back to Basics, München 2002.

Hand, J./Lev, B., Intangible Assets – Value, Measures and Risks, New York 2003.

Hansel, J./Lomnitz, G., Projektleiter-Praxis, Berlin 2000.

Hausschild, J., Innovationsmanagement, München 2004.

Hax, A./Majluf, N., Strategisches Management, Frankfurt/New York 1991.

Hemmrich, A./Harrant, H., Projektmanagement, München-Wien 2002.

Henderson, B., Construction of a business strategy, in: The Boston Consulting Group, Series on corporate strategy, Boston 1971.

Herstatt, C./Lettl, C., Management of Technology Push Development Projects, in: International Journal of Technology Management, 27/2004.

Herstatt, C./Verworn, B. (Hrsg.), Management der frühen Innovationsphasen, Wiesbaden 2003.

Heuser, U./Jungclaussen, J., Schöpfer und Zerstörer, Hamburg 2004.

Hinterhuber, H. et al., Kundenzufriedenheit durch Kernkompetenzen, München 1997.

Hinterhuber, H., Strategische Unternehmensführung, Bände 1 und 2, Berlin 2004.

Hoang, H./Rothaermel, F., The Effect of General and Partner-Specific Alliance Experience on Joint R&D Project Performance, in: Academy of Management Journal, 48/2005.

Höcherl, I., Das S-Kurven-Konzept im Technologiemanagement, Frankfurt 2000.

Homburg, C./Rudolph, B., Wie zufrieden sind Ihre Kunden tatsächlich?, in: Harvard Business Manager, 1/1995.

Hommel, U./Lehmann, H., Die Bewertung von Investitionsprojekten mit dem Realoptionenansatz, in: Hommel, U. et al. (Hrsg.), Realoptionen in der Unternehmenspraxis, Berlin 2001.

Hommel, U. et al. (Hrsg.), Realoptionen in der Unternehmenspraxis, Berlin 2001.

Horvath, P. et al. (Hrsg.), Intangibles in der Unternehmenssteuerung – Strategien und Instrumente zur Wertsteigerung des immateriellen Kapitals, München 2004.

Hübner, H., Integratives Innovationsmanagement – Nachhaltigkeit als Herausforderung für ganzheitliche Erneuerungsprozesse, Berlin 2002.

IBM (Hrsg.), Innovation und Kooperationsmanagement im Blick, CEO-Study 2006.

Ishikawa, K., What is Total Quality Control? The Japanese Way, Englewood Cliffs 1985.

Kafka, F., Das Schloss, Frankfurt 1992.

Kantner, A./Schmeisser, W., Eine Theorie der Innovationsketten, Berlin 2007.

Kaplan, R./Cooper, R., Cost and effect. Using integrated cost systems to drive profitability and performance, Boston 1997.

Kaplan, R./Norton, D., Putting the Balanced Scorecard to work, in: Harvard Business Review, 9/1993.

Kaplan, R./Norton, D., Strategien (endlich) umsetzen, Harvard Business Manager, 01/2006.

Kaplan, R./Norton, D., Strategy Maps – Der Weg von immateriellen Werten zum materiellen Erfolg, Stuttgart 2004.

Karuppusami, G./Gandhinatham, R., Pareto analysis of critical success factors of total quality management, in: The TQM magazine, 18/2006.

Kessler, E./Bierly, P., Is Faster Really Better? An Empirical Test of the Implications of Innovation Speed, in: IEEE Transactions on Engineering Management, 49/2002.

Kiesel, M./Neuser, G./Auerbach, H., Balanced Scorecard als strategisches Steuerungsinstrument im kundenorientierten Veränderungsprozess, in: Informationsmanagement & Consulting, 15/2000.

Kim, W. et al., Die Ozean-Strategie, in: HBM, 9/2005.

Kirsch, W., Wegweiser zur Konstruktion einer evolutionären Theorie der strategischen Führung, München 1997.

Klauser, M./Löw, A., So erhöhen Sie die Produktivität, in: Harvard Business Manager, Juni 2006.

Kleiner, A., Our ten most enuring ideas, in: Strategy and business, 41/2007.

Klose, B., Projektabwicklung, Wien 2003.

Kotler, P. et al., Grundlagen des Marketing, München 2003.

Kotter, J., Leading Change, Boston 1996.

Krause, F., et al., Innovationspotenziale in der Produktentstehung, in: Industrie Management, 17/2001.

Kreilkamp, E., Strategisches Management und Marketing, Berlin 1987.

Krüger, W. (Hrsg.), Excellence in Change, Wiesbaden 2000.

Kueng, P., Process Performance Management System: a tool to support process-based orga-
nizations, in: Total Quality Management, 11/2000.
Kunow, I./Litke, H., Projektmanagement, Freiburg 2002.
Kuss, A./Tomczak, T., Marketingplanung, Wiesbaden 1998.

Lange, D. (Hrsg.), Management von Projekten – Know-how aus der Beraterpraxis, Stuttgart 1995.
Langerack, F./Hultink, E., The Impact of New Product Development Acceleration Approaches
on Speed and Profitability, in: IEEE Transactions on Engineering Management, 52/2005.
Lanning, M./Michaels, E., A business is a value delivery system, in: www.mckinseyquar-
terly.com: Delivering value to customers.
Lehner, J., Praxisorientiertes Projektmanagement: Grundlagenwissen an Fallbeispielen illus-
triert, Düsseldorf 2001.
Leist, R., Qualitätsmanagement – Methoden und Werkzeuge zur Planung und Sicherung der
Qualität, Augsburg 1996.
Levasseur, R., People skills: change management tools – leading teams, in: Interfaces, 35/2005.
Litke, H., Projektmanagement, München 2002.
Loftus, J. (Hrsg.), Project Management of Multiple Projects and Contracts, London 1999.
Lombriser, R./Abplanalp, P., Strategisches Management, Zürich 1997.
Longman, A./Mullins, J., Project management: key tool for implementing strategy, in: Jour-
nal of business stategy, 25/2004.
Luczak, H./Eversheim, W. (Hrsg.), Produktionsplanung und -steuerung, Berlin 1999.
Luhmann, N., Soziale Systeme, Frankfurt 1984.

Malik, F., Das Debakel kommt erst, in: Weltwoche, 45/2008.
Malik, F., Führen Leisten Leben, Frankfurt 2006.
Malik, F., Gefährliche Managementwörter, Frankfurt 2005.
Malik, F., M.o.M.-letter, Malik on Management.
Malik, F., Management Perspektiven, Bern-Stuttgart-Wien 1994.
Malik, F., Management. Das A und O des Handwerks, Frankfurt 2007.
Malik, F., Management. Das A und O des Handwerks, Frankfurt 2007.
Malik, F., Strategie des Managements komplexer Systeme, Bern 1996.
Malik, F., Systemisches Management, Evolution, Selbstorganisation, Bern 1993.
Malik, F., Unternehmenspolitik, Frankfurt 2008.
Malik, F., Wirksame Unternehmensaufsicht, Frankfurt 1997.
Mansfield, E., The Economics of Technological Change, Toronto 1968.
Mantel, S./Meredith, J., Project Management – A Managerial Approach, New York 2000.
Marchetti, C., Modeling Innovation Diffusion, in: *Henry, B.*, Forecasting Technological Inno-
vation, Brüssel 1991.
Marr, B. et al., The Dynamics of Value Creation – Mapping Your Intellectual Performance
Drivers, in: Journal of Intellectual Capital, 5/2 2004.
McDonald, M., Marketing plans, Oxford 2002.
McLeod, K./Stuckey, J., MACS – The market-activated corporate strategy framework, in:
mckinseyquarterly: Thinking strategically.
Meise, V., Ordnungsrahmen zur prozessorientierten Organisationsgestaltung, Hamburg 2001.
Mintzberg, H., Strategy Safari, Frankfurt 2002.
Mitchell, D., Strategy implementation gets another building block, in: Journal of business
strategy, 25/2004.
Möffert, F., Der Forschungs- und Entwicklungsvertrag, München 2001.
Möhrle, M./Isenmann, R. (Hrsg.), Technologie-Roadmapping – Zukunftsstrategien für Tech-
nologieunternehmen, Berlin/Heidelberg 2002.
Müller-Stewens, G./Lechner, C., Strategisches Management, Stuttgart 2003.

Neilson, G. et al., Die vier Bausteine erfolgreicher Umsetzung, in: HBM, 9/2008.

Neubauer, M., Krisenmanagement in Projekten, Berlin 1999.

Nippa, M./Scharfenberg, H. (Hrsg.), Implementierungsmanagement. Über die Kunst, Reengineeringkonzepte erfolgreich umzusetzen, Wiesbaden 1997.

Noll, P./Bachmann, H., Der kleine Machiavelli, Zürich-München 1998.

Oesterle, M., Kooperationen in Forschung und Entwicklung, in: *Zentes, J.*, et al., Kooperationen, Allianzen und Netzwerke, Wiesbaden 2003, S. 631 ff.

Olson, E., The importance of structure and process to strategy implementation, in: Business horizons, 48/2005.

Osterloh, M./Frost, J., Prozessmanagement als Kernkompetenz, Wiesbaden 2001.

Oxley, J./Sampson, R., The Scope and Governance of International R&D Alliances, in: Strategic Management Journal, 25/2004.

Perl, E., Grundlagen des Innovations- und Technologiemanagements, in: *Strebel, H.*, Innovations- und Technologiemanagement, Wien 2003.

Peters, T., Projektmanagement, Düsseldorf 2001.

Peyrefitte, J. et al., A content analysis of mission statements, in: International journal of management, 2/2006.

Porter, M., Competitive Advantage, New York 1985.

Porter, M., Wettbewerb und Strategie, München 1999.

Prabhu, J. et al., The Impact of Acquisitions on Innovation, in: Journal of Marketing, 69/2005.

Probst, G./Raub, S./Romhardt, K., Wissen managen – Wie Unternehmen ihre wertvollste Ressource optimal nutzen, Wiesbaden 1997.

Putten, A./MacMillan, I., Making Real Options Really Work, in: Harvard Business Review, 82/2004.

Qi, H., Strategy implementation, in: mir 45/2005.

Raps, A., Strategy implementation – an insurmountable obstacle?, Handbook of business strategy, 2005.

Remer, D., Einführen der Prozesskostenrechnung, Stuttgart 1997.

Rigby, D./Bilodeau, B., The Bain 2005 management tool survey, in: Strategy and leadership, 33/2005.

Rogers, E., Diffusion of Innovation, New York 2003.

Sackmann, S., Unternehmenskultur, Neuwied 2002.

Salavou, H., The Concept of Innovativeness, in: European Journal of Innovation Management, 7/2004.

Salomo, S., Konzept und Messung des Innovations-Grades, in: *Schwaiger, M./Harhoff, D. (Hrsg.)*, Empirie und Betriebswirtschaft, Stuttgart 2003.

Schmeisser, W./Krimphove, D. (Hrsg.), Vom Gründungsmanagement zum Neuen Markt, Wiesbaden 2001.

Schmeisser, W. et al., Forschungs- und Technologiecontrolling, Stuttgart 2006.

Schmeisser, W., Zur Kreditwürdigkeitsprüfung bei innovativen Technologieunternehmen, in: *Schmeisser, W./Krimphove, D. (Hrsg.)*, Vom Gründungsmanagement zum Neuen Markt, Wiesbaden 2001.

Schulte-Zurhausen, M., Organisation, München 2002.

Schumpeter, J., Business Cycles – A Theoretical, Historical and Statistical Analysis of the Capitalist Process, New York 1939.

Schumpeter, J., Kapitalismus, Sozialismus und Demokratie, München 1950.

Schumpeter, J., Theorie der wirtschaftlichen Entwicklung, Leipzig 1913.

Schwaiger, M./Harhoff, D. (Hrsg.), Empirie und Betriebswirtschaft, Stuttgart 2003.

Schwaninger, M. et. al., Systemisches Projektmanagement, in: zfo, 2/2003.

Schwickert, A./Fischer, K., Der Geschäftsprozess als formaler Prozess, Mainz 1996.

Seghezzi, H., Integriertes Qualitätsmanagement, München/Wien 1996.

Sharma, A./Lacey, N., Linking Product Development Outcomes to Market Valuation of the Firm, in: Journal of Product Innovation Management, 21/2004.

Sheremata, W., Competing Through Innovation in Network Markets, in: Academy of Management Review, 29/2004.

Siciliano, J., Governance and strategy implementation, in: Business horizons, 12/2002.

Siegwart, H./Kloss, U., Erfassung und Verrechnung von Forschungs- und Entwicklungskosten, Bern 1984.

Siegwart, H., Produktentwicklung in der industriellen Unternehmung, Bern 1974.

Sirkin, H., The hard side of change management, Harvard Business Review, Oct. 2005.

Smith, A., An Inquiry into the Nature and Causes of the Wealth of Nations, München 1978.

Spath, D., et al. (Hrsg.), Integriertes Innovationsmanagement, Stuttgart 2003.

Specht, G., et al., F&E-Management, Stuttgart 2002.

Spitschka, H., Praktisches Lehrbuch der Organisation, München 1975.

Springer, R., Wettbewerbsfähigkeit durch Innovationen, Berlin 2004.

Stadelmann, M./Lux, W., Alles nur neu verpackt?, in: io management, 12/2000.

Stadtler, H./Kilger, C. (Hrsg.), Supply Chain Management and Advanced Planning. Concepts, Models, Software and Case Studies, Berlin 2000.

Staehle, W., Management, München 1999.

Sterling, J., Translating strategy into effective implementation, in: Strategy and leadership, 31/2003.

Stöger, R./Salcher, M., NPOs erfolgreich führen, Stuttgart 2006.

Stöger, R., Balanced scorecard – Eine Bilanz, in: organisationsentwicklung, 4/2007.

Stöger, R., Der After Crisis Workshop, in: zfo 2/2010.

Stöger, R., Die Funktionalstrategie. Stiefkind des strategischen Managements?, in: organisationsentwicklung, 03/2009.

Stöger, R., Innovationsmanagement für die Praxis, Stuttgart 2011.

Stöger, R., Krisen zur Neuorientierung nutzen, in: Harvard Business Manager, 10/2009.

Stöger, R., Sieben Faktoren des Strategieerfolgs, in: absatzwirtschaft, 6/2007.

Stöger, R., Strategie – Daueraufgabe und Handwerk für Führungskräfte, in: GENO-Magazin, 01/2008.

Stöger, R., Strategieentwicklung für die Praxis, Stuttgart 2010.

Stöger, R., Strategiekompetenz heisst Methodenkompetenz, in: GDI-Impuls, 2/2008.

Stöger, R., Wirksames Projektmanagement, Stuttgart 2011.

Strebel, H., Innovations- und Technologiemanagement, Wien 2003.

Suarez, F./Lanzolla, G., The Half-Truth of First-Mover Advantage, in: Harvard Business Review, 83/2005.

Suarez, F., Battles for Technological Dominance, in: Research Policy, 33/2004.

Szymanski, D./Troy, L., Order of entry and business performance, in: Journal of Marketing, 59/1995.

Taylor, F., The Principles of Scientific Management, New York 1911.

Theuvsen, L., Business Reengineering, in: Zfbf, 48/1996.

Thommen, J., Allgemeine Betriebswirtschaftslehre, Zürich 1991.

Turner, J. (Hrsg.), The Commercial Project Manager, London 1995.

Turner, R./Keegan, A., Processes for Operational Control in the Project-based Organization, Paris 2000.

Ulrich, H., Gesammelte Schriften, Bände 1 bis 5, Bern 2001.

Vahls, D./Burmester, R., Innovationsmanagement, Stuttgart 2005.

Van der Aalst et al. (Hrsg.), Business Process Management: Models, Techniques and Empirical Studies, Berlin 2000.

Van der Heijden, K., Scenarios: The art of strategic conversation, New York 1996.

Van Geldern, M., Organisation, Frankfurt/New York 1997.

Van Onna, M., Progress in Changing Environments, in: Proceedings pm, 1998.

Vizjak A./Ringlstetter M. (Hrsg.), Medienmanagement, Wiesbaden 2001.

von Rosenstiel, L., et al., Führung von Mitarbeitern, Stuttgart 2003.

von Uthmann, C., Geschäftsprozesssimulation von Supply Chains, Erlangen 2001.

Walther, S., Erfolgsfaktoren von Innovationen in mittelständischen Unternehmen, Frankfurt 2004.

Warwood, S./Roberts, P., A survey of TQM success factors in the UK, in: Total quality management, 15/2004.

Weidner, W./Freitag, G., Organisation in der Unternehmung: Aufbau und Ablauforganisation, Frankfurt 1998.

Weiss, C., Professionell dokumentieren, Basel 2000.

Welge, M./Al-Laham, A., Strategisches Management, Wiesbaden 1999.

Wescott, M., Psychology of Intuition, New York 1968.

Weule, H., Integriertes Forschungs- und Entwicklungsmanagement, München/Wien 2002.

Wiese, J., Implementierung der BSC, Wiesbaden 2000.

Willke, H., Systemtheorie I: Eine Einführung in die Grundprobleme der Theorie sozialer Systeme, Stuttgart 1993.

Wirtz, B. et al., Der Ressourcen-Fit bei M&A-Transaktionen, in: dbw, 66/2006.

Wördenweber, B./Wickord, W., Technologie- und Innovationsmanagement im Unternehmen, Berlin 2004.

Wu, W., A study of strategy implementation as expressed through Sun Tzu`s principles of war, in: Industrial management & data systems, 5/2004.

Wunderer, R./Jaritz, A., Personalcontrolling – Evaluation der Wertschöpfung im unternehmerischen Personalmanagement, Neuwied 1999.

Wuyts, S. et al., Portfolios of Interfirm Agreements in Technology-Intensive Markets, in: Journal of Marketing 68/2004.

Yusof, S./Aspinwall, E., Critical success factors in small and medium enterprises: results, in: Total quality management, 11/2000.

Zentes, J., et al., Kooperationen, Allianzen und Netzwerke, Wiesbaden 2003.

Zotter, K., Modelle des Innovations- und Technologiemanagements, in: *Strebel, H.*, Innovations- und Technologiemanagement, Wien 2003. *zur Mühlen, M.*, Workflow-based Process Controlling – or: What you can measure, you can control, in: *Fischer, L. (Hrsg.)*, Workflow Handbook, Lighthouse Point 2001.

Stichwortverzeichnis

Am Puls der Zeit bleiben

Grundlagen, Innovations- felder, Umsetzung

Roman Stöger

Innovationsmanagement für die Praxis

Neues zum Markterfolg führen

Mit einem Vorwort von
Fredmund Malik

SCHÄFFER
POESCHEL

Wie kann ein Unternehmen systematisch nach Neuem suchen? Welche Rolle spielen Kundennutzen und neue Geschäftsmodelle dabei? Wie wird eine innovative Idee langfristig weiterentwickelt? Was ist ausschlaggebend für einen erfolgreichen Innovationsprozess? Wie beurteilt man den Markterfolg einer Innovation? Mit seinen Antworten auf diese und andere Fragen vermittelt der Autor sowohl die theoretischen Grundlagen als auch die wichtigsten praktischen Werkzeuge des Innovations- managements.

„Für ergebnisverantwortliche Führungskräfte eine Pflichtlektüre."
Harald Kober, Vorstand AL-KO Kober AG

Stöger
Innovationsmanagement für die Praxis
Neues zum Markterfolg führen
2011. 251 S., 17 s/w Abb., 70 Tab. Geb.
Inkl. Downloadangebot.
€ 39,95
ISBN 978-3-7910-3060-9

Buch plus
Online-Angebot

SCHÄFFER
POESCHEL

www.schaeffer-poeschel.de